国家出版基金项目
NATIONAL PUBLICATION FOUNDATION

气候变化科学丛书

# 区域气候与全球变化

周波涛　左志燕　主编

科学出版社
龙门书局
北京

## 内 容 简 介

区域气候不仅受局地大气物理过程的直接控制，还受到全球大尺度因子的调控。本书旨在阐释全球变暖背景下这些大尺度因子变化对区域气候和极端气候的影响。本书内容涵盖区域气候变化信息的基础、影响区域气候的季风系统、影响区域气候的大气环流因子、影响区域气候的海温模态、海冰和积雪对区域气候的影响、全球变暖背景下的区域极端气候事件等多个方面，对深入了解区域气候变化的相关知识和最新进展具有重要参考价值。

本书可供具备一定大气科学相关背景的师生阅读、学习和教学之用，同时非气候变化科学专业的大专院校师生以及关注全球和区域气候变化问题的决策者也可参考阅读。

审图号：GS京（2025）0249号

**图书在版编目（CIP）数据**

区域气候与全球变化 / 周波涛，左志燕主编. -- 北京：科学出版社，2025.6. -- (气候变化科学丛书) (中国科学院大学研究生教学辅导书系列).
ISBN 978-7-03-081852-2

Ⅰ．P467

中国国家版本馆CIP数据核字第20257MM419号

责任编辑：董 墨 李嘉佳 / 责任校对：郝甜甜
责任印制：徐晓晨 / 封面设计：无极书装

科学出版社
龙门书局 出版
北京东黄城根北街16号
邮政编码：100717
http://www.sciencep.com

北京中科印刷有限公司印刷
科学出版社发行 各地新华书店经销
\*

2025年6月第 一 版　开本：720×1000　1/16
2025年6月第一次印刷　印张：14 1/4
字数：282 000
**定价：128.00元**
（如有印装质量问题，我社负责调换）

# "气候变化科学丛书"
# 编辑委员会

主　　编　　秦大河

总 编 审　　丁一汇

副 主 编　　翟盘茂　张小曳　朴世龙　周天军　巢清尘

编　　委　　（按姓氏汉语拼音排序）

　　　　　　蔡榕硕　曹　龙　陈　迎　陈文颖　董文杰

　　　　　　高　云　高学杰　龚道溢　黄　磊　姜　彤

　　　　　　姜大膀　姜克隽　廖　宏　罗　勇　罗亚丽

　　　　　　邵雪梅　孙　颖　吴绍洪　效存德　张　华

　　　　　　赵树云　周波涛　左志燕

秘 书 组　　巢清尘　马丽娟　徐新武　杨　啸　邱　爽

# 本书编写委员会

主　编　周波涛　左志燕

编　委　尹志聪　孙　博　游庆龙　孙　诚　范　怡　何　琼

# 丛 书 序 一

气候是人类赖以生存发展的基本条件之一,在人类历史进程中发挥着至关重要的作用。然而,自工业革命以来,全球气候因人类排放温室气体增多而不断升温,并演变为以加速变暖为主要特征的系统性变化。政府间气候变化专门委员会(IPCC)第六次评估报告显示,气候变化范围之广、速度之快、强度之大,是过去几个世纪甚至几千年前所未有的,至少到 21 世纪中期,气候系统的变暖仍将持续。快速变化的全球气候已经对自然系统和经济社会多领域造成不可忽视的影响,成为当今人类社会面临的最为重大的非传统安全问题之一。进入 21 世纪,大量珊瑚礁死亡、亚马孙雨林干旱、大范围多年冻土融化、格陵兰冰盖和南极冰盖加速退缩等非同寻常的事件接连发生。随着气候系统的变化愈演愈烈,一些要素跨越其恢复力阈值,发生不可逆变化可能性越来越大,这威胁着人类福祉和可持续发展。

气候变化科学已逐渐由最初的气候科学问题转变为环境、科技、经济、政治和外交等多学科领域交叉的综合性重大战略课题。习近平总书记和党中央一直高度重视应对气候变化工作,党的二十届三中全会通过了《中共中央关于进一步全面深化改革 推进中国式现代化的决定》,明确提出积极应对气候变化,完善适应气候变化工作体系。中国气象局正组织深化落实《中共中央 国务院关于加快经济社会发展全面绿色转型的意见》,加快构建气候变化研究型业务体系,强化应对气候变化科技支撑。我很高兴地看到,继《气候变化科学概论》于 2018 年出版以来,IPCC 第四次和第五次评估报告第一工作组联合主席、中国气象局前局长秦大河院士带领 IPCC 中国作者团队,融合自然科学、社会科学等领域的最新知识,历时五年精心打造了受众广泛的"气候变化科学丛书"。相信这套丛书的出版一定可以为提高读者气候变化科学认知、加强社会应对气候变化能力、促进国际合作与交流带来积极影响。

气候变化带给人类的挑战是现实的、严峻的、长远的,极端天气气候事件已经给全球经济社会发展造成前所未有的影响,应对气候变化已成为全球各国密切关注的共同议题。早期预警是防范极端天气气候事件风险、减缓气候变化影响的第一道防线，可以极大减少经济损失和人员伤亡，是适应气候变化的标志行动。中国气象局与世界气象组织和生态环境部签署了关于支持联合国全民早期预警倡议的三方合作协议，共同开发实施应对气候变化南南合作早期预警项目，搭建了推动全球早期预警和气候变化适应能力提升的交流合作平台；同时签署了《共建"一带一路"全民早期预警北京宣言》，呼吁各方支持联合国全民早期预警倡议、全球发展倡议和全球安全倡议。在《联合国气候变化框架公约》第二十九次缔约方大会上，中国发布《早期预警促进气候变化适应中国行动方案（2025—2027）》，将助力提升发展中国家早期预警和适应气候变化能力，推动构建更加安全、更具气候韧性的未来。

"地球是个大家庭，人类是个共同体，气候变化是全人类面临的共同挑战，人类要合作应对。"习近平总书记在党的二十大报告中就提出"绿色发展与促进人与自然和谐共生"，强调"积极稳妥推进碳达峰碳中和"和"积极参与应对气候变化全球治理"。"气候变化科学丛书"的出版，是完善气候变化工作体系的重要一环，为全面落实《气象高质量发展纲要（2022—2035 年）》奠定了重要科学基础。让我们共同为应对气候变化、践行生态文明、实现人类可持续发展作出积极努力。

中国气象局党组书记、局长

2025 年 1 月

# 丛书序二

近百年以来，全球正经历着以全球变暖为显著特征的气候变化，这深刻影响着人类的生存与发展，是当今国际社会面临的共同重大挑战。在习近平新时代中国特色社会主义思想特别是习近平生态文明思想指导下，中国持续实施积极应对气候变化国家战略，努力推动构建公平合理、合作共赢的全球气候治理体系。2020年9月22日，习近平主席在第75届联合国大会一般性辩论上做出我国二氧化碳排放力争于2030年前达到峰值、努力争取2060年前实现碳中和的重大宣示，这是基于科学论证的国家战略需求，对促进我国经济社会高质量发展、构建人类命运共同体具有非常重要的现实意义。

科学认识气候变化，是应对气候变化的基础。我国是受气候变化影响最大的国家之一。实现中华民族永续发展，要求我们深入认识把握气候规律，科学应对气候变化。中国科学院高度重视气候变化科学研究，围绕气候变化科学与应对开展了系列科技攻关，并与中国气象局联合组织了四次中国气候变化科学评估工作，由秦大河院士牵头完成《中国气候与生态环境演变：2021》等评估报告，系统地评估了中国过去及未来气候与生态变化过程、其带来的各种影响、应采取的适应和减缓对策，为促进气候变化应对和服务国家战略决策提供了重要科技支撑。

自2015年以来，秦大河院士领衔来自中国科学院、中国气象局、国家发展和改革委员会等部门相关单位以及北京大学、清华大学、北京师范大学、中山大学等高校的顶尖科学家团队参与政府间气候变化专门委员会（IPCC）评估报告撰写及国际谈判，率先在中国科学院大学开设了"气候变化科学概论"课程，并编写配套教材《气候变化科学概论》，我也为该教材作了序。作为国内率先开设的全面、系统讲授气候变化科学最新研究进展的课程，"气候变化科学概论"在全国范围内产生了广泛影响，授课团队还受邀在北京大学、清华大学、南京大学、北京师范大学、中山大学、兰州大学、云南大学、南京信息工程大学、重庆工商大学等高校同步开课。该课程获得2020年中国科学院教育教学成果奖一等奖，为气候变化科学的发展和中国科学院大学"双一流"学科建设做出了重要贡献。

气候变化科学涉及的内容非常丰富，一本《气候变化科学概论》远不足以涵盖各个方面。在秦大河院士的带领下，授课团队经过近五年的充分准备，组织编写了"气候变化科学丛书"。这是国内第一套系统、全面讲述气候变化科学及碳中和的丛书，内容从基础理论到气候变化应对、适应与减缓政策，再到国际谈判、碳中和，科学系统地普及了气候变化科学最新认知和研究进展。在当前中国提出碳中和国家承诺背景下，丛书的出版不仅对于认识气候变化具有重要的科学意义，也对各行各业制定碳中和目标下的应对措施具有重要的参考价值。在此，我对丛书的出版表示热烈祝贺！希望秦大河院士团队与各界同仁一起，继续深入认识气候变化的科学事实，在此基础上进一步提升应对气候变化科技支撑水平和服务国家战略决策的能力，为实现碳达峰碳中和和人类命运共同体建设作出更大贡献！

中国科学院院士
2025 年 1 月

# 丛 书 序 三

人类世以来，人类活动对地球的作用已经远超自然变化和历史范畴，创造了一个人类活动与环境相互作用新模式的新地质时期。气候变化是人类世最显著的特征之一，反映了人类活动对气候系统的深远影响。20世纪50年代，随着科学家对大气、冰芯和海洋二氧化碳含量的测量取得关键突破，气候变化科学研究进入"快车道"。20世纪末，科学家们逐渐认同气候变化会对人类的生存和发展构成挑战，政府间气候变化专门委员会（IPCC）发布第一次评估报告。这份报告的主要结论也为推动《联合国气候变化框架公约》的制定与通过提供了重要科学依据，其最终目标设定为"将大气中温室气体的浓度稳定在防止气候系统受到危险的人为干扰的水平上，从而使生态系统能够自然地适应气候变化，确保粮食生产免受威胁，并使经济发展能够可持续地进行"。

IPCC第六次评估报告显示，人类活动毋庸置疑已引起大气、海洋和陆地的变暖，全球变暖对整个气候系统的影响是过去几个世纪甚至几千年来前所未有的。近期全球温室气体排放仍在攀升，与气候变化相关的极端灾害事件频发，气候变暖已对全球和区域水资源、生态系统、粮食生产和人类健康等自然系统和经济社会产生广泛而深刻的影响。气候变化关乎全球环境和经济社会的平稳运行，需要全球共同努力，及时采取应对行动。

纵观人类世历史，我们既可以看到人类活动造成气候变化所引起的挑战，也不应忽视人类在应对生存和发展问题时所展现出的智慧与创造力，以及推动文明进步的能力。中国提出了生态文明建设、人类命运共同体等中国方案，重视生态平衡、自然恢复力、减污降碳协同，并将这些绿色要素纳入到新质生产力的内涵，将积极应对气候变化作为实现自身可持续发展的内在要求。加强国际合作是全球气候治理不变的主旋律。通过携手推动绿色低碳转型，在降低发展的资源环境代价的同时，能够为可持续发展注入动力并增强潜力。

气候变化科学进步是推动全球气候治理和实现可持续发展的关键力量，当前全球对于气候变化的认识和基于科学的解决方案有着迫切需求。"气候变化科学丛书"应运而生。丛书共包含十六册，每册聚焦气候变化科学的不同维度，涵盖从古气候到当前观测再到未来预估，从大气圈到水圈再到生物圈，从全球到区域再到国家，从气候变化影响到检测归因再到科学应对，共同构成了一个全面性、系统性的气候变化科学框架。

  本丛书的编纂汇聚了一批学术成就卓越、教学经验丰富的专家学者，他们亲自执笔，针对各册不同主题方向贡献权威科学认知和最新科学发现，促进跨学科对话，并以深入浅出的方式帮助读者理解气候变化这一全球性挑战。相信本丛书的出版将有助于提升气候变化科学知识的普及，促进气候变化科学的发展，助力"双碳"人才的培养。同时也希望这些知识能够激发气候行动，形成全社会发出合力共同应对气候变化挑战的良好氛围！

秦大河

中国科学院院士

"气候变化科学丛书"总主编

2024 年 12 月

# 前　言

  本书旨在阐释全球变暖背景下气候系统中大尺度因子变化对区域气候和极端气候的影响，帮助读者更好地理解并应对当前全球范围内不断加剧的气候变化问题。

  全书分为6章：第1章主要介绍区域气候变化的基础概念、研究数据与方法、全球变化关联至区域气候变化的途径以及从全球到区域气候变化的挑战。第2章主要从全球及区域季风系统的概念及变化特征、东亚季风与南亚夏季风对区域气候的影响等方面展开介绍。第3章介绍影响区域气候的大气环流因子，主要包括哈得来环流、沃克环流、北半球环状模态和南半球环状模态的变化及其对区域气候的影响与机制。第4章介绍太平洋、印度洋、大西洋海温模态的变化特征及其对区域气候的影响。第5章分别从北极海冰、欧亚大陆积雪和青藏高原积雪的变化以及其对区域气候的影响展开阐述。第6章着重介绍全球气候变暖背景下极端温度、极端降水、干旱、复合极端事件的变化及成因。

  本书由周波涛、左志燕主编并统稿，孙诚、何琼、孙博、范怡、游庆龙、尹志聪参与第1~6章内容的撰写。本书的统稿人对各章内容进行整合和编辑，确保风格和内容规范统一。同时，"气候变化科学丛书"编委会成员对该书进行了审稿并提供了宝贵修改意见。在此，我们由衷感谢所有为本书作出贡献的专家学者，他们的知识、智慧和辛勤付出使本书得以完成。我们期望本书的出版能够为读者提供有益的参考信息，促进全社会更好地应对气候变化所带来的挑战。

  本书出版得到中国科学院大学教材出版中心和国家出版基金的支持。

  限于我们的水平，书中不足之处在所难免，恳请广大读者和专家学者批评指正。

作　者

2025年1月

# 目 录

## 第1章 区域气候变化信息的基础 ··················································· 1
### 1.1 区域气候变化的概况 ··························································· 1
#### 1.1.1 区域气候变化的强迫因子 ··················································· 1
#### 1.1.2 区域气候变化的归因 ······················································· 5
### 1.2 全球到区域气候变化的数据与方法 ··············································· 6
#### 1.2.1 观测资料中的区域气候信息 ················································· 6
#### 1.2.2 气候模式中的区域气候信息 ················································· 10
#### 1.2.3 区域气候信息的可信度 ····················································· 16
### 1.3 全球关联区域气候变化的途径 ··················································· 17
#### 1.3.1 海–气相互作用 ··························································· 18
#### 1.3.2 陆–气相互作用 ··························································· 20
#### 1.3.3 冰–气相互作用 ··························································· 23
### 1.4 从全球到区域气候变化的挑战 ··················································· 26
#### 1.4.1 区域尺度的观测资料信息不足 ··············································· 27
#### 1.4.2 对气候系统内部变率认知不足 ··············································· 28
#### 1.4.3 全球气候模式不确定性带来的挑战 ··········································· 30
#### 1.4.4 区域气候模式发展的挑战 ··················································· 31

## 第2章 影响区域气候的季风系统 ··················································· 34
### 2.1 全球及区域季风 ······························································· 34
#### 2.1.1 全球及区域季风的变化及驱动因子 ··········································· 37

  2.1.2 全球及区域季风预估·································································41
 2.2 东亚季风·················································································44
  2.2.1 东亚季风变化·································································46
  2.2.2 东亚季风与中国气候的关系················································48
  2.2.3 东亚季风变化的成因·······················································51
  2.2.4 东亚季风预估·································································55
 2.3 南亚夏季风·············································································59
  2.3.1 南亚夏季风变化······························································59
  2.3.2 南亚夏季风变化的成因······················································60
  2.3.3 南亚夏季风与东亚夏季风的联系········································62
  2.3.4 南亚夏季风预估······························································63

# 第3章 影响区域气候的大气环流因子·············································65
 3.1 哈得来环流·············································································65
  3.1.1 哈得来环流的变化特征······················································66
  3.1.2 哈得来环流对区域气候的影响············································69
  3.1.3 哈得来环流的预估···························································73
 3.2 沃克环流················································································74
  3.2.1 沃克环流的变化特征·······················································75
  3.2.2 沃克环流对区域气候的影响···············································78
  3.2.3 沃克环流的预估······························································81
 3.3 北半球环状模态········································································83
  3.3.1 北半球环状模态的变化特征················································83
  3.3.2 北半球环状模态对区域气候的影响······································85
  3.3.3 北半球环状模态的预估······················································89
 3.4 南半球环状模态········································································90
  3.4.1 南半球环状模的变化特征··················································91

  3.4.2　南半球环状模对北半球气候的影响 ································································· 93
  3.4.3　南半球环状模的预估 ······················································································ 96

# 第4章　影响区域气候的海温模态 ·············································································· 98
 4.1　ENSO 的变化及气候影响 ······················································································· 98
  4.1.1　ENSO 现在及未来变化 ················································································ 101
  4.1.2　ENSO 变化对不同区域气候的影响 ····························································· 105
 4.2　印度洋海盆模态和印度洋偶极子模态的变化及气候影响 ··································· 111
  4.2.1　印度洋海盆模态和印度洋偶极子模态现在及未来变化 ···························· 115
  4.2.2　印度洋海盆模态和印度洋偶极子模态对区域气候的影响 ························ 117
 4.3　大西洋海温模态的变化及气候影响 ···································································· 119
  4.3.1　北大西洋年代际振荡现状及未来变化 ······················································· 121
  4.3.2　北大西洋年代际振荡对区域气候的影响 ··················································· 123
 4.4　太平洋海温模态的变化及气候影响 ···································································· 125
  4.4.1　太平洋年代际振荡现状及未来变化 ··························································· 127
  4.4.2　太平洋年代际振荡对区域气候的影响 ······················································· 129

# 第5章　海冰和积雪对区域气候变化的影响 ·························································· 131
 5.1　北极海冰 ··············································································································· 132
  5.1.1　北极海冰变化特征 ······················································································ 133
  5.1.2　北极海冰消融和北极增暖放大机制 ··························································· 136
  5.1.3　北极海冰减少对亚洲气候的影响 ······························································· 140
  5.1.4　北极海冰预估 ······························································································ 144
 5.2　欧亚大陆积雪 ······································································································· 145
  5.2.1　欧亚大陆积雪时空分布特性 ······································································· 146
  5.2.2　欧亚大陆积雪形成机制 ·············································································· 147
  5.2.3　欧亚大陆积雪对亚洲气候的影响 ······························································· 148
  5.2.4　欧亚大陆积雪预估 ······················································································ 153

## 5.3 青藏高原积雪 ......154
### 5.3.1 青藏高原积雪时空变化特征 ......156
### 5.3.2 青藏高原积雪变化的成因 ......162
### 5.3.3 青藏高原积雪变化对亚洲气候的影响 ......164

# 第 6 章 全球气候变暖背景下的区域极端气候事件 ......169
## 6.1 极端温度 ......169
### 6.1.1 极端温度事件的变化 ......171
### 6.1.2 极端温度的变化机制 ......173
### 6.1.3 极端温度的预估 ......177
## 6.2 极端降水 ......179
### 6.2.1 极端降水事件的变化 ......180
### 6.2.2 极端降水的变化机制 ......181
### 6.2.3 极端降水的预估 ......186
## 6.3 干旱 ......187
### 6.3.1 干旱的变化 ......189
### 6.3.2 干旱的变化机制 ......191
### 6.3.3 干旱的预估 ......195
## 6.4 复合极端事件 ......196
### 6.4.1 复合极端事件的变化 ......199
### 6.4.2 复合事件的变化机制 ......201
### 6.4.3 复合极端事件的预估 ......203

# 参考文献 ......206

# 第 1 章
# 区域气候变化信息的基础

## 1.1 区域气候变化的概况

### 1.1.1 区域气候变化的强迫因子

区域气候是指某一特定地理区域内,由于自然条件和人类活动的影响,形成的具有一定特征和规律的气候现象和过程。区域气候不仅反映了全球气候的总体变化,也体现了局部地区的气候差异和复杂性。研究区域气候对理解气候系统的结构和功能、评估气候变化的影响和适应性,制定气候资源的开发和利用策略,都具有重要的意义。

区域气候变化是指在一定的地理范围内,气候系统的平均状态或统计特征随时间发生的变化,或者指极端天气气候事件的持续性和发生频率随时间的变化。区域气候变化的时空尺度可以从不同的角度进行划分,如按照时间长度可以分为年代际、年、季节、月等尺度;按照空间大小可以分为大洲、国家、省份、城市等尺度。不同的时空尺度反映了不同层次的气候变化规律和机理,也需要使用不同的观测方法和技术去分析。时空尺度的选择应根据研究目的和数据可用性进行合理确定。区域气候变化可能是由气候系统内部变率、局地气候对气候系统低频模态的响应和外部强迫（如太阳周期、火山喷发以及持续性的人类活动对大气成分的变化和土地覆盖及利用的改变）等因素引起的，这些因素之间存在相互作用和反馈。区域气候变化的研究内容主要包括两个方面：一是区域气候变化的表现，即区域气候系统的各种要素（如温度、降水、风、云、湿度等）在不同时空尺度上的变化特征；二是区域气候变化的本质，即区域气候系统的内部动力和外部驱动因素之间的相互作用。

区域气候变化信号的出现可能是由一些人为外部强迫因素或气候系统内部变率引起的，但更可能是它们的共同作用。因此，自然和人为强迫是导致区域气候变化的主要驱动因素。气候系统内部变率包括大尺度的遥相关性以及它们之间的相互反馈。鉴于气候变率和气候变化受多种驱动因素影响，量化年际和年代际变率的内部模态和外部强迫之间的相互作用对于区域气候变化的归因研究至关重要。

影响区域气候变化的外部强迫因子有多种，主要包括太阳辐射、火山喷发、大气成分变化，以及人类活动（土地利用和城市化）等。这些因子通过改变地球能量平衡，影响大气和海洋的运动和循环，从而导致区域气候的变化。太阳辐射是地球系统的主要能量来源，它的变化会影响地球表面和大气层的温度和辐射平衡。太阳辐射的变化有多种周期，如11年的太阳黑子周期、22年的太阳磁场周期等。这些周期会引起地球表面和大气层的温度和辐射平衡的波动，进而影响大气环流和海洋环流，导致区域气候的变化。火山喷发会向大气中喷射大量的灰尘、硫酸盐气溶胶和其他物质，这些物质会反射和散射太阳辐射，降低地球表面和大气层的温度。这样就会改变地球表面和大气层的温度梯度，影响大气稳定性和环流结构，从而导致区域气候的变化。火山喷发对区域气候的影响取决于喷发强度、持续时间、位置、高度和季节等因素。

大气成分变化主要指温室气体和气溶胶的变化。温室气体是指能够吸收地表长波辐射的气体。在地球大气层中，这些气体的存在对地球的温度有重要影响。温室气体主要包括水汽、二氧化碳、甲烷和臭氧等，温室气体吸收长波辐射的过程导致了地球表面温度的升高，被称为温室效应。大气中的温室气体（如二氧化碳、一氧化二氮、甲烷、臭氧等）浓度变化，使得温室效应增强或减弱，引起全球气温的变化。全球气温变化会影响能量和水分循环过程，进而影响区域气候的变化。温室气体对区域气候的影响取决于它们的浓度、分布、寿命和辐射特性等因素。

气溶胶对区域气候变化有着重要的影响，主要通过两种途径：直接辐射效应和间接辐射效应。直接辐射效应是指气溶胶直接散射和吸收太阳辐射和地球辐射，从而改变地球能量平衡。不同类型的气溶胶对辐射的作用有所不同，一般来说，反射性的气溶胶（如硫酸盐、硝酸盐、有机碳等）会减少太阳辐射到达地表的能量，产生冷却效应；吸收性的气溶胶（如黑碳、沙尘等）会增加大气层内的能量，产生加热效应。气溶胶的直接辐射效应会影响地表温度、大气稳定性、水循环等，进而影响区域气候。间接辐射效应是指气溶胶作为云凝结核或冰晶核，影响云的微物理和光学特性，从而改变云的辐射特性和降水过程。气溶胶的间接辐射效应会影响云覆盖度、云高度、云厚度、降水强度等，进而影响区域气候。

人类活动对区域气候变化的影响主要有以下几个方面：①人类活动会影响大气成分的变化：首先，人类活动增加了二氧化碳、甲烷、一氧化二氮等温室气体的排放，增强了温室效应，导致全球平均温度升高，同时也影响了区域的温度分布和季节变化。例如，北极地区的温度升高比全球平均水平更快，导致冰雪覆盖范围减少，反过来又加剧了温度升高。其次，人类活动产生了大量的气溶胶，如硫酸盐、黑碳、有机碳等，影响了大气中的辐射传输和云的形成和性质，进而影响了区域的辐射平衡和降水过程。例如，硫酸盐气溶胶可以反射太阳辐射，降低地表温度，同时也可以增加云的反照率和寿命，减少降水量。②人类活动改变了土地利用和覆盖，如城市化、农业、森林砍伐等，影响了地表的反照率、蒸散作用、水文循环等，进而影响了区域的能量平衡和水汽循环。其中，城市化通过改变下垫面特征（反照率和粗糙度等）、增加人为热源和污染物排放等方式，影响区域的温度和降水等气候要素。快速发展的城市化进一步加剧了对区域气候变化的影响，包括区域增温、城市热岛效应的形成以及高温热浪和强降水等极端天气事件的频繁发生。另外，城市群是指由多个相互联系的大中城市组成的城市集聚体，城市之间的相互作用和协同发展，对区域气候产生强烈的影响。城市化会放大全球变暖对区域气候的影响，进一步加剧了区域气候变化的趋势。

气候系统内部变率是指气候系统中的自然波动，如厄尔尼诺-南方涛动（El Niño Southern Oscillation，ENSO）、北大西洋涛动（North Atlantic Oscillation，NAO）、太平洋年代际振荡（Pacific Decadal Oscillation，PDO）等。这些变率可以在不同的时间尺度和空间尺度上影响区域气候变化，导致温度、降水、风场等气候要素的异常变化。例如，ENSO 是一种发生在赤道太平洋的海-气相互作用现象，它可以通过大气和海洋的传播机制，影响全球各地的气候，尤其是热带和副热带地区。ENSO 的暖位相（厄尔尼诺）会导致东亚冬季偏暖、干旱，而 ENSO 的冷位相[拉尼娜（La Niña）]会导致东亚冬季偏冷、湿润。NAO 是一种发生在北大西洋地区的气压场波动，它可以影响欧洲、北美和北非的气候，尤其是冬季。NAO 的正位相会导致欧洲西部偏暖、多雨，而 NAO 的负位相会导致欧洲西部偏冷、干燥。PDO 是一种发生在北太平洋的海温场的年代际变化，它可以影响北美西岸和东亚的气候，尤其是夏季。PDO 的正位相会导致北美西岸偏暖、干旱，而 PDO 的负位相会导致北美西岸偏冷、多雨。气候系统内部变率与区域气候变化之间的关系是复杂的，需要考虑多种因素，如变率之间的相互作用、非线性反馈、外部强迫等。此外，气候系统内部变率也受到全球变暖等人为因素的影响，可能会出现强度、频率、持续时间等方面的改变。因此，深入理解和预测气候系统内部变率对区域气候变化的影响，对提高区域气候适应能力和减少灾害风险具有重要意义。

区域尺度内部变率和强迫变化之间的相互作用是区域气候变化研究的一个重要课题。区域尺度内部变率和强迫变化之间的相互作用可以通过不同的机制和途径进行，如强迫变化可以改变大尺度环流的特征和稳定性，从而影响区域尺度内部变率的频率、强度和持续时间；区域尺度内部变率可以调节或掩盖强迫变化的信号，使得区域气候对强迫变化的响应具有不确定性和非线性特征。因此，理解和量化这种相互作用对于评估区域气候变化的机理、预估未来气候变化的不确定性、制定适应和减缓气候变化的对策具有重要意义。

## 1.1.2 区域气候变化的归因

区域气候变化的归因是指通过分析区域气候变化的观测资料和模式模拟结果，确定区域气候变化的主要驱动因素，包括自然的内部变率、外部强迫和人为活动等。区域气候变化的归因有助于深入理解区域气候系统的响应和反馈机制，评估区域气候变化的影响和风险，为制定适应和减缓措施提供科学依据。归因研究可借助模式及观测资料的统计技术实现，如多元回归分析和贝叶斯推断等。

最近的研究利用观测资料和气候模式，检测到人类活动对全球和中国区域气温变化的显著影响，尤其是在过去50年中。人类活动导致的温室气体增加是造成全球和中国区域气温升高的主要原因，而气溶胶排放则在一定程度上抵消了温室效应。利用多元分析和贝叶斯推断等统计技术，考虑了气候系统内部变率和太阳活动、火山活动等自然因素的影响，分析了不同尺度和时间段的区域气温变化的归因结果。发现在季节、年代际和更长时间尺度上，区域气温变化的归因结果存在一定的差异和不确定性。利用多步归因方法，间接地对一些与区域气温变化相关的现象进行归因，如极端高温事件、冰雪覆盖变化、农业生产等。发现人类活动对这些现象的影响可能增加了它们发生的概率或强度，或改变了它们的时空分布特征。

与温度变化的归因相比，降水变化的归因更为复杂，因为降水受到内部变率的极大影响，同时观测资料和模式模拟的局限也增加了归因的难度。尽管如此，改进的观测和模式已证实了全球和区域年平均及季节平均降水变化格局中存在人类活动影响的信号。与全球尺度相比，气候系统内部变率在区域尺度上的作用更大，观测、模式和人类活动影响的不确定性也更大，因此很难给出温室气体、平流层臭氧、气溶胶、土地利用和土地变化在其中确定性的作用。气候内部变率可以在很大程度上延迟和阻碍人类活动信号在区域平均降水长时间变化中的出现，特别是在热带、副热带和中纬度地区。由于模式对大气环流变化的模拟与观测存在较大误差，这方面的人类活动归因的可信度仍然较低。

## 1.2　全球到区域气候变化的数据与方法

### 1.2.1　观测资料中的区域气候信息

由于区域气候类型多样，其空间和时间范围广泛，同时用户需求也多种多样，因此需要多种方法来构建区域气候信息。区域气候信息的构建主要依赖于区域观测资料分析、全球和区域气候模式模拟，以及统计降尺度、动力降尺度和误差订正等方法。研究区域气候变化的目的是了解不同地区的气候特征，分析气候变化的原因和影响，以及预测未来的气候变化趋势。为了有效地进行这些研究，需要有可靠的观测资料作为基础。观测资料是指通过各种仪器和方法，对气候要素（如温度、降水、风速、湿度等）进行系统地测量和记录的数据。观测资料可以反映出区域气候变化的实际情况，提供客观的证据和依据，帮助研究者分析气候变化的规律和机制，验证气候模式的准确性，以及评估气候变化对人类和自然环境的影响。因此，使用观测资料是研究区域气候变化的重要方法和手段。

区域气候变化观测数据的类型主要有地面观测数据、卫星遥感数据和再分析数据。地面观测是利用地面站点上安装的仪器，对大气、海洋、陆地等进行观测和测量的一种技术。地面观测数据可以提供区域气候变化的点位信息、长期序列和极端事件等信息，是区域气候变化研究的重要数据源之一，地面观测资料覆盖范围有限，受到地形、土地利用、人为干扰等因素的影响。卫星遥感是利用人造卫星上搭载的传感器，对地球表面的大气、海洋、陆地等进行观测和测量的一种技术。卫星遥感数据可以提供区域气候变化的空间分布、时间变化和影响因素等信息，也是区域气候变化研究的重要数据源，卫星遥感观测资料受到云层、大气、仪器误差等因素的影响。再分析是利用数值模式和观测数据，对过去的大气、海洋、陆地等进行再现和重建的一种技术。再分析数据可以提供区域气候变化的动力机制、物理过程和反馈效应等信息，亦为区域气候变化研究提供了重要数据来源。

地面观测资料是指通过地面站点或者飞机等平台对大气层进行的观测，包括常规观测、高空探空、雷达探测等。国际通用的大气数据集是由多个国家或机构共同建立和维护的，具有较高的质量和覆盖范围，可以为各种科学应用提供可靠的数据源。例如，全球地面基本气象观测数据集：这是一个由世界气象组织（World Meteorological Organization，WMO）协调的数据集，包含了全球约1.5万个地面气象站的日平均或月平均的温度、压力、湿度、风速、风向、云量、降水等数据；全球高空基本气象观测数据集：包含了全球约900个高空气象站的定时探空观测数据。

卫星数据具有全球覆盖、高时空分辨率、长时间连续性等优点，可以弥补地面和高空观测的不足，为区域气候变化研究提供重要依据。目前，主要的卫星数据集有美国国家航空航天局（National Aeronautics and Space Administration，NASA）的中分辨率成像光谱仪（MODIS）、高级惯性参数球（AIRS）、热带降雨测量任务（TRMM）、全球降水测量任务（GPM）等；美国国家海洋和大气管理局（National Oceanic and Atmospheric Administration，NOAA）的先进甚高分辨率辐射仪（AVHRR）、地球静止环境卫星（GOES）、极地运行环境卫星（POES）等；欧洲空间局（European Space Agency，ESA）的环境卫星（ENVISAT）、气象卫星（METEOSAT）等；中国国家航天局（China National Space Administration，CNSA）的风云系列卫星等。再分析数据是利用最先进的数据同化系统，将各种类型和来源的观测资料与数值天气预报模式相结合，得到一个全球或区域范围内的高分辨率、高质量、长时间序列的大气层状态场。

再分析数据可以反映大气层的温度、压力、湿度、风速、风向、垂直运动等物理量，以及辐射、降水、云等过程。再分析数据已经广泛应用于气候变化的监测和预报、气候变率和变化、水循环和能量平衡等研究领域。目前，主要的再分析数据集有美国国家环境预报中心（National Centers for Environmental Prediction，NCEP）的 NCEP/NCAR[①] Reanalysis 1 和 2、NCEP/DOE[②] Reanalysis 2、

---

[①] 美国国家大气研究中心（National Center for Atmospheric Research，NCAR）。
[②] 美国能源部（Department of Energy，DOE）。

CFSR/CFSv2 等；欧洲中期天气预报中心（European Centre for Medium-Range Weather Forecasts，ECMWF）的 ERA-Interim、ERA-5、ERA-20C 等；日本气象厅（Japan Meteorological Agency，JMA）的 JRA-25、JRA-55 等；中国气象局（China Meteorological Administration，CMA）的 CRA-40 等。

陆表数据是区域气候变化观测资料中非常重要的一部分。陆表数据包括了土壤温度、湿度、蒸散、降水、植被覆盖等多种物理和生物变量，它们反映了陆地表面与大气之间的能量和水分交换过程，对区域气候变化的形成和影响有着重要的作用。在区域气候变化的研究中，通常需要综合利用地面观测和卫星遥感两种方法获取陆表数据，并进行质量控制、校准、插值、同化等处理，以提高数据的可靠性和适用性。以下列举了一些陆表数据集：①WorldClim 是一个全球高空间分辨率（约 1km）的气候数据集，提供了 1960～1990 年全球陆地表面每月和年平均的温度、降水等 19 个变量。这些变量是基于来自全球约 25000 个观测站的记录，经过空间插值和高程校正而生成的。WorldClim 数据集可以用于生态学、生物多样性和保护规划等领域。②TerraClimate 是全球陆地表面的月度气候和气候水平衡数据集。该数据集包括 1958～2020 年全球陆地表面每月的温度、降水、蒸散发、径流、土壤水分等 12 个变量。③CRU 是英国东安格利亚大学气候研究中心（Climate Research Unit）的缩写，该中心提供了一系列全球陆地表面气候观测数据集。这些数据集利用了数千个地面观测站的记录，经过质量控制和空间插值，生成了全球或区域尺度的网格化数据。

冰雪数据是研究区域气候变化的重要信息源，可以反映冰川、积雪、冻土、海冰等冰雪要素的变化。冰雪数据的获取和处理需要专业的技术和设备，因此，国际上有一些机构和项目提供了一些公开的冰雪数据集，供科研人员和决策者使用。以下是一些国际通用的冰雪数据集的简介：国家冰雪数据中心分布式活动档案中心（National Snow and Ice Data Centre Distributed Activity Archive Centre，NSIDC DAAC）是美国国家航空航天局（NASA）地球科学数据和信息系统（Earth Science Data and Information Systems，ESDIS）项目的一部分，提供了大量的冰雪遥感数据和模型数据，涵盖了全球和区域范围的冰川、积雪、冻土、海冰、极地气候等主题。戈达德地球科学数据和信息服务中心（Goddard Earth Sciences Data and Information Services Center，GES DISC）也是 ESDIS 项目的一部分，提供了多种卫星遥感数据和再分析数据，包括全球和区域范围的降水、气温、风速、太阳辐射等气候要素，以及积雪、云量、气溶胶等相关参数。

海洋数据是研究区域气候变化的重要依据，可以反映海洋的温度、盐度、流速、流向、海平面、波浪、海冰等物理特征，以及海洋与大气、陆地、生物等相互作用的过程和机制。海洋数据的获取主要依靠卫星遥感、船舶观测、浮标观测、潜标观测等手段，形成了多种多样的海洋数据集。目前，有一些国际组织或机构提供了一些国际通用的海洋数据集，供科研人员和决策者使用。这些数据集有些是全球范围的，有些是区域范围的，有些是长期序列的，有些是近期更新的，有些是综合多种数据源的，有些是专门针对某一要素或现象的。以下列举了一些比较常用或权威的海洋数据集。①世界海洋数据库（World Ocean Database，WOD）：由美国国家海洋和大气管理局（NOAA）维护，收集了全球各种类型的海洋观测数据，包括温度、盐度、溶解氧、营养盐、生物量等。WOD 每隔几年更新一次，目前最新版本是 2018 年版，包含了 1955~2017 年的观测数据。②Argovis：这是一个基于网页的平台，可以访问和可视化全球 Argo 浮标网络的数据。Argo 浮标是一种自主运行的仪器，可以定期下潜到 2000 m 深度，测量海水的温度和盐度，并将数据通过卫星传输到地面。Argovis 可以根据时间、空间、压力、温度和盐度等条件筛选 Argo 浮标的轨迹和剖面数据，也可以查看不同区域或盆地的统计信息和时空分布图。③TAO Array：这是一个由美国国家海洋和大气管理局（NOAA）领导的全球热带系泊浮标阵列方案，用于监测热带太平洋、大西洋和印度洋的海洋和大气状况，以及与厄尔尼诺和拉尼娜等气候现象相关的变化。TAO Array 提供了从 20 世纪 80 年代开始至今的实时和历史数据，包括海表面温度、风速、风向、大气压力、降水量等要素。④全球海洋数据同化系统（Global Ocean Data Assimilation System，GODAS）：由 NOAA 开发和运行，利用数值模式和数据同化技术，结合卫星遥感和实地观测数据，提供了全球热带和中纬度海洋的温度、盐度、流场、海平面等要素的分析和预报产品。GODAS 每天更新一次，提供了

1980年至今的历史回放数据和近期预报数据。⑤简单海洋数据同化（Simple Ocean Data Assimilation，SODA）：由美国马里兰大学开发和运行，也是利用数值模式和数据同化技术，结合卫星遥感和实地观测数据，提供了全球海洋的温度、盐度、流场、海平面等要素的分析产品。SODA每月更新一次，提供了1871年至今的历史数据。

区域古气候变化是指在过去的几千年或几万年内，某一特定地区的气候状况和变化趋势。区域气候变化中古气候的研究可以帮助我们了解当前和未来的气候变化的原因和影响，以及人类活动对气候的影响程度。古气候代用数据是指利用自然或人文记录反映过去区域气候变化的信息，如树轮、冰芯、石笋、湖泊沉积物、历史文献等。不同的代用数据可以重建不同的气候变量，如温度、降水、风速、海平面等，也可以反映不同的时间尺度，如年代际、百年、千年等。古气候代用数据的质量和数量对于区域气候变化的研究和预估有重要的影响。目前，有一些国际通用的古气候代用数据集，主要包括以下几个：①PAGES 2k网络（past global changes 2k network）是一个国际合作项目，旨在重建过去2000年的全球和区域气候变化，利用多种代用数据，如树轮、冰芯、珊瑚、湖泊沉积物等。PAGES 2k网络将全球划分为九个区域，并分别建立了相应的代用数据集和温度重建序列。②NOAA古气候数据库（NOAA Paleoclimatology Datasets）是美国国家海洋和大气管理局提供的一个综合性的古气候数据平台，收录了世界各地的各种类型的古气候代用数据，如树轮、冰芯、珊瑚、湖泊沉积物、海洋沉积物、历史文献等。③IGBP PAGES/WDCA古气候数据库（IGBP PAGES/WDCA Paleoclimatology Datasets）是国际地圈生物圈计划（International Geosphere-Biosphere Programme，IGBP）和世界数据中心（World Data Centre，WDCA）合作提供的一个古气候数据库，收录了全球各地的各种类型的古气候代用数据，如树轮、冰芯、珊瑚、湖泊沉积物、海洋沉积物等。

### 1.2.2　气候模式中的区域气候信息

数值模式是构建区域气候信息的重要来源。数值模式可以分为全球气候模式

（Global Climate Model，GCM）和区域气候模式（Regional Climate Model，RCM）。全球气候模式可以模拟整个地球的气候系统，但是由于计算资源的限制，它们通常只能使用较粗的空间分辨率（100~200km），无法准确反映区域尺度的气候特征和变化。区域气候模式是一种嵌套在全球气候模式中的高分辨率（10~50 km）的模式，可以更好地描述区域内的地形、海陆分布、土地覆盖和人类活动等因素对气候的影响，从而提高区域气候变化的模拟能力和预估精度。

全球气候模式是一种用来模拟和预测地球气候系统变化的数学模型，它包括大气、海洋、陆地、冰冻圈等组成部分，以及它们之间的相互作用。全球气候模式是基于物理、化学和生物学的基本定律，通过对地球表面进行网格划分，运用复杂的计算机程序来求解微分方程。全球气候模式可以用来研究过去、现在和未来的气候变化，以及人类活动对气候的影响。全球气候模式输出数据集是指模式运行后产生的各种气候变量的数据，如温度、降水、风速、云量等。这些数据集可以用来评估模式的性能，比较不同模式或者不同情景下的气候变化，以及为区域和局地尺度的气候影响评估提供输入。全球模式能够通过归因和预估外部强迫作用以及量化内部变率的作用为构建区域气候信息提供有用的证据。全球气候模式的输出在气候信息来源中发挥了关键作用，它为大尺度气候变异和变化对自然资源、人类健康、基础设施和商业影响的评估提供了宝贵的信息。

目前应用最为广泛的全球气候模式数据集是国际耦合模式比较计划（Coupled Model Intercomparison Project，CMIP）。它是由世界气候研究计划（World Climate Research Programme，WCRP）耦合模拟工作组发起和组织的一项重要的国际合作项目。CMIP 的目的是通过比较不同的气候模式和地球系统模式，评估其模拟性能，推动模式发展，增进对地球气候系统的科学理解，为气候变化预估和政策制定提供科学依据。CMIP 的历史可以追溯到 20 世纪 90 年代初，当时只有少数几个全球耦合气候模式参与了第一次比较计划（CMIP1）。此后，随着气候模式和地球系统模式的快速发展和完善，以及计算机技术和数据管理技术的进步，CMIP 逐渐扩大了规模和范围，设计了更多更复杂的试验方案，涉及了更多更广泛的科学问题。CMIP6 是目前最新最全面最具挑战性的一次比较计划，它于 2016 年正式启动。CMIP6涵盖了多个主题，包括历史气候变化、未来气候变化情景、气候变率和极端事件、云和辐射过程、碳循环和生物地球化学反馈、海洋生物地球化学过程、海陆冰相互作用等。CMIP6涵盖了三个层次的试验设计：第一层是核心试验，包括控制试验、历史试验、平衡态气候敏感度试验等；第二层是共同试验，包括历史试验、未来情景试验等；第三层是诊断、评估和理解试验，包括23个不同主题的子计划。CMIP6旨在回答三个重要的科学问题：地球系统如何响应外部强迫？造成当前气候模式存在系统性偏差的原因及其影响？如何在受内部气候变率、可预报性和情景不确定性影响的情况下对未来气候变化进行评估？CMIP6目前已经有超过100个气候模式和地球系统模式参与，其中包括9个中国模式。这些模式已经完成了大部分核心试验和共同试验，并且将数据上传到国际数据平台上供科研人员使用。根据目前已有的分析结果，CMIP6模式在全球和区域尺度上对历史气候变化的模拟有了明显的改进，同时也展现了更大的多样性和不确定性。在未来情景下，CMIP6模式预估了不同程度的全球变暖和极端事件增加，这与社会经济路径和排放情景有密切关系。

CMIP提供了很多有关区域气候变化的信息，包括以下几个方面：①区域气候变化的历史模拟和未来情景。CMIP收集了各种气候模式的输出数据，包括历史模拟（1850~2014年）和未来情景（2015~2100年），涵盖了不同的温室气体排放情景。这些数据可以用来分析区域气候变化的特征、趋势、不确定性和影响因素。②区域气候变化的物理过程和反馈机制。CMIP也提供了一些专门针对区域气候变化的实验设计，如云反馈、陆面过程、极地过程、海洋过程等。这些实验可以帮助揭示区域气候变化的物理机制和敏感性，以及不同过程之间的相互作用和协调。③区域气候变化的影响和适应策略。CMIP还提供了一些与区域气候变化相关的影响评估和适应策略的数据，如水资源、农业、生态系统、健康、城市等。这些数据可以用来评估区域气候变化对人类社会和自然环境的潜在影响，以及制定相应的适应措施和减缓方案。

然而，全球气候模式的原始输出资料并不总是足以解决利益相关者所关心的跨学科问题。其主要障碍在于全球模式所代表的空间尺度可能无法满足最终应用所要求的非常细的空间分辨率，且全球模式的原始输出包含了偏差，不能直接用于下游的应用。各种降尺度方法的目的是产生更适合气候应用和影响研究的输出，旨在解决全球模式输出中的粗分辨率和区域偏差问题，可用于处理和完善全球模式的输出。降尺度技术可分为两大类：动力降尺度和统计降尺度。降尺度技术在区域气候变化研究中可以为区域或局部的气候影响和适应性研究提供更高分辨率和更具体的气候信息，如降水、温度、风速等；为区域或局部的气候变化监测和评估提供更可靠和更准确的数据，如极端事件、干旱、洪水等；为区域或局部的气候变化策略和规划提供更合理和更有效的依据，如减排、适应、减灾等。

动力降尺度方法是一种利用数值模式模拟区域气候变化的技术，它可以提高区域尺度上的气候预测的精度和分辨率。动力降尺度方法的基本原理是，将全球气候模式的输出作为区域气候模式的边界条件，然后在一个较小的区域内运行区域气候模式，以获得更细致的气候信息。动力降尺度方法在区域气候变化中有着广泛的应用，如可以用来评估区域气候变化对水资源、农业、生态系统、城市化等方面的影响，以及制定相应的适应和减缓措施。动力降尺度方法的适用性取决于多个因素，如区域气候模式的选择、驱动数据的质量、区域尺度上的物理过程的表达、降尺度区域的大小和位置等。因此，在应用动力降尺度方法时，需要根据具体的目标和背景，综合考虑各种不确定性和误差，以及与其他降尺度方法（如统计降尺度方法）比较和结合。

利用区域气候模式（RCM）对全球气候模式的输出进行动力降尺度处理，从而得到更高分辨率的区域气候信息的数据。区域气候变化区域模式数据可以更好地反映区域内的复杂地形、海陆分布、土地覆盖等因素对气候的影响，为区域气候变化影响和适应研究提供更精细的基础数据。目前，有一些国际组织和项目提供了区域气候变化区域模式数据的共享和下载服务，主要包括以下几个：
①CORDEX（Coordinated Regional Climate Downscaling Experiment），是由世界气象组织（WMO）下属的世界气候研究计划（WCRP）发起和协调的一个全球范围内的区域气候降尺度协同试验项目，旨在为不同地区提供高质量、高分辨率和多

模式的区域气候变化预估数据。CORDEX 涵盖了 14 个区域,每个区域有多个 RCM 和 GCM 参与模拟,输出的变量包括温度、降水、风速、湿度、辐射等。CORDEX 计划旨在提高区域气候模式的性能和可用性,以支持气候变化的影响、适应和脆弱性研究。CORDEX 的目标是提高对区域气候变化的理解和预测能力,为政策制定者和利益相关者提供可靠的科学信息,促进可持续发展。CORDEX 计划中的模式是基于动力降尺度方法的区域气候模式,它们使用全球气候模式或再分析数据作为边界条件,来模拟特定区域的气候特征。CORDEX 计划中的模式运行在不同的空间分辨率和时间范围上,以满足不同用户的需求,也考虑了不同的排放情景和自然变率,以评估未来气候变化的不确定性和风险。CORDEX 的数据可以从其官方网站或各个区域节点下载,也可以通过地球系统网格联邦(Earth System Grid Federation,ESGF)平台检索和获取。②RegCM4,是国际理论物理中心(International Centre for Theoretical Physics,ICTP)开发的一个三维、非静力学、$\sigma$ 坐标的 RCM,可以对不同地区和时间段进行高分辨率的气候模拟。RegCM4 已经被广泛应用于全球各个地区的气候变化研究,输出的变量包括温度、降水、风场、湿度、云量、辐射等。RegCM4 的部分数据可以从 ICTP 或其他机构的网站下载,也可以通过 ESGF 平台检索和获取。③WRF,是 NCAR 开发的一个三维、非静力学、$\sigma$ 坐标的 RCM,具有多种物理参数化方案和嵌套网格功能,可以对不同地区和时间段进行高分辨率的气候模拟。WRF 已经被广泛应用于全球各个地区的气候变化研究,输出的变量包括温度、降水、风场、湿度、云量、辐射等。WRF 的部分数据可以从 NCAR 或其他机构的网站下载,也可以通过 ESGF 平台检索和获取。

统计降尺度是一种将全球气候模式的大尺度预测结果转换为局地或区域尺度的气候信息的方法。统计降尺度的基本思想是建立大尺度和小尺度之间的统计关系,然后利用这种关系对未来的气候进行推断。统计降尺度的方法主要有以下几种:①回归法。回归法是一种最简单和最常用的统计降尺度方法,它假设大尺度和小尺度之间存在线性或非线性的回归关系,然后利用历史观测数据拟合出回归方程,再将全球气候模式的输出作为自变量输入回归方程,得到小尺度的气候变量。回归法的优点是易于实现和理解,缺点是对数据质量和数量要求较高,且可能忽略了小尺度内部的空间变异性。②人工神经网络法。人工神经网络法是一种基于机器学习的统计降尺度方法,它利用人工神经网络的强大的非线性拟合能力,建立大尺度和小尺度之间的复杂映射关系。人工神经网络法的优点是能够处理高维、非线性、非平稳的数据,且能够自适应地调整参数,缺点是需要大量的训练数据,且难以解释和验证模型的内部机制。③模拟器法。模拟器法是一种基于物理过程的统计降尺度方法,它利用一个简化的物理模型(如水文模型、植被模型等)来模拟小尺度上的气候过程,然后将全球气候模式的输出作为物理模型的输入或边界条件,得到小尺度上的气候变量。模拟器法的优点是能够考虑小尺度上的物理机制和反馈作用,缺点是需要较多的参数和先验知识,且可能存在不同模型之间的不一致性。

统计降尺度方法在区域气候变化中的适用性取决于以下几个因素:①全球气候模式输出变量与区域或局部气候变量之间的统计关系的稳定性和可信度,即是否能够反映出真实的物理过程和机制。②统计降尺度方法所需的观测数据和模拟数据的质量和数量,即是否能够满足建立和验证统计关系的要求。③统计降尺度方法所涉及的空间和时间尺度的匹配性,即是否能够满足区域或局部气候变化研究的需求。

古气候模拟数据是指利用数值模型重建过去不同时间段的气候状况的数据。古气候模拟数据可以帮助我们了解气候系统的动力学机制,评估气候变化的影响,以及预测未来的气候变化趋势。一种国际通用的古气候模拟数据集是古气候模拟比较计划(Paleoclimate Modelling Intercomparison Project, PMIP)项目提供的数据集。PMIP是一个国际合作项目,旨在通过比较不同模型的古气候模拟结果,提高模型的可信度和一致性。PMIP项目已经进行了四个阶段,分别对不同的古气候时间段进行了模拟,包括末次冰盛期、中全新世、末次间冰期和全新世等。PMIP项目的数据集可以在其官方网站上下载。除了PMIP数据集,还有一些其他的国际通用的古气候模拟数据集,如过去21000年瞬态气候模拟(Transient Climate Evolution over the last 21000 years, TraCE-21ka)项目、低分辨率地球系统模型(Low Resolution Earth System Model,

LOVECLIM)项目、社区地球系统模型（Community Earth System Models，COSMOS）项目等。这些数据集都可以在相关的网站或数据库上查询和下载。

### 1.2.3 区域气候信息的可信度

区域气候观测信息的可信度受多方面因素的影响，主要包括以下几个方面：①观测设备的性能和精度。观测设备是获取气候信息的基础工具，其性能和精度直接决定了观测数据的可靠性和准确性。观测设备应该具有高度的稳定性、灵敏性和一致性，能够适应各种环境条件，减少误差和偏差。观测网络的覆盖和密度。观测网络是指分布在一定区域内的观测站点的集合，其覆盖和密度影响了观测数据的代表性和完整性。观测网络应该根据区域的地形、地貌、气候特征等因素合理布局，尽可能覆盖各种类型的地表特征，提高空间分辨率。②观测方法和规范的执行。观测方法和规范是指进行气候观测时遵循的技术标准和操作程序，其执行情况影响了观测数据的一致性和可比性。观测方法和规范应该符合国际通用的原则和要求，保证各个观测站点采用相同或相近的设备、参数、时段、频率等，消除人为因素的干扰。③观测数据的管理和质量控制。观测数据的管理和质量控制是指对收集到的原始数据进行整理、存储、传输、校验、校正、分析等过程，其效果影响了观测数据的有效性和可用性。观测数据的管理和质量控制应该采用先进的技术手段和方法，确保数据的完整性、正确性、及时性和安全性。

区域气候模式信息的可信度受多种因素的影响，主要包括以下几个方面：①区域气候模式的性能和适用性。区域气候模式是利用全球气候模式的边界条件，对某一特定区域进行高分辨率的气候模拟或预测的工具。区域气候模式的性能和适用性取决于模式的物理过程参数化方案、动力学方程求解方法、网格划分方式、边界条件处理方法等。不同的区域气候模式对同一区域的气候信息可能有不同的表现，因此需要对区域气候模式进行评估和验证，选择合适的模式和配置方案，以提高区域气候信息的信度。②区域内部的空间异质性和复杂性。区域内部可能存在复杂的地形、地表覆盖、水文循环等因素，导致区域内部的气候特征具有显著的空间差异和变化。这些空间异质性和复杂性增加了区域气候信息的不确定性和误差,也给区域气候信息的获取和利用带来了挑战。因此,需要考虑区域内部的空间异质性和复杂性,采用合理的空间插值、降尺度、统计校正等方法,以提高区域气候信息的信度。③区域与全球气候系统的相互作用。区域气候不仅受到本地因素的影响,还受到全球气候系统中各种大尺度环流、海洋、冰雪等因素的影响。这些因素可能对区域气候产生显著的影响,也可能引起区域气候的突变或异常。因此,需要考虑区域与全球气候系统的相互作用,分析其对区域气候信息的影响机制和程度,以提高区域气候信息的信度。

如何加强区域气候信息的信度,是一个重要而复杂的问题,需要多方面的努力和合作。第一,需要加强区域气候模式的发展和改进,提高模式对区域内部空间异质性和复杂性以及与全球气候系统相互作用的表征能力;第二,需要加强区域内部观测资料和全球资料的收集和整合,提高数据质量和可用性;第三,需要加强区域气候信息的评估和验证,采用多种方法和指标对模拟或预测结果进行比较和分析,识别不确定性和误差来源,并提出改进措施。

## 1.3 全球关联区域气候变化的途径

全球气候变化是指地球气候系统的长期变化,如人类活动排放的温室气体导致的全球变暖。区域气候变化是指某一特定地理区域内的气候变化,受到全球气候变化和区域自然因素的共同影响。全球和区域气候变化之间存在着密切的联系,但也有一些差异和不确定性。全球和区域气候变化之间的联系主要体现在以下几个方面:全球气候变化为区域气候变化提供了基本的驱动力,决定了区域气候变化的总体趋势和范围。例如,全球平均气温升高会导致各个地区的气温升高,全球海平面上升会影响沿海地区的洪涝风险,全球大气和海洋环流的变化会影响各个地区的降水和风暴活动等。区域气候变化反过来也会影响全球气候变化,通过各种反馈机制加强或减弱全球气候变化的程度和速度。例如,北极海冰的减少会降低地表反照率，增加太阳辐射的吸收，加速北极地区的变暖；亚马孙雨林的退缩会减少植被对二氧化碳的吸收，增加大气中的温室气体浓度，加剧全球变暖等。全球和区域气候变化之间存在着一定的差异和不确定性，主要由区域自然因素和人类活动的多样性和复杂性造成。例如，不同地区受到太阳辐射、地形、海陆分布、土壤、植被、城市化、污染等因素的影响不同，导致区域气候变化的幅度、方向、频率、持续时间等特征不同；不同地区对于全球气候变化的适应能力和减缓措施也不同，导致区域气候变化的影响和风险不同。

### 1.3.1 海–气相互作用

海–气相互作用是指海洋与大气之间进行的物质和能量交换，以及由此引起的两者状态和运动的相互影响。海–气相互作用发生在不同的时空尺度上，从微观的湍流和波浪，到中尺度的风暴和涡旋，再到全球尺度的季风和厄尔尼诺现象。海–气相互作用对全球气候具有重要的调节作用，维持着地球表面的水热平衡，影响着降水、温度、风向、洋流等气候要素的分布和变化。

海–气之间的交换过程主要包括水分、热量和动量。水分交换是指海洋通过蒸发向大气输送水汽，大气中的水汽在适当条件下凝结成云雾，并以降水的形式返回海洋。海洋的蒸发量与海水温度密切相关，低纬度和暖流区域的蒸发量较大，导致空气湿度高、降水多。水分交换影响着大气中水汽含量、云量、降水量等。热量交换是指海洋吸收太阳辐射的大部分能量后，通过潜热、长波辐射等方式将热量输送至大气。海洋是大气最主要的热源，也是地球表面最大的热库。海洋表面高温区向大气输送更多热量，导致空气温度升高、稳定性减弱。热量交换影响着大气中温度、压力、稳定性等。动量交换是指大气通过风力作用于海面，驱动海水运动，并改变海洋表层的流速和流向。同时，海洋通过摩擦力作用于大气底层，改变大气运动的速度和方向。动量交换影响着大气和海洋中风速、风向、涡旋等。

海–气相互作用对于全球气候格局的形成有重要影响。主要包括以下几个方面：①调节全球水循环。海洋是大气中水汽的最主要来源，海水蒸发向大气输送水汽，大气中的水汽随着大气运动，在适当条件下形成降水，返回海洋或陆地，构成地球上的水循环。海洋的蒸发量受海水温度的影响，低纬度和暖流流经的海区蒸发旺盛，降水也较多，高纬度和寒流流经的海区蒸发较弱，降水也较少。海洋通过蒸发和降水维持了全球的水量平衡。②调节全球热量平衡。海洋吸收了到达地表的太阳辐射能的大部分，并把其中85%的热量储存在海洋表层，再通过潜热、长波辐射等方式把储存的太阳辐射能输送给大气。海洋是大气最主要的热量储存库和供给者。海洋向大气输送的热量受海洋表面水温的影响，低纬度和暖流流经的海区向大气输送热量多，高纬度和寒流流经的海区向大气输送热量少。大气运动和洋流通过风力作用相互影响，把热量从低纬度向高纬度输送，维持了全球的热量平衡。③影响全球大气环流和大洋环流。不同纬度海区对大气加热的差异，导致大气产生高低纬度间的环流，形成赤道低压带、副热带高压带、副极地低压带和极地高压带等不同压力系统，以及信风带、西风带、极地东风带等不同风带。海陆间对大气加热的差异，则形成季风环流，导致季节性风向变化和降水分布变化。大气运动通过风力吹拂洋面，把动能传递给海洋，促使海水运动。海气通过长期的相互作用，并在地转偏向力的影响下，形成了运动方向基本一致的大气环流和大洋环流。

海–气相互作用是全球天气现象和气候变化的重要驱动力。海洋表面温度的变化会影响大气的稳定性、湿度和风速，从而改变大气的垂直结构和水汽输送，进而影响降水、云和辐射等过程。海–气相互作用产生了一些重要的天气现象和气候现象，海洋和大气之间的热量、水汽和动量交换会形成正反馈或负反馈机制，从而放大或抑制某些天气现象和气候变化，如厄尔尼诺现象、拉尼娜现象、北极涛动、南极涛动、太平洋年代际振荡、印度洋偶极子等。这些现象会改变全球或局部区域的温度、降水、风向等要素。海洋和大气之间的碳、硫、氮等化学物质交换会影响大气的化学组成和光化学反应，从而影响大气的辐射平衡和温室效应，进而影响全球变暖等问题。海洋是地球大气系统中二氧化碳的最大汇，每年可以吸收大约40%的人为排放的二氧化碳。二氧化碳是一种温室气体，它可以吸收并向下发射长波辐射，增加地表温度。因此，海洋通过吸收二氧化碳，可以减少大气中温室气体的浓度，缓解温室效应对全球气候变化的影响。另外，海洋和大气之间的生物物质交换会影响海洋的生态系统和生物地球化学循环，从而影响海洋的碳汇功能和生物多样性，进而影响全球碳循环等问题。

全球变暖是当今世界面临的最严峻的环境问题之一，它不仅影响着陆地生态系统，也对海洋产生了深远的影响。海洋占据了地球表面积的71%，是地球气候系统的重要组成部分，也是人类赖以生存的重要资源。海洋与大气之间存在着复杂的相互作用，调节着全球和区域的温度、湿度、降水、风向等气候要素。近年来，随着全球变暖和人类活动的影响，海洋发生了一系列显著的变化，如海水温度升高、海平面上升、海洋酸化、海洋热浪等。这些变化对全球和区域气候产生了深远的影响，如增加极端天气事件的频率和强度、改变降水模式和干湿分布、影响生态系统和生物多样性等，也将对人类社会带来巨大的挑战。

全球变暖导致海水温度的上升、海平面的上升、海洋酸化、海洋脱氧、洋流变化等一系列现象。这些现象会影响海洋的物理、化学和生物过程，进而影响海洋与大气之间的能量、动量和物质交换。例如，海水温度上升会增强水汽蒸发，增加大气中的水汽含量，从而影响降水和云层的形成；海平面上升会导致沿海地区受到更频繁和更强烈的风暴潮和海岸侵蚀的威胁；海洋酸化会破坏珊瑚礁等碳酸盐类生物的钙化过程，影响海洋生态系统的结构和功能；海洋脱氧会形成大片的"死亡地带"，降低海洋生物多样性和生产力；洋流变化会改变全球和区域的热量分布，影响季风、厄尔尼诺等重要的气候现象。因此，全球变暖背景下海洋对于区域气候的影响是多方面和深刻的，需要我们高度重视和积极应对。我们应该加强对海洋变化及其影响机制的科学研究，提高对未来气候变化趋势和极端事件发生概率的预测能力。

### 1.3.2 陆–气相互作用

陆–气相互作用是指陆地表面的物理、化学和生物过程与大气运动和能量交换之间的双向耦合关系。陆地表面的性质，如植被覆盖、土壤湿度、地形高度等，会影响大气的稳定性、湍流、水汽输送等，进而影响降水、温度、风速等气候要素。反过来，大气的变化也会反馈到陆地表面，改变其水文循环、碳循环、能量平衡等。因此，陆-气相互作用是气候系统的一个重要组成部分，对全球和区域气候变化有着重要的作用。陆-气相互作用的研究涉及多个学科领域，如气象学、水文学、生态学、地理学等，需要综合运用观测、模拟和理论分析等方法，探究陆地表面的能量平衡、水循环、碳循环、生态系统功能等方面的变化及其对大气环流和天气气候的影响机制。

陆-气相互作用的主要机制有以下几个方面：①陆地表面的热力特征，如地表温度、土壤湿度、植被覆盖等，会影响地表感热和潜热通量的大小和分布，进而影响大气边界层的结构和稳定性，以及大尺度环流的形成和变化。②陆地表面的水文特征，如降水、蒸发、径流等，会影响陆地水循环和能量平衡，进而影响大气水汽含量和云雨过程，以及大气温室效应和辐射收支。③陆地表面的动力特征，如地形、地貌等，会影响大气运动的形式和强度，如山谷风、山地风暴等，进而影响天气和气候的变化。④陆地表面的生物特征，如植被类型、生物活动等，会影响大气中的化学成分和气溶胶，进而影响大气化学反应和辐射传输。

陆-气相互作用对全球天气和气候变化有重要影响。首先，陆-气相互作用影响地表能量平衡和水循环。陆地表面的反照率、蒸发、植被覆盖、土壤湿度等因素决定了地表吸收和散发的太阳辐射和长波辐射，从而影响了地表温度和大气稳定性。同时，陆地表面的水分蒸发和降水是地球水循环的重要组成部分，它们影响了大气中的水汽含量、云和降水的形成，以及大气中的潜热释放。其次，陆-气相互作用影响大气环流和天气系统。陆地表面的加热或冷却可以引起大气中的压力梯度、温度梯度和密度差异，从而产生风场和大气运动。例如，青藏高原是一个巨大的热源，它可以抬升对流层顶，形成高原涡旋和高原急流，影响东亚季风、西太平洋副热带高压等大尺度环流系统。另外，陆地表面的非均匀性也可以激发大气中的波动和不稳定性，导致天气系统的发生和发展，如山谷风、海陆风、锋面、低压等。陆-气相互作用影响全球变化和气候变率。再者，陆地表面的变化，如土地利用、城市化、沙漠化等，可以改变地表能量平衡和水循环，进而影响全球能量平衡和辐射强迫。同时，陆地表面也是全球碳循环和生物地球化循环的重要参与者，它们可以通过植被光合作用、土壤呼吸作用、火灾排放等过程，影响大气中的温室气体浓度和化学组成。最后，陆地表面也可以通过海–陆–气耦合机制，影响全球海洋环流和海洋温盐结构，从而影响全球气候变化的模态和频率。综上所述，陆–气相互作用是全球气候系统的一个重要组成部分，它涉及多种尺度、多种过程、多种反馈。

陆–气相互作用对全球和区域气候变化关联的影响主要表现在以下几个方面：首先，陆地表面的反照率、土壤湿度、土壤温度等特征会影响地表能量平衡和辐射通量，从而影响大气稳定性、边界层结构、对流发展等过程，进而影响大尺度环流和降水分布。陆地表面的蒸发和植被的蒸腾作用会影响地气之间的水汽通量，从而影响大气湿度、云量、降水等水文要素，进而影响水循环和能量循环。其次，陆地表面的生物碳循环过程会影响地气之间的 $CO_2$ 通量，从而影响大气温室效应和陆地碳汇功能，进而影响全球变暖和碳平衡。最后，陆地表面的土地利用/覆盖变化、土地退化、荒漠化等人为活动会改变陆地表面的物理、化学和生物特性，从而改变陆–气相互作用的强度和模式，进而改变区域和全球气候。

陆–气相互作用对全球和区域气候变化关联的影响有以下几个例子：①陆地表面的植被覆盖、土壤湿度和地形等特征影响大气中的水汽输送和降水分布，从而影响全球和区域的水循环和能量平衡。例如，亚马孙雨林的存在可以增加当地的蒸发量和降水量，维持热带地区的湿润气候。如果雨林遭到破坏，可能会导致干旱和沙漠化，进而影响全球的碳循环和生物多样性。②陆地表面的变化也会影响大气中的温室气体浓度，从而影响全球和区域的温度变化。例如，农业活动、城市化和工业化等人类活动会增加大气中的二氧化碳、甲烷和臭氧等温室气体的排放，加剧全球变暖的趋势。同时，植被减少、土壤退化和火灾等现象会降低陆地表面对温室气体的吸收能力，进一步增加大气中的温室气体浓度。③陆地表面的变化还会影响大气中的气溶胶浓度，从而影响全球和区域的辐射平衡和云的形成。例如，火山喷发、沙尘暴和森林火灾等自然现象会向大气中释放大量的硫酸盐、尘埃和黑碳等气溶胶，反射或吸收太阳辐射，降低地表温度，或者作为云凝结核，增加云的反照率，增加地表反照率。另外，人类活动也会产生一些人造气溶胶，如硫酸盐、硝酸盐和有机碳等，对大气辐射平衡和云的形成也有不同程度的影响。

在全球变暖背景下，陆-气相互作用在区域气候变化中的作用更为明显。首先，影响降水分布和强度。全球变暖导致大气中的水汽含量增加，从而增加了降水的潜在强度。同时，陆地表面的蒸发和植被的蒸腾也会增加，从而影响了大气中的水汽输送和降水形成。因此，全球变暖会改变降水的时空分布和强度，可能导致一些地区出现干旱或洪涝等极端事件。其次，影响地表温度和热浪。全球变暖导致地表温度普遍升高，从而增加了热浪的发生频率和持续时间。同时，陆地表面的反照率、湿度、土壤水分和植被覆盖等因素也会影响地表温度的变化。因此，全球变暖会改变地表温度的日夜变化和季节变化，可能导致一些地区出现高温或低温等极端事件。再者，影响风速和风向。全球变暖导致大气中的温度梯度减小，从而减弱了大尺度风场的驱动力。同时，陆地表面的粗糙度、摩擦、地形和植被等因素也会影响风速和风向的变化。因此，全球变暖会改变风速和风向的日夜变化和季节变化，可能导致一些地区出现风灾或静风等极端事件。最后，影响碳循环和生态系统。全球变暖导致大气中的二氧化碳浓度增加，从而增加了植物光合作用的潜在效率。同时，陆地表面的温度、湿度、土壤水分和营养素等因素也会影响植物光合作用和呼吸作用的实际效率。因此，全球变暖会改变碳循环的速率和方向，可能导致一些地区出现碳汇或碳源等现象，进而影响区域生态系统的结构和功能。

综上所述，陆-气相互作用在全球和区域气候变化的关联中的作用是多方面的，需要深入研究其物理机制和数值模拟，并考虑其与海洋、冰雪等其他组分之间的耦合效应。目前，陆-气相互作用研究仍存在许多不确定性和挑战，如观测数据不足、参数化方案不完善、模式模拟能力不高等。因此，加强陆-气相互作用研究，提高对全球和区域气候变化的预测能力，对于应对全球变暖带来的风险和挑战具有重要意义。

### 1.3.3 冰-气相互作用

冰冻圈包括冰川、冰盖、积雪、海冰、河湖冰以及多年冻土等，主要分布在高纬度地区和高山高原地区，占据了全球海洋面积的7%和陆地面积的11%。冰冻圈不仅是气候变化的敏感指示器，也是气候变化的重要驱动力和反馈机制。冰-气相互作用是指冰冻圈（包括海冰、冰川、积雪、冻土等）与大气之间的物理、化学和生物过程，以及它们对气候系统的影响。冰雪和大气相互作用的主要机制有以下几个方面。辐射过程：冰雪表面的反照率（albedo）是指冰雪反射入射太阳辐射的比例，它取决于冰雪的类型、结构、纯净度和粒径等因素。反照率越高，冰雪表面吸收的太阳辐射越少，从而降低了冰雪的温度和融化速率。同时，冰雪表面也会向大气发射长波辐射，这一过程受到冰雪温度、大气温度和水汽含量等因素的影响。辐射过程是冰雪和大气相互作用中最重要的能量交换方式。湍流过程：冰雪表面与大气之间存在着湍流运动，这一过程会导致热量、水汽和动量的交换。湍流过程受到风速、风向、稳定度、粗糙度等因素的影响。湍流过程是冰雪和大气相互作用中最重要的物质交换方式。云雾过程：冰雪覆盖区域常常伴随着云雾的形成，这一过程会影响冰雪表面的辐射收支和微气候。云雾对太阳辐射有遮蔽作用，降低了冰雪表面的太阳辐射吸收；同时，云雾对长波辐射有增温作用，增加了冰雪表面的长波辐射吸收。云雾过程对冰雪和大气相互作用的影响取决于云雾的类型、高度、厚度、光学厚度等因素。降水过程：冰雪覆盖区域会受到不同形式的降水（如雨、雪、霜、露等）的影响，这一过程会改变冰雪的质量、能量和化学性质。降水过程对冰雪和大气相互作用的影响取决于降水的类型、强度、频率、分布等因素。化学生物过程：冰雪表面会发生各种化学反应，如光化学反应、酸碱反应、氧化还原反应等，这些反应会改变冰雪中的化学成分，如有机物、无机物、微量元素等。

冰-气相互作用在全球和区域气候变化中起着重要的作用，因为它们可以改变地球的能量平衡、水循环和碳循环，从而影响温度、降水、风场和海平面等气候要素。冰-气相互作用有多种形式：①冰雪反照率效应。冰雪表面具有高反照率，能反射大部分太阳辐射，降低地表温度。当冰雪融化时，暴露出低反照率的土壤或海水，吸收更多太阳辐射，升高地表温度。这种正反馈机制会加速冰雪的消融，进一步增强全球变暖。②冰雪覆盖效应。冰雪覆盖能隔绝地表与大气之间的热量交换，降低地表温度。当冰雪融化时，地表与大气之间的热量交换增加，升高地表温度。这种正反馈机制也会加速冰雪的消融，进一步增强全球变暖。③冻土碳循环效应。冻土是指含有大量有机碳的永久冻结层。当温度升高时，冻土会融化，释放出有机碳。有机碳在大气中被分解为二氧化碳或甲烷，这些都是温室气体，会增强全球变暖。这种正反馈机制会加速冻土的融化，进一步增强全球变暖。

冰–气相互作用在全球和区域气候变化的关联中起着重要的作用，有以下几个方面的例子：①冰–气相互作用影响全球能量平衡。冰冻圈具有高反照率，能反射大部分太阳辐射，降低地表温度。当冰冻圈减少时，反照率降低，吸收更多太阳辐射，导致地表温度升高，形成正反馈。这种反馈在北极地区尤为明显，导致北极放大效应，即北极地区的变暖速度比全球平均水平快得多。②冰–气相互作用影响全球水循环。冰冻圈是全球水循环的重要组成部分，储存了约70%的淡水资源。冰川融水是许多干旱地区和季节性干旱地区的重要水源，对人类生活和经济活动有重要意义。同时，冰川融水也是海平面上升的主要原因之一。据估计，如果全球所有的冰川和冰盖完全融化，海平面将上升约70m。一方面，海平面上升会威胁沿海城市和岛屿国家的安全，影响海岸生态系统和人类活动。另一方面，当冰冻圈融化时，会增加海洋淡水输入，改变海洋密度、盐度和流动，进而影响洋流和气候。例如，格陵兰岛和南极洲的冰盖融化会减弱大西洋经向翻转环流（Atlantic Meridional Overturning Circulation，AMOC），影响北半球的温度和降水。③冰–气相互作用通过大气环流影响天气和气候模式。冰冻圈是大气的冷源，它影响了大气温度、压力、湿度、风速等物理量，从而影响了大气环流的形成和变化。例如，青藏高原上的积雪异常会影响东亚大气环流、印度季风以及长江中下游的梅雨；北极海冰减少会导致北极涛动（Arctic Oscillation，AO）增强，影响欧亚大陆的寒潮活动；南极海冰增加会导致南极涛动（Antarctic Oscillation，AAO）减弱，影响南半球中纬度地区的天气和气候。④冰–气相互作用影响全球生态系统。冰冻圈是许多生物的栖息地和食物来源，对全球生物多样性和碳循环有重要作用。当冰冻圈的范围缩小时，会威胁到这些生物的生存和适应能力，导致生态系统结构和功能的变化。例如，北极海冰的减少会影响到北极熊、海豹、海象等物种的捕食和迁徙行为。

综上所述，冰雪和大气相互作用对全球气候有着深刻而复杂的作用，需要加强对冰冻圈的监测、研究和保护，以应对气候变化带来的挑战。

## 1.4 从全球到区域气候变化的挑战

全球气候变化是当今世界最紧迫的问题之一，对人类社会和自然生态系统的影响日益显著。为了有效应对气候变化，需要开展深入的科学研究，揭示气候系统的运行机制、气候变化的成因和后果，以及减缓和适应气候变化的对策和措施。然而，全球气候变化研究也面临着许多挑战，主要包括以下几个方面：①数据和观测的不足。气候系统是一个复杂的非线性动力系统，涉及大气、海洋、陆地、冰冻圈、生物圈等多个组分，以及它们之间的相互作用。为了准确地描述和预测气候系统的状态和变化，需要大量的数据和观测，包括历史数据和实时数据，以及地面、卫星和其他平台的观测。然而，目前全球气候观测网络仍然存在空白和不均匀的问题，尤其是在发展中国家和偏远地区，导致数据数量和质量不足，限制了气候变化研究的深度和广度。②模式和理论的不完善。气候模式是气候变化研究的重要工具，可以模拟和预测气候系统的演变过程和未来情景。然而，目前的气候模式仍然存在很多不确定性和差异，主要源于对气候系统中一些关键过程和反馈机制的不充分理解和表达，如云、水循环、碳循环、海洋环流、冰冻圈动力等。此外，由于计算能力的限制，气候模式也难以解决尺度问题，即如何将全球尺度的模拟结果与区域尺度或局地尺度的实际需求相结合。③影响和适应的复杂性。气候变化对人类社会和自然生态系统产生了多方面的影响，包括温度升高、极端事件增加、水资源变化、粮食安全威胁、生物多样性下降、海平面上升等。这些影响具有时空异质性、非线性性和累积性，难以进行量化评估和比较。同时，为了减轻气候变化带来的负面影响，需要采取有效的适应措施，但适应措施也存在很多不确定性和风险，如成本效益分析、技术选择、政策制定等。

区域气候变化不仅受到全球气候变化的影响，还受到区域内部的地形、水文、生态等因素的影响。因此，区域气候变化相比全球面临的挑战更多，需要更精细的观测、更完善的模型和更细致的适应措施。

## 1.4.1 区域尺度的观测资料信息不足

区域气候变化研究是气候科学的重要分支，它关注的是全球气候变化对不同地区的影响和反馈，以及区域内部的气候变异和极端事件。区域气候变化研究对于评估气候变化风险、制定适应和减缓策略、保护生态环境和促进可持续发展都具有重要意义。区域气候变化的研究需要有充足、准确、连续的观测资料信息，以反映区域气候系统的状态和变化，揭示区域气候变化的机制和影响。然而，由于各种原因，观测资料信息往往存在不够的问题，给区域气候变化研究带来了困难和挑战。

观测资料是区域气候变化研究的基础，它可以用来检测和归因区域气候变化的特征、机理和影响，也可以用来评估和改进区域气候模式的性能和预估能力。然而，由于观测手段的局限性，观测资料往往存在空间分辨率低、时间连续性差、质量不稳定等问题。有些地区和时段的观测资料非常稀少或缺失，有些观测资料存在质量问题或不一致性，有些观测资料没有得到充分地共享和利用。这些都给区域气候变化研究带来了很大的不确定性和困难。

（1）观测网络的不均匀和不稳定。由于地理条件、经济发展、技术水平等因素的影响，观测网络在空间上往往呈现出不均匀的分布，有些地区（如高山、海洋、极地等）的观测站点较少或缺乏，有些地区（如城市、农田等）的观测站点较多或过密。同时，由于观测设备的更新换代、观测方法的改进、观测站点的迁移或关闭等原因，观测网络在时间上也存在不稳定性，因此观测资料信息在时间序列上出现断点或缺失。由于卫星遥感技术的发展，卫星观测资料为气候变化研究提供了新的视角和数据源。然而，卫星观测资料也存在一些局限性，如覆盖时间短、误差大、缺乏地面验证等。这些问题使得卫星观测资料在反演气候要素时存在不确定性，难以与地面观测资料进行有效的对比和融合。

（2）观测数据的非均一性和质量问题。由于观测网络的不稳定性以及观测环境和条件的变化，观测数据往往存在非均一性，即同一地点或同一要素在不同时间段内的观测数据不能直接比较或分析。非均一性会造成观测数据与真实气候信号之间的偏差，影响区域气候变化的检测和评估。此外，一方面，由于观测设备的误差、观测人员的失误、数据传输和处理过程中的错误等原因，观测数据也可能存在质量问题，如异常值、错误值、重复值等，这些问题会影响观测数据的准确性和可靠性。另一方面，由于城市化进程的加快，城市观测站点受到局地人为活动的干扰，造成城市热岛效应，使得城市温度升高，降水增加，与周边农村地区形成明显的对比。这种城市化影响使得观测资料存在非均一性，难以反映真实的气候变化信号。

（3）观测数据的可获取性和共享性问题。由于各国或各地区对于观测数据的保护和管理政策不同，有些观测数据并不容易获取或共享，特别是一些高时空分辨率或高附加值的观测数据。这些数据对于区域气候变化研究具有重要价值，但由于获取或共享困难，限制了区域气候变化研究的深入开展。

为了解决这些问题，需要从多个方面加强观测资料信息的建设和提升。一方面，需要加大对观测网络的投入和维护，提高观测站点的数量和覆盖度，增加对关键区域和过程的观测力度，提高观测数据的质量和准确性。另一方面，需要加强对已有观测资料的整理和分析，利用现代技术手段进行数据质控、校准、插补、同化等处理，提高数据的可靠性和连续性。最后，需要加强对观测资料的共享和交流，建立有效的数据管理和服务平台，促进数据的开放和透明，满足不同用户的需求。

## 1.4.2　对气候系统内部变率认知不足

区域气候变化是全球气候变化在不同地理区域的具体表现，它关系到人类社会的生存和发展，也是气候变化影响和适应研究的基础。然而，区域气候变化的认识受到多种因素的制约，其中之一就是对气候系统内部变率的认识不足。气候系统内部变率是指在没有外部强迫的情况下，气候系统自身的动力学和热力学过程所产生的气候波动，它包括大尺度的年际至年代际振荡，如厄尔尼诺–南方涛动

(ENSO)、北大西洋涛动（NAO）、太平洋年代际振荡（PDO）等，以及不同尺度的天气气候系统，如风暴、锋面、季风等。这些内部变率对区域气候有显著的影响，如 ENSO 对东亚冬季和夏季降水的调制，NAO 对欧洲冬季温度和降水的影响，PDO 对北美西海岸和东亚温度和降水的影响等。由于气候系统内部变率具有随机性和不可预测性，它给区域气候变化的检测、归因和预测带来了很大的不确定性。因此，深入理解和量化气候系统内部变率及其与外部强迫（如温室气体增加、太阳活动变化、火山喷发等）之间的相互作用，对于提高区域气候变化认识水平，减少预测误差，制定科学合理的适应策略具有重要意义。

由于观测数据的限制和物理过程的复杂性，我们对气候系统内部变率的认识还不够充分，这给区域气候变化研究带来了挑战和不确定性。以下是一些气候系统内部变率认识不足影响区域气候变化研究的例子：①太平洋年代际振荡是太平洋海温的一种年代际振荡现象，它可以影响热带和中高纬度的大尺度环流和降水，进而影响南亚、东亚、澳大利亚等地区的季风和干旱。然而，其物理机制、预测能力和与人为外强迫的相互作用还不清楚，导致对区域气候变化的归因和预估存在困难。②大西洋多年代际振荡（Atlantic Multidecadal Oscillation，AMO）是北大西洋海温的一种年代际振荡现象，它可以影响北半球的温度、风暴活动、沙漠化等。然而，AMO 的起源、周期和与人为外强迫的关系还有争议，导致对区域气候变化的解释和预测存在不一致。③厄尔尼诺–南方涛动（ENSO）是热带太平洋海温和大气压力之间的一种年际振荡现象，它可以影响全球各地区的温度、降水、干旱等。然而，ENSO 的类型、强度和频率在过去和未来可能发生变化，而这些变化的原因和后果还不明确，导致对区域气候变化的模拟和预报存在不确定性。④北大西洋涛动（NAO）是影响欧洲和北非气候的重要因素，它反映了冰岛低压和亚速尔高压之间的气压差异。NAO 的正相位表现为强烈的西风，带来温暖湿润的空气，使欧洲西部和北部气温升高，降水增多，而地中海地区则干旱。NAO 的负相位则相反，欧洲西部和北部变冷干燥，地中海地区则温暖多雨。NAO 的变化不仅影响当年的气候，还会对未来几年甚至几十年的气候产生累积效应。由于 NAO 具有多时间尺度的变率，从年际到年代际，甚至到百年千年，它与太阳辐射、海洋环流、冰川覆盖等因素之间存在复杂的相互作用和反馈。目前，对于 NAO 在过去和未来如何变化，以及它如何影响不同区域和季节的气候特征，还没有形成统一和清晰的认识。这就给区域气候变化的预测和适应带来了困难。⑤季风是指在一年中随着季节变化而改变风向的大气环流系统，它对亚洲、非洲和澳大利亚等地区的气候和水文具有重要影响。季风的强弱、持续时间、起止日期、空间分布等特征决定了这些地区的降水量、温度、湿度等气候要素，进而影响着农业、生态、水资源、能源等方面。然而，由于季风系统本身的复杂性和与其他气候系统的相互作用，目前对于季风的变化规律的认识和预测能力仍然受限，并且在季风如何响应全球变暖以及如何影响区域气候变化方面仍缺乏足够的认识，对未来气候情景和风险评估存在不确定性。

为了提高区域气候变化认识水平，需要从多方面加强对气候系统内部变率的研究。首先，需要寻找更多更可靠的代用资料，重建更长更精确的内部变率时间演变序列，揭示其长期变化规律和机制。其次，需要改进和发展更高分辨率和更优物理机制的数值模式，模拟和预测内部变率在不同外强迫条件下的响应和反馈。最后，需要综合利用观测、模拟和理论分析等方法，探讨内部变率与区域气候变化之间的因果关系和敏感性，评估其对水资源、农业、生态等方面的影响和风险。

### 1.4.3　全球气候模式不确定性带来的挑战

为了提高区域气候变化认识的科学水平和政策指导性，需要利用多种方法和手段进行研究。区域气候变化受到全球气候变化和区域内部因素的共同影响。全球气候模式可以提供全球平均或大尺度的气候信息，但不能反映区域内部的细节和差异。因此，需要通过区域气候模式或统计降尺度方法，将全球气候模式的输出转换为更高分辨率和更具针对性的区域气候信息，以满足不同用户和领域的需求。

气候系统模式是一种用于模拟和预测地球气候系统的复杂数学工具，用于模拟和预测地球系统的物理、化学和生物过程，帮助我们理解气候变化的原因、影响和未来趋势。全球气候模式的发展对认识区域气候变化有重要的影响，因为它可以提高对区域尺度上气候变化的理解和预测能力。全球气候模式在近年来得到了快速发展，其分辨率、物理过程和人为因素的描述都有了显著改进，能够更好地模拟区域尺度的气候特征和变化。然而，全球气候模式仍然存在一些不确定性和局限性，如对云、气溶胶、碳循环等过程的参数化，对外部强迫如太阳辐射、火山喷发、温室气体和气溶胶排放等量化的不确定性，对不同排放情景下的敏感性，以及模式间在结构、分辨率、物理过程、数值方法方面的差异和多样性等。这些不确定性和局限性会影响全球气候模式对区域气候变化的模拟精度和可信度。一方面，全球气候模式需要不断提高对地球系统各部分和过程的物理描述和数值表示，以提高模拟的准确性和可靠性。这需要更多的观测数据、更深入的科学研究、更先进的数值方法和更强大的计算能力。另一方面，全球气候模式需要不断适应不同用户和领域的需求，提供更多元化和定制化的气候信息和服务。这需要更多的交流合作、更灵活的输出格式、更有效的传播方式和更贴近实际的应用案例。

因此，在利用全球气候模式进行区域气候变化研究时，需要充分考虑其优势和缺陷，结合观测资料、理论分析、数值实验等多种方法进行综合评估和验证。同时，需要开展更多的比较研究，分析不同全球气候模式之间以及同一模式不同版本之间的差异和一致性，探讨其背后的物理机制和影响因素。此外，还需要加强与区域气候模式、统计降尺度方法等其他区域尺度上的研究手段的协同配合，提高区域气候变化认识的精细化程度和实用性水平。

### 1.4.4 区域气候模式发展的挑战

区域气候模式是一种用于模拟特定区域气候变化的数值工具，它可以提供高分辨率的气候信息，为气候影响和适应研究提供支持。然而，和全球气候模式一样，区域气候模式也存在一些不确定性和挑战，主要包括以下几个方面：①边界条件的不确定性。区域气候模式需要从全球气候模式或观测资料中获取边界条件，这些边界条件可能存在误差或偏差，从而影响区域气候模式的模拟结果。例如，全球气候模式对大尺度环流的模拟能力有限，可能导致区域气候模式边界上的风场、温度、湿度等变量存在偏差，进而影响区域内的天气和气候过程。②物理参数化方案的不确定性。区域气候模式需要使用物理参数化方案来描述云、降水、辐射、湍流、地表过程等亚网格尺度的物理过程，这些物理参数化方案通常基于理论或经验公式，涉及一些参数或系数的选择，这些参数或系数可能存在不确定性或依赖于特定的地区或季节。例如，不同的云微物理方案对云的形成、发展和消散有不同的描述方式，可能导致区域气候模式对云覆盖和降水的模拟能力存在差异。③模式分辨率和嵌套方式的不确定性。区域气候模式的分辨率和嵌套方式会影响模式对复杂地形和海陆分布等地形特征的表达能力，以及对中小尺度天气和气候过程的捕捉能力。例如，高分辨率的区域气候模式可以更好地反映山地对风场、温度、湿度等变量的影响，以及山地降水和风暴等现象的发生频率和强度，但也会增加计算量和存储空间的需求。另外，单层嵌套和多层嵌套等不同的嵌套方式也会导致区域气候模式在边界层和内部层之间存在不同程度的不一致性。④模式分辨率的限制。区域气候模式虽然比全球气候模式具有更高的分辨率，但仍然不能完全解析所有的空间和时间尺度的气候变化，特别是一些局地或短时尺度的极端事件，如暴雨、风暴等。因此，区域气候模式需要进一步提高分辨率或采用嵌套技术来更好地捕捉这些细节。⑤模式评估和验证的困难。区域气候模式的评估和验证需要依赖于高质量和高密度的观测资料，但在许多地区，特别是发展中国家和复杂地形区域，观测资料往往缺乏或不完整，这给区域气候模式的评估和验证带来了困难。此外，由于区域气候模式具有高分辨率和高复杂度，其评估和验证也需要更多的计算资源和技术支持。

　　区域气候模式未来发展可关注以下几个方面：①提高模式的物理过程和参数化方案的精度和适应性，以更好地反映区域尺度的气候特征和变异性。②发展多尺度耦合模式，将区域气候模式与其他地球系统组分（如海洋、陆面、冰川、生态等）相耦合，以考虑不同组分之间的相互作用和反馈。③利用大数据和人工智能技术，对区域气候模式的输出进行后处理和校准，以提高模式的可信度和应用价值。④加强区域气候模式的多模式集合和不确定性分析，以评估模式之间的差异和共性，以及模式与观测之间的偏差和误差。⑤拓展区域气候模式的应用领域，将模式输出与气候影响和适应评估相结合，为决策者提供科学依据和建议。区域气候变化研究的最终目标是为社会经济发展和生态环境保护提供科学依据和决策支持。因此，如何将气候模式的输出与各个领域的需求相结合，如何将气候信息转化为可操作的建议和措施，以及如何提高气候服务的有效性和普及性，是一个具有实践意义的挑战。

# 第 2 章
# 影响区域气候的季风系统

本章主要围绕影响区域气候变化的全球季风系统，尤其是东亚季风和南亚季风系统的概念、变化、变化成因及其预估展开。

## 2.1　全球及区域季风

本小节将概述全球季风的提出及定义等基本概念，简要介绍全球季风及区域季风的变化特征及影响，重点阐述全球季风变化的驱动因子，包括温室气体、气溶胶等外强迫及气候系统内部变率，最后介绍全球季风的预估。

季风是一个古老的气候学概念，通常是指近地面层冬季和夏季盛行风向接近相反且气候特征明显不同的现象。传统的季风概念是区域性的，它指的是热带地区的某些区域在环流和降水方面表现出明显的季节性变化，其形成的主要原因是海陆间热力差异。即由于陆地和海洋热容量不同，陆地上的温度变化比海洋上大得多，冬季大陆是冷源，海洋是热源；反之，夏季大陆是热源，海洋是冷源，地球表面海陆分布不均，从而导致冬季和夏季风向逆转。经典的季风将季风定义在东半球，包括亚洲、澳大利亚和热带非洲系统。由于受区域特征，包括地形、陆面和海洋分布、内部环流变率等差异的影响，各季风系统之间表现出不同强度的区域特征，结果呈现出具有不同特征或纬向差异的区域季风系统。

西非夏季风是一个典型的季风区域，因为它是由赤道大西洋冷舌和极热的撒哈拉沙漠之间强烈的陆地-海洋热对比驱动。在西半球，北美的低纬陆地面积与邻近的海洋面积相比相对较小，且由于赤道太平洋和大西洋存在巨大的海温冷舌，大洋上热带辐合带（Intertropical Convergence Zone，ITCZ）常年保持在北半球，地表风的年变化不足以实现纬向逆转，因此，美洲季风通常比东半球的季风区弱得多，其主要特点是其强烈的季节性降雨。不同于其他季风系统，亚洲季风还较大地受到青藏高原的影响和驱动。有研究证实，青藏高原的动力及热力作用是影响亚洲季风强度的主要原因。东亚季风位于青藏高原东部，而南亚季风位于青藏高原南部，青藏高原在夏季作为一个热源，极大地提高了南北温度梯度，从而增强了南亚季风。模式试验和地质记录都表明，东亚季风比南亚季风对青藏高原的隆起更加敏感。如果没有青藏高原，南亚季风将比现在弱得多，而东亚将以副热带干旱区为主，季风将消失。而东非高原的存在加强了跨赤道气流和索马里急流，诱发了阿拉伯海西部的上升气流和纬向海表温度梯度，增强了南亚西南季风的发展。此外，山脉通过抬升季风气流，将季风降水锁定在迎风面，减少在背风面的季风雨，极大地改变了季风降水的地理分布。

在传统季风动力学的基础上，21世纪以来，科学界提出了全球季风的概念。太阳辐射年周期驱动的半球尺度热力差异是全球季风形成的基础，全球季风可以被视为大气-陆地-海洋耦合气候系统对太阳辐射年周期的响应，其特点是环流的季节性逆转和干湿的季节性交替，全球季风系统代表了全球热带和副热带地区降水和环流年变化的主要模态，是地球气候系统变化的主要特征之一。太阳辐射加热产生南北半球的热力差异和气压差，引起跨赤道气流。在气团从冬半球穿越赤道到夏半球后，地球旋转效应产生的科里奥利力使风向东转，在北半球向右转，在南半球向左转，形成行星尺度的季风环流系统。在所有大气环流系统中，全球季风表现出最显著的季节变化。全球季风环流的季节性逆转伴随着季风降水的经向迁移。全球季风区一般定义为降水量年较差（当地夏季降水量减去冬季降水量）大于 2.5 mm/d 的区域，全球陆地季风降水是指全球季风区内陆地平均降水量。全球季风区跨越东半球和西半球，除亚洲季风、澳大利亚–海洋性大陆季风外，还包括西非季风、南非季风、北美季风以及南美季风等区域季风（图 2-1）。所有的区域性季风都受到太阳辐射年变化的制约，因此尽管存在区域差别，却形成了一个地球尺度的环流系统。

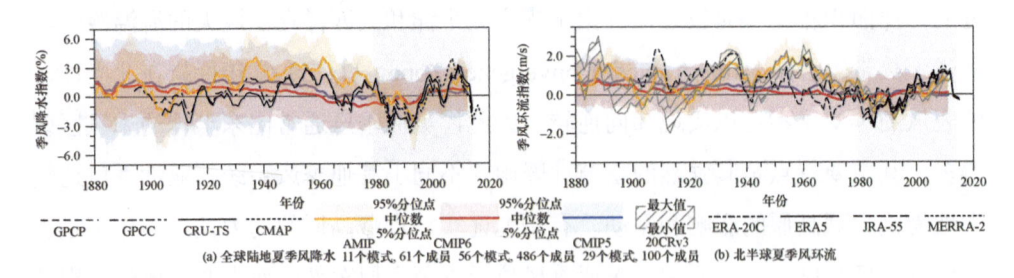

图 2-1　全球季风区域、强度和环流的模型评估（IPCC，2021）

（a）全球陆地季风降水指数的 5 年滑动平均。该指数定义为夏季季风区陆地平均降水率相对于 1979~2014 年（浅灰色阴影）平均值的百分比异常（单位为%）；（b）北半球夏季热带季风环流指数的 5 年滑动平均。该指数定义为北半球夏季（0°~20°N，120°W~120°E）区域 850 hPa 和 200 hPa 纬向风的垂直切变（单位为 m/s）。其中，5~9 月定义为北半球夏季和南半球冬季，11 月-次年 3 月定义为北半球冬季和南半球夏季。相应的观测资料及模式模拟详见图例。其中，GPCP：全球降水气候计划；ERA5：欧洲中期天气预报中心第五代再分析资料；CMIP6：第六阶段耦合模式比较计划；GPCC：全球降水气候中心；CRU-TS：英国东英格利亚大学气候研究所网格化时间序列数据；CMAP：英国气候预报中心组合降雨分析资料；AMIP：大气模式比较计划；CMIP5：第五阶段耦合模式比较计划；20CRv3：第三版 20 世纪再分析；ERA-20C：20 世纪再分析资料；JRA-55：日本 55 年再分析资料；MERRA-2：现代回顾性分析研究与应用（版本 2）

　　季风环流和降水与哈得来环流直接相关。夏季，季风雨季与高层辐散、低层辐合相对应，冬季，季风与高层辐合下沉运动相对应，气候干燥。相应地，上层经向风自夏半球经赤道吹向冬半球，而低层经向风则向相反方向吹去。全球季风在驱动热带环流中起着关键作用。由于热带季风槽（从非洲到大洋洲和美洲）占据了 ITCZ 的 3/4 以上，因此 ITCZ 的年变化主要由全球季风系统驱动。在北半球夏季，南亚–西北太平洋季风区强降水释放的潜热将空气抬升，在其上空形成最强的辐散中心，其他较弱的高空辐散中心位于北美和西非夏季风区，除南太平洋和南大西洋副热带高压区外，北半球夏季风推动南下的跨赤道气流在南半球冬季风区下沉。在北半球冬季期间，对流层上层辐散中心位于南半球夏季风区，除北太平洋和北大西洋副热带高压区外，南半球夏季风推动向北的跨赤道气流在北半球冬季风区下沉。

全球季风系统是全球水文循环的重要驱动系统。在夏季，大约70%的热带-副热带降水落在北半球夏季季风区。季风降水中释放的潜热为维持大气环流提供了主要的能量来源。因此，全球季风是全球水文循环的一个关键组成部分。从年平均意义上讲，季风总面积约占地球总表面积的19%，而季风总降水量占全球降水量的31%。全球季风通过改变大气层内水分和能量的传输和再分配及海-陆-气界面的水分和能量交换，在全球水分和能量循环中起着非常重要的作用，是地球最重要的气候系统之一。一方面，季风环流将水汽从信风海洋带输送到季风区，从冬半球输送到夏半球，这为季风降雨提供了水源。另一方面，季风降水中释放的潜热，加上相关的云层辐射加热，进一步加强了季风环流，进而促进大规模的水分和能量交换，在季风环流和季风降水之间形成一个正反馈。因此，全球季风和全球水文循环之间的相互影响在全球气候变化中起着至关重要的作用（Wang et al.，2017）。

除东亚季风和南美季风南部外，大部分区域季风属于热带季风。热带季风主要起源于陆地和海洋之间或半球之间的经向热对比，其特点是带状风和跨赤道风的年度逆转。亚洲季风是全球最显著的季风区，包含东亚季风和南亚季风（或称印度季风）。东亚季风是副热带-热带季风，它可以延伸到50°N的极地，其特点是经向风的季节转换，主要由于亚洲大陆（包括青藏高原）和太平洋之间的热力对比引起。南美季风的东南部分也属于副热带季风，因为它位于南大西洋副热带高压的西北侧。由于西太平洋和南大西洋副热带高压分别与热带季风槽耦合，因而副热带季风也通过相关的经向流与ITCZ相联系。然而，尽管辐射年变化和全球变暖驱动的一致性变化关系不完全一致，这些区域性季风通常可以被视为全球季风系统的组成部分。

### 2.1.1 全球及区域季风的变化及驱动因子

全球陆地夏季风降水，从1900年到20世纪50年代初略有增加；20世纪50年代到80年代，北半球夏季风降水和全球陆地夏季风降水呈现下降趋势；自80年代之后，全球陆地夏季风降水再次呈现出显著增强特征，这一现象也主要是由于北半球夏季风降水的增加，以及北半球夏季风环流的增强。南半球季风则只表现出明显的年际变化，并无显著的长期变化趋势。全球季风系统中的各个区域季风可以在不同的时间尺度上发生协同变化，从年际、年代际、百年、千年，直至轨道和构造时间尺度，但不同区域季风的演变都有自己的特点，取决于其独特的地理和地形条件（图2-2）。总体来看，东亚季风呈现出与全球季风一致变化的特点，20世纪以来，表现出先增强后减弱再增强的变化特征。自20世纪中期以来，南亚夏季风降水显著下降，并伴随着大规模季风环流的减弱，尤其进入21世纪以来南亚夏季风并没有出现与全球季风一致的增强现象，而是继续保持减弱的趋势。1980~2010年，西非大部分站点年降水量呈显著增加趋势，其中8~10月萨赫勒地区降水恢复趋势最强，雨季撤退日期显著推后，连续降雨期变长、极端降水事件增多；几内亚沿岸除极端降水指数外其他季风指标变化不显著。自20世纪70年代以来，部分受到温室气体排放的驱动，北美季风增强；受人类活动的影响，南美季风的雨季爆发时间一直推迟；澳大利亚北部部分地区的降水量显著增加，但受人类活动影响的证据偏少，此外，在海洋性大陆地区降水变化呈现明显的年际尺度变化，并无显著变化趋势。

全球季风变化的驱动因子有两个方面，一是外强迫，主要表现为太阳辐射和人类活动；二是地球系统的内部变率，主要包括厄尔尼诺–南方涛动、大西洋多年代际振荡和太平洋年代际振荡等。如有研究证实，20世纪80年代之后北半球季风降水的增强受到内部气候变率、温室气体和气溶胶强迫的共同影响。

1. 外强迫驱动

温室气体浓度对全球季风变化有重要影响。已有研究表明，自1750年以来温室气体浓度的增加是由人类活动引起的，而古气候模拟表明，二氧化碳浓度偏高时，季风区降水增多。人为温室气体排放是全球季风变化的主要外强迫驱动因子之一。气候系统数值模式结果表明，温室气体的增加会导致南北半球温差增大，进而增强北半球夏季季风的降水强度。此外，温室气体的增加还会加剧亚非大陆与邻近海洋之间的热力对比，这种作用在亚洲和北非地区的季风降水尤其显著。

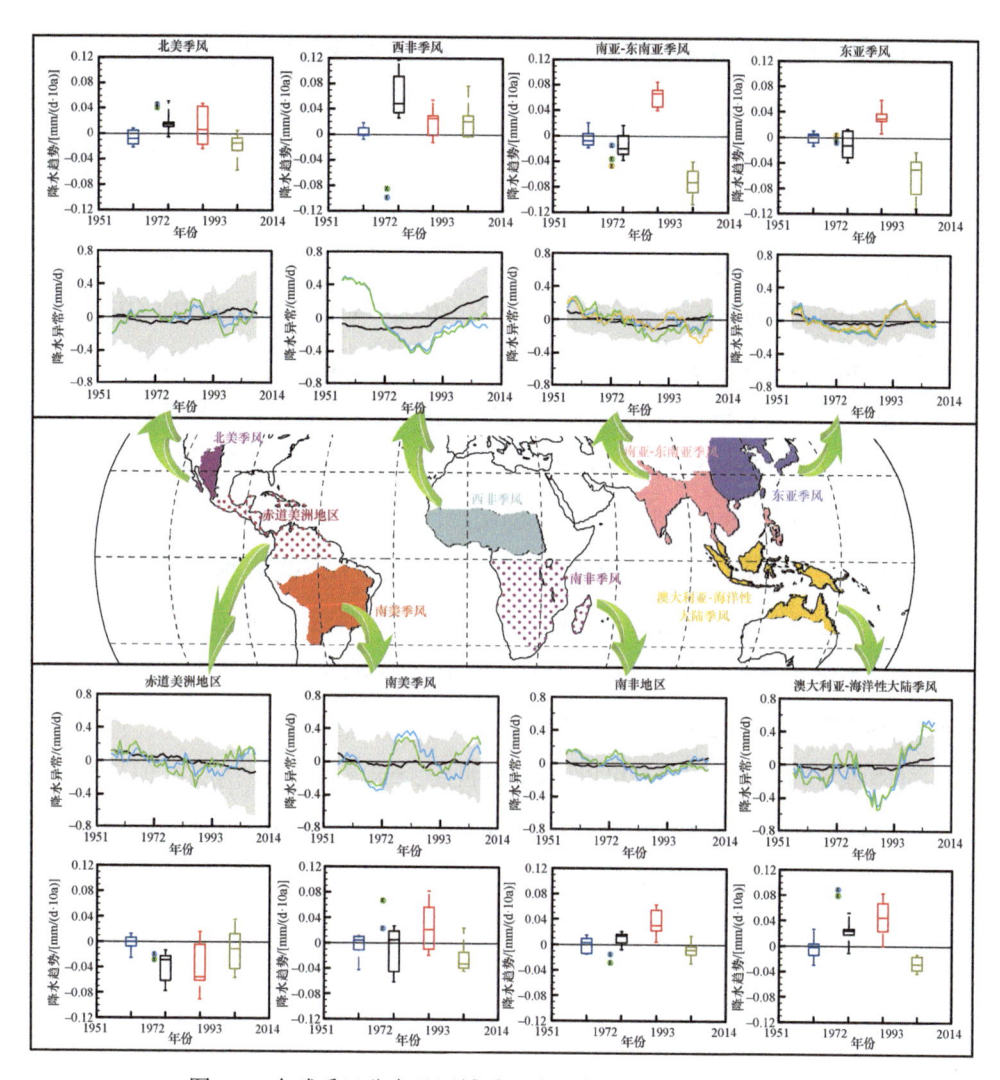

图 2-2 全球季风分布及区域季风降水变化（1951~2014 年）

中间图中实色填充区分别为北美季风、西非季风、南亚-东南亚季风、东亚季风、南美季风及澳大利亚-海洋性大陆等区域季风区。第一行和第四行为 1951~2014 年区域季风降水量变化盒须图，其中，蓝色、黑色、红色和绿色分别为全强迫、温室气体强迫、气溶胶强迫和自然强迫模拟结果；黄点、绿点、蓝点分别表示 APHRO、CRU 和 GPCC 数据集；第二行和第三行为降水异常时间序列，其中，蓝色、绿色和橙色线为 APHRO、CRU 和 GPCC 观测结果，粗黑线是多模式集合平均序列，灰色阴影表示多模式分布。在计算多模式集合平均之前，对降水异常时间序列进行了 11 年滑动平均（IPCC，2021）

气溶胶也是全球季风系统的重要外强迫驱动因子。气溶胶可以通过辐射强迫和微物理效应影响太阳辐射、季风降雨和区域气候变化。气溶胶有利于减少到达陆地表面的太阳辐射，减弱海陆热力对比，从而抑制季风的发展。还可以通过改变云的密度，影响大气中的辐射平衡，导致云微物理过程和大气稳定性的变化，从而抑制或促进云降水的发生。火山喷发引起的平流层气溶胶浓度增加会对全球季风降水产生影响。通常，在特定火山喷发后的一年中，北半球季风降水将会减少。例如，1982年的埃尔奇琼（El Chichón）火山及1991年的皮纳图博（Pinatubo）火山均对北半球季风降水产生了巨大影响（Monerie et al.，2022）。人为气溶胶排放可以抵消部分温室气体对于全球季风降水的影响。例如，有研究表明人为硫酸盐和火山强迫等气溶胶导致了全球季风降水在1950~1990年的下降趋势。20世纪下半叶，北半球人为气溶胶排放产生的制冷作用导致南北半球间温度梯度减小，减弱了全球季风环流，尤其是南亚、东亚和西非的季风环流，抑制了原本由于温室气体增加全球增暖而加强的季风降水的增多，导致萨赫拉地区、南亚和东亚等北半球陆地季风降水减少。然而，全球季风降水最近的上升趋势则表明温室气体影响在逐渐加强，超过了人为气溶胶排放引起的季风降水减少。

总体而言，温室气体增加可以引起20世纪全球季风降水的增加，但是这种趋势在20世纪50年代到80年代被气溶胶的影响抑制，导致这一时期全球陆地夏季风降水强度减弱。近几十年全球季风降水的增强表明温室气体的影响抵消了气溶胶引起的季风降水减少。

2. 气候系统内部变率

除了人类活动等外强迫的影响之外，全球季风变化也可能来自气候系统内部的动力和热力学反馈过程，如ENSO、AMO和PDO等。虽然降水的增加与温室气体的强迫相一致，但环流的增强与模拟的对温室气体强迫的响应相反，这些增强被归因于PDO和AMO。气候系统内部变率对自20世纪80年代以来的全球季风降水和北半球夏季风环流的增强起着非常重要的作用。

ENSO是发生在赤道中东太平洋3~7年周期的海温冷暖振荡现象，对全球气候尤其是全球季风降水具有重要影响。有研究表明，ENSO与全球季风降水呈现显著负相关，即当厄尔尼诺年时，全球季风降水偏少；拉尼娜年时，全球季风降水偏多。具体地，当厄尔尼诺发生时，亚-澳季风降水量会减少。增温引起的 ENSO 变率增加，以及亚澳季风对 ENSO 的敏感性的提升，是亚澳季风与 ENSO 关系增强的主要驱动力。ENSO 可以通过大尺度辐散环流和赤道罗斯贝波（Rossby wave）响应，来影响亚洲夏季风期的持续时间：在拉尼娜发展年的夏季，常常伴随着夏季风的提前建立、延迟撤退，以及偏长的夏季风期；而在厄尔尼诺发展年的夏季，情况则相反。

20 世纪北半球季风降水的年代际变化趋势，主要受到 AMO 和 PDO 的驱动。数值模式模拟表明，大西洋和印度洋半球间的热对比和 PDO 可以被用来提前 10 年预测北半球陆地季风降雨的变化。AMO 异常冷暖海温型可通过罗斯贝波能量传播产生的遥相关过程影响其下游地区。例如，在暖 AMO 模态强迫下，亚非夏季风降水增加。在 AMO 型由负位相转变为正位相过程中，整个亚非夏季风系统几乎同时发生降水由少雨到多雨以及雨带北推的转换。季风降雨的显著年代际变化使得短期气候预测存在相当大的不确定性；因此，提高年代际内部模态变率的预测可以减少年代际气候预测的不确定性。

综上，整个北半球陆地季风降雨从 20 世纪 50 年代到 80 年代下降，并在 80 年代之后增多，这一变化受到人为气溶胶强迫、温室气体强迫、自然强迫以及气候系统内部变率的共同影响，然而，量化它们的相对贡献仍然是一个挑战。

## 2.1.2 全球及区域季风预估

全球陆地季风降水为数十亿人提供了水资源；准确预估它的变化对地球未来的可持续发展至关重要。CMIP6 模式预估表明，在全球变暖背景下，21 世纪在所有排放情景下，无论短期还是中长期预估中，全球季风降水都将呈现增加趋势（高信度），尤其是北半球季风降水，尽管季风环流可能减弱，而南半球季风降水则变化不大。未来全球陆地季风降水增幅比海洋的降水增幅更大。

从季风降水的持续时间来看，在北半球，雨季可能由于撤退较晚（特别是在东亚地区）而延长，而在南半球，雨季可能由于爆发时间推迟而缩短。从短期来看，全球季风的变化很可能主要受到内部变率和模式不确定性的影响。从长期来看，全球季风降水变化将表现出明显的南北不对称及东西不对称，其特征是北半球比南半球增加更多，如亚非季风增强，北美季风减弱。

（1）短期预估。CMIP6 模式短期预估结果显示［图 2-3（a）］，在 SSP1-2.6、SSP2-4.5、SSP3-7.0 和 SSP5-8.5 排放情景下，全球陆地季风降水指数在短期内趋于增加，多模式平均值变化分别为 1.9%、1.6%、1.3%和 1.9%。北半球夏季季风环流指数，在五种共享社会经济路径（SSP）情景中的四种情况下趋于减少［图 2-3（b）］。但全球季风降水和环流的短期变化将受到模式不确定性和内部变率的共同影响，其影响大于驱动因子影响（中等信度）。从短期预估来看，全球季风变化可能主要受内部变率和模式不确定性影响（中等信度）。

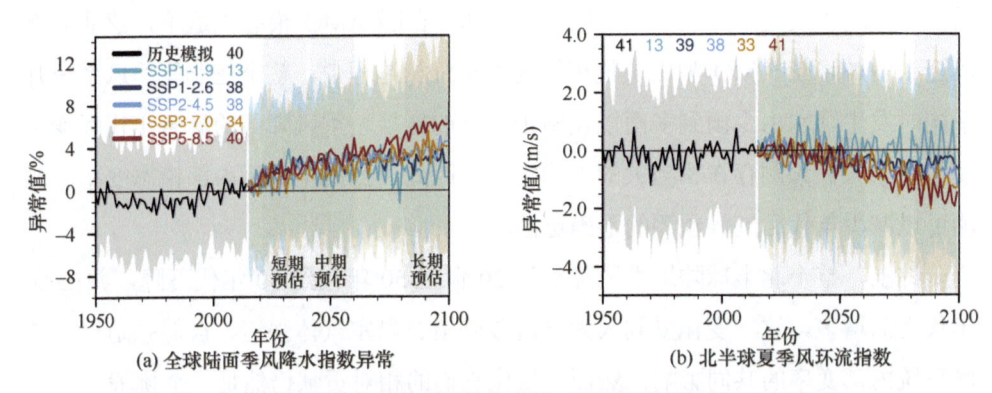

图 2-3　全球陆地季风降水指数和北半球夏季风环流指数时间序列
（a）全球陆地季风降水指数异常（相对于 1995～2014 年），定义为 CMIP6 历史模拟（1950～2014 年）和五种 SSP 情景下（2015～2100 年）的全球陆地季风区域面积加权平均降水率。（b）CMIP6 历史模拟和五种 SSP 情景下的北半球夏季风环流指数异常（相对于 1995～2014 年），定义为（0°～20°N，120°W～120°E）区域 850hPa 和 200hPa 纬向风的垂直切变。靠近顶部的数字表示所用模型模拟的次数（IPCC，2021）

（2）中长期预估。在所有排放情景下，到 2081～2100 年，全球季风区面积极有可能增加，全球季风降水强度可能会增加，导致全球季风总降水量很可能增加。根据 CMIP6 对四种 SSP 排放情景下的降水变化的预估，21 世纪全球季风降水可能会加强，其强度也会增加，而北半球夏季季风环流则会减弱。从长期预估来看，多模式在 SSP1-2.6、SSP2-4.5、SSP3-7.0 和 SSP5-8.5 情景下，全球陆地季风降水指数的多模式平均变化分别为 2.90%、3.70%、3.77%和 5.70%。全球季风降水增强，主要是水汽增多导致，虽然也受到环流减弱的部分抑制。从长期预估来看，全球季风降水未来变化将呈现明显的南北不对称性，北半球季风降水增加强度将大于南半球，同时未来降水变化呈现东西不对称趋势，即亚非季风降水增加，北美季风降水减少（中等信度）。

在大多数区域季风区，一年中最湿月份与最干月份的降水、降水量减蒸发量及地表径流差异可能增加 3%/℃～5%/℃，即未来陆地季风夏季和冬季降水差值将增大，即夏季更湿润，冬季更干燥。不同区域季风之间又存在明显差异。南亚、东亚、萨赫勒地区中部降水将增加，而萨赫勒地区西部的降水将减少，同时，北美季风降水将减少。季风极端降雨事件发生的频率和强度将会增加，同时一些地区的干旱风险也会增加（图 2-4）。未来南美季风区和澳大利亚–海洋性大陆季风区的降水变化预估信度低。

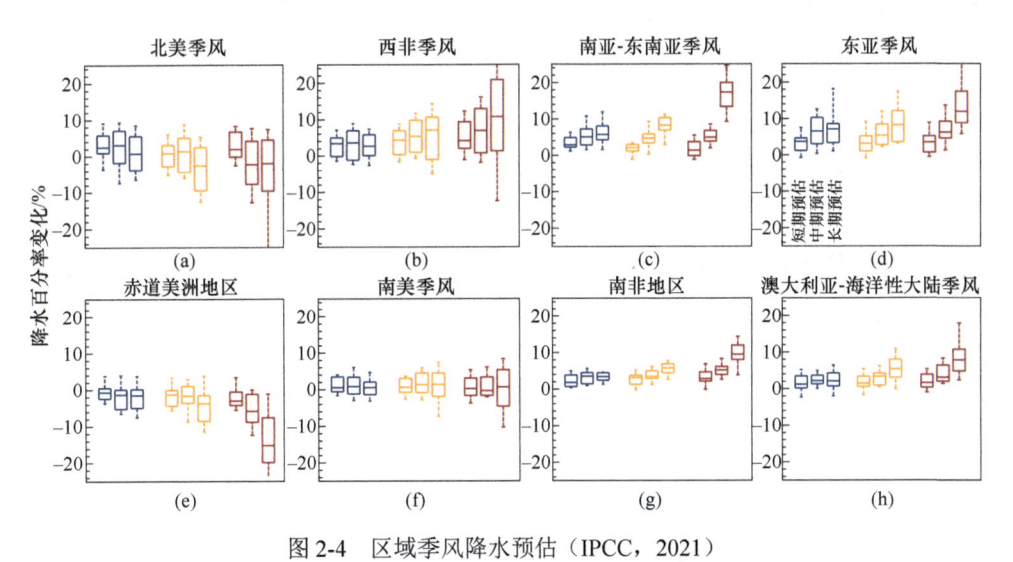

图 2-4 区域季风降水预估（IPCC，2021）

基于 24 个 CMIP6 模式和三种 SSP 情景［SSP1-2.6（蓝色）、SSP2-4.5（黄色）和 SSP5-8.5（红色）］下的近期（2021～2040 年）、中期（2041～2060 年）和长期（2081～2100 年）预估的各个区域季风季节平均降水百分率变化

综上，在全球和区域尺度上，内部变率对预估变化的不确定性贡献最大，至少从近期（2021～2040 年）预估来看是如此（中等信度）。模拟区域季风降水特征的不确定性与区域季风过程各不相同的复杂性及其对外部强迫、内部变率的响

应，以及与模式对于夏季风降水过程、有组织的热带对流、强降雨和云与气溶胶的相互作用的模拟缺陷有关。其中，大西洋经向翻转流的崩溃可能会减弱非洲和亚洲季风，同时加强南半球季风（高信度）。

## 2.2 东亚季风

早在公元前 23 或前 22 世纪，中国舜帝写了一首题为《南风歌》的诗："南风之薰兮，可以解吾民之愠兮。南风之时兮，可以阜吾民之财兮。"这是最早提及东亚夏季风主要特征及其对民生重要性的文字记载。此外，中国最早的诗歌选集《诗经》中有一首题为《北风》的诗："北风其凉，雨雪其雱……北风其喈，雨雪其霏。"这是最早描述东亚冬季风特征的文字。因此，早在 3000 年前，中国人就已经意识到东亚夏季风和冬季风的存在。Halley 于 1686 年首次从地表热力学角度解释亚洲季风理论，并将季风视为巨大的海风。

东亚是全球人口密度最大的地区之一，而东亚季风是全球气候系统中的一个重要成员，其异常往往造成旱涝、热浪、冰冻等极端气候灾害，给人民生活和社会经济造成严重影响。夏季，亚洲低压和西太平洋副热带高压（简称西太副高）之间的压力梯度产生南风，冬季则产生北风，又在地转偏向力的作用下形成旋转风。因而，冬季 30°N 以北盛行西北季风，以南盛行东北季风，夏季盛行西南季风或东南季风。

### 1. 东亚夏季风

随着太阳直射点的季节性北抬，欧亚大陆与西太平洋的纬向海陆热力对比由"西冷东暖"转变为"西暖东冷"，在压力梯度的作用下，华南地区开始盛行南风，东亚夏季风降水也随之发生。东亚夏季风降水是由西太副高西北侧向北的水汽传输提供的，水汽来源为印度洋和太平洋。东亚夏季风是典型的副热带–热带季风，副热带高压脊线将东亚季风区划分为热带季风和副热带季风。东亚夏季风的形成主要由于太阳辐射的经向差异、海陆热力差异及青藏高原的作用。夏季，太阳辐射北半球，形成经向热力差异；陆地升温快于海洋，使得夏季欧亚大陆地表是热源，海洋是冷源，形成的海陆间热力差异导致东亚夏季风气流从海洋吹向大陆；而青藏高原通过动力及热力作用，影响东亚夏季风的形成。东亚夏季风系统的低空成员包括南海-西太平洋热带辐合带、西太副高和梅雨辐合带等；高空成员包括南亚反气旋的东部脊、东风急流、东亚地区向南越赤道气流等。在这些环流系统控制下，对流层低层存在三支季风气流，即澳大利亚冬季东南季风、越赤道气流转向形成的南海-西太平洋热带西南季风及西太副高西侧向北流转的东亚-日本副热带西南季风。两支西南季风伴随着季风雨带。此外，东亚夏季风系统存在两支闭合经圈环流：一支环流始于澳大利亚冬季风反气旋，气流从中辐散并向北流动，随后在南海-西太平洋热带辐合带中辐合上升。到达高空后，气流转向南流，最终在澳大利亚上空下沉至澳大利亚反气旋中，从而构成闭合经圈环流，称为热带季风经圈环流。另一支环流则起源于副热带高压脊西侧，气流同样向北流动，但在副热带辐合带中上升至高空后。随后，气流南流，并在华南沿海副热带高压脊中下沉，构成一个较小的闭合经向环流，称为副热带季风经圈环流。

2. 东亚冬季风

东亚冬季风是冬季北半球中高纬度最为活跃的大气环流系统之一，包括西伯利亚高压、东亚大槽和东亚急流。西伯利亚高压在很大程度上决定了东亚冬季风的强度。东亚冬季风的强弱变化对于中国地区的天气气候有着重要影响。描述东亚冬季风强度的指数有很多，但考虑到全球变暖背景下东亚冬季风变化的复杂性很可能会导致一些间接指数不再适用或适用性降低，使用经向风来表征东亚冬季风强度也成为广泛做法。东亚冬季风环流系统的低空成员包括亚洲大陆冷性反气旋、东亚向南越赤道气流、印尼-北澳夏季风辐合带或热带辐合带（西北季风与东南信风）以及澳大利亚热低压等，高空成员包括南半球高空副热带高压脊、向北越赤道气流和北半球高空副热带高压的西部脊，在这些环流系统的控制下，存在两支季风气流：一支是从亚洲冷性反气旋内辐散出的东亚冬季风，30°N 以北为西北季风，以南为东北季风；另一支是印尼-北澳夏季西北季风，它的气流来自北半球的东亚东北季风和北半球西太副高南侧的东北信风。从亚洲冷性反气旋发出的冬季风向南流越过赤道，在南半球夏季风辐合带上上升，至对流层高层后又转为辐散的东南气流向北流越过赤道进入北半球的西风带，在这里下沉回到冷性反气旋中，从而构成一个闭合的经向垂直环流。

### 2.2.1 东亚季风变化

#### 1. 东亚夏季风

南海季风是东亚夏季风系统的重要组成部分，其爆发往往意味着东亚夏季风的建立和中国东部雨季的来临。南海夏季风爆发日期具有非常显著的年际变化和年代际变化，其最早可以发生在 4 月中旬，而最晚可以到 6 月中旬爆发，标准差在 15 天左右。南海夏季风爆发早晚存在诸多影响因素，其中，西太副高位置偏东有利于南海夏季风的提前爆发，而偏西不利于南海夏季风的爆发。

东亚夏季风在 20 世纪表现出明显的年代际变化，如图 2-5 所示。自 20 世纪 70 年代开始呈现显著减弱趋势，形成"南涝北旱"，即东亚地区北方更干，南方更湿。20 世纪 90 年代后东亚夏季风强度有所增强，但其强度仍比 1965~1980 年的平均强度偏弱（图 2-5）。造成东亚夏季风在 20 世纪 70 年代发生年代际减弱这一变化的因子是多方面的。已有研究从人类活动（如温室气体、气溶胶、土地利

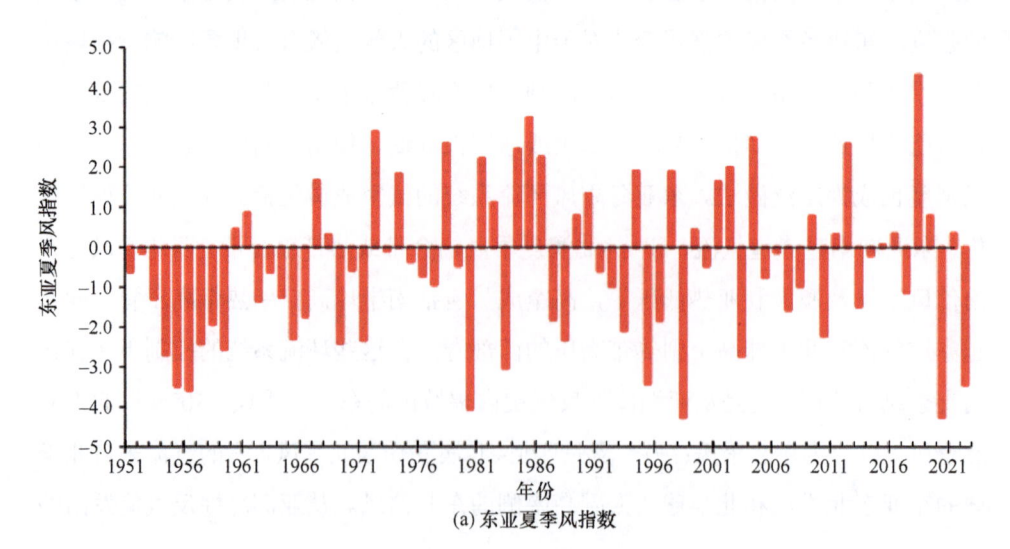

(a) 东亚夏季风指数

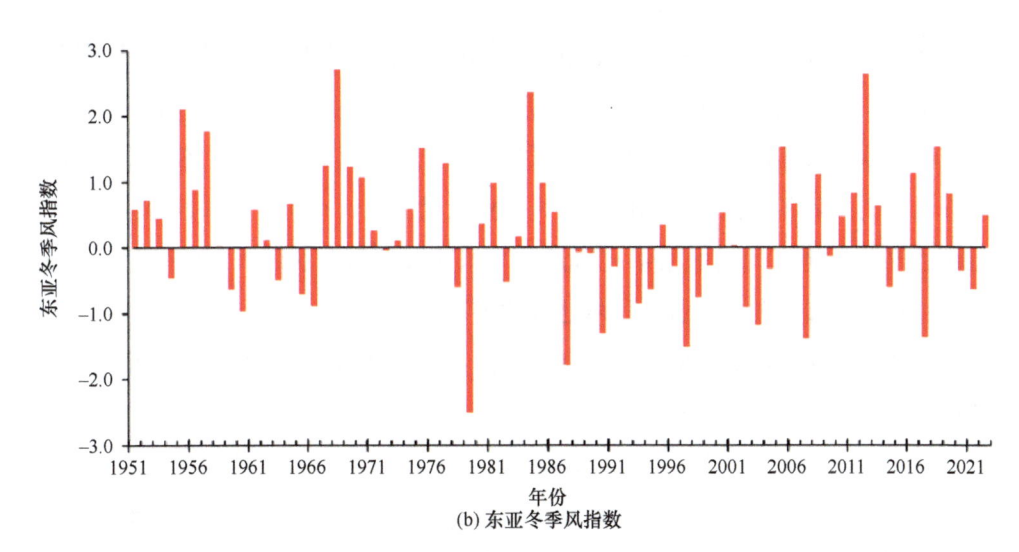

图 2-5　1951～2022 年东亚副热带夏季风强度指数和东亚冬季风指数的历年变化[《中国气候公报（2022 年）》]

用等）以及气候系统内部变率（如海表温度、北极海冰、积雪等）的变化对 70 年代末东亚夏季风年代际转型的可能驱动机制进行了探讨，其中，太平洋年代际振荡（PDO）向正位相转换是自 20 世纪 70 年代以来东亚季风减弱的主要原因之一（高信度）。此外，20 世纪 90 年代初的年代际变化对应中国东部雨带北移，淮河流域降水明显增多，长江以南降水有所增加，这与印度洋-海洋大陆热带对流的加强以及青藏高原热状况的年代际变率都有联系。

## 2. 东亚冬季风

东亚冬季风是北半球冬季具有行星尺度的环流系统，受到多种气候因子的影响，是一个具有多尺度变化特征的复杂系统。在全球变暖背景下，东亚冬季风强度呈现明显的年代际变化，并且年际变率的振幅也发生了显著改变。自 20 世纪中期至今，东亚冬季风的强度主要经历了两次比较显著的年代际变化：20 世纪 80 年代中期由强转弱，21 世纪初期又由弱转强。同时，中国冬季气温在整体升高的趋势上也呈现出类似的年代际波动。伴随东亚冬季风 21 世纪初的增强，东亚包括我国在内的不少地区多次遭遇冷冬，并频繁受到寒潮、低温暴雪等极端事件的影响。

在季节内尺度上，东亚冬季风强度的季节内反转是其季节内变异的主导模态，即冬季风在前冬偏弱时，后冬则偏强，反之亦然。当东亚冬季风前冬弱后冬强时，对应前冬欧亚大陆西北部的海平面气压显著偏低、东亚大槽偏弱、东亚中高纬地区气温偏高；后冬西伯利亚高压加强、东亚大槽加深、东亚地区气温偏低。东亚上游的乌拉尔地区附近的阻塞高压活动与东亚寒潮和东亚冬季风的变化密切相关。东亚寒潮爆发前，上游乌拉尔地区的阻塞高压往往会提前出现崩溃。当上游阻塞所伴随的对流层高层罗斯贝波列与西伯利亚地区的地面冷异常发生耦合时，往往会引起西伯利亚高压和东亚冬季风的显著加强，从而易使得来自高纬的冷空气活跃和东亚寒潮易爆发。例如，2008年和2011年的低温事件均和上游的阻塞高压的异常活动有关。由西伯利亚高压的移动引发的高纬度冷空气向南爆发，常常会造成我国以及整个东亚地区出现异常低温、冰冻雨雪等灾害性天气过程，同时冷空气继续南侵引发的冷涌事件也会在我国南海、中南半岛以及海洋大陆地区触发大范围对流性天气异常，容易导致当地出现暴雨、洪涝等灾害性事件。基于西伯利亚高压与东亚冬季风的这种密切联系，有学者直接采用西伯利亚高压强度来表征东亚冬季风的强度指数。因此，理解西伯利亚高压的季节内变化特征对于提高东亚冬季风的季节预测水平至关重要（秦大河和翟盘茂，2021）。

### 2.2.2 东亚季风与中国气候的关系

#### 1. 与中国降水的关系

中国东部60%的降水量来自5～8月由东亚夏季风带来的降雨，东亚夏季风的进退伴随着雨带的移动。伴随着夏季风强弱变化，中国东部地区会产生区域性的极端洪涝或干旱事件。东亚夏季风强度的年代际变化与中国东部夏季雨型的变化密切相关。通常东亚夏季风偏强时，有利于中国华北降水偏多，长江流域降水偏少。20世纪50年代至70年代，东亚夏季风偏强，中国东部夏季雨带偏北，呈现出"北多南少"的分布特征；20世纪70年代末，东亚夏季风强度减弱，中国北方降水减少，长江-淮河一带降水增加，中国东部夏季降水逐渐呈现明显的"南涝北旱"特征；

90年代末至21世纪初，东亚夏季风有所增强，中国东部夏季风雨带随之向北移动。通常，当南海夏季风爆发时间相对偏晚，夏季华南降水偏少，长江中下游降水偏多；而当东亚夏季风向北推进偏早时，中国华北地区雨季开始偏早，反之亦然。

中国夏季极端降水日数同样自东南向西北减少，东亚夏季风在影响中国东部夏季平均降水的同时，也对中国夏季极端降水产生影响，东亚夏季风水汽输送带在极端暴雨过程中起着关键的作用。而东亚夏季风强度与极端降水发生位置联系密切，如东亚夏季风减弱有利于长江中下游等地区夏季极端性降水频发，降水强度加大。中国东部一些典型的旱涝事件被认为与东亚夏季风异常有关。例如，1998年特大洪水与减弱的夏季风、持续的环流异常以及偏强的高空急流有关。北京在2012年7月发生了非常严重的洪涝灾害，造成了严重的经济财产损失。有研究指出该事件与东亚夏季风恢复有关，随着东亚夏季风的进一步恢复增强，类似北京7·21特大暴雨的事件在将来可能发生得更加频繁。东亚夏季风季节内变异也可能造成"旱涝并存，旱涝急转"这种同一季节内旱、涝事件交替出现的情形。这种事件涉及的物理过程非常复杂，如有的年份为旱转涝年，有的年份为涝转旱年，相关物理机制还需进一步研究。

东亚夏季风也可能影响到我国非季风区的降水。虽然西北地区受到青藏高原阻挡的影响，但东亚夏季风可以影响到西北东部地区的降水，强夏季风年，夏季风西北影响区汛期降水偏多，从而对西北偏东部汛期降水产生影响。江淮流域的季风雨带可以作为桥梁将水分输送到西北地区，东亚夏季风对中国西北降水的影响主要在7月中旬至8月下旬之间。此外，中国东部夏季气温变化与东亚夏季风推进和降水分布有关，弱的季风气流难以到达北方，北方降水偏少，中国气温偏高。目前，对东亚夏季风与中国东部极端高温天气关系的针对性研究相对较少，一些相关研究的结论也并不一致。有研究认为受夏季风减弱的影响，雨带南移，中国北方太阳辐射增强，因而中国北方高温天气和热浪呈增加趋势。也有研究认为极端高温天气或热浪过程的环流形势常常由副热带高压或者大陆高压控制。西太副高偏西偏南时，伴随的下沉气流会在中国南方产生持续性高温，而西太副高也是东亚夏季风的重要组成部分，因而中国东部高温天气受到东亚夏季风的显著影响。东亚夏季风对中国东部极端高温热浪的影响比较复杂，还没有统一的结论，仍需进一步深入的研究。

此外，东亚冬季风对中国东部冬季降水也有影响，具体表现为中国华北地区冬季降水在强冬季风年偏少、弱冬季风年偏多。而东亚冬季风在前冬（11月~12月）和后冬（1月~3月）的变化特征及对中国东部降水的影响不一致：在前冬，东亚冬季风主模态为全区一致型，当东亚冬季风整体偏强（弱）时，我国华北降水偏少（多）；而在后冬，东亚冬季风主模态为南部变异型，当低纬东亚冬季风偏强（弱）时，我国南方同期降水量偏少（多）。

## 2. 与中国气温和寒潮的关系

作为冬季北半球中高纬度最为活跃的大气环流系统之一，东亚冬季风一旦发生异常，不仅能够引起东亚地区的气候异常和灾害，还能对热带地区的大气和海洋状况产生影响，甚至能够引起全球的天气和气候异常。东亚冬季风是中国冬季气温的直接影响因子，当东亚冬季风偏强（弱）时，中国东部气温往往偏低（高）。强东亚冬季风年的冬季，东亚地区的冷空气活动往往活跃，有利于寒潮的爆发，易造成我国低温、严寒、暴雪、冷冻等灾害性天气。20世纪中期以来，在全球变暖背景下，东亚冬季风略呈减弱趋势，并且呈现显著的年代际变化，与此同时，我国的寒潮、低温等极端事件的发生强度及频率也随之发生了一定变化。20世纪50~80年代初东亚冬季风偏强，80年代进入转弱阶段，21世纪初东亚冬季风逐渐进入偏强阶段。与此对应，中国东部冬季气温表现为整体变暖趋势，同时伴随显著的年代际变化：20世纪50~80年代为30年左右的冷期，20世纪80年代中国东部冬季气温发生增暖性气候突变。在20世纪80年代至21世纪初这一弱东亚冬季风时期，来自高纬的冷空气活动偏弱，东亚寒潮的发生频率偏少。我国冬季气温普遍偏暖，特别是我国东部和北部地区，经历了连续十几年的暖冬。21世纪初开始东亚冬季风出现重新增强的趋势，伴随这个东亚冬季风的增强，我国东北乃至东部地区也开始出现气温降低的迹象，特别是我国北方，从气温异常偏暖变成异常偏冷。此外，伴随着东亚冬季风的年代际变化，我国冬季气温变化模态也发生了变化，从20世纪中期到20世纪80年代期间的全国一致变化型模态主导，转变成21世纪初期之后的南北振荡型偶极子气温分布形式，即我国东部和我国南方地区为相反的变化形式。

当东亚冬季风减弱（加强），有利于极端高温（低温）事件发生，相比于12月和1月，2月更容易发生极端高、低温事件，且强度更大。20世纪60~70年代，伴随着强冬季风，中国东部大范围极端低温日数偏多，80年代后大范围的极端低温事件在减少，但是区域尺度的极端低温事件频次则在增加；21世纪以来，随着东亚冬季风增强，中国东部地区冬季极端低温事件频数又有所增加。随着东亚冬季风在21世纪初期的增强，我国的低温、雪暴、冷冻等天气灾害频发，且强度增强，给社会造成了严重的经济损失。例如，2005/2006年冬季北半球从西欧经乌拉尔地区到西伯利亚以及东亚地区出现异常低温，并在日本和我国部分地区出现严重雪灾。有研究指出，此次低温和行星波的异常活动有关，2005年冬季北半球准定常行星波在高纬度往平流层的传播加强，而往低纬度对流层上层传播减弱。结果是行星波E-P通量在高纬度地区对流层中、上层辐合加强，从而使得高纬度地区极锋急流减弱，有利于西伯利亚高压的发展，从而引起了东亚冬季风增强。2008年1月中旬到2月上旬，中国南方发生百年一遇的历史罕见的低温雨雪冰冻灾害，此次灾害对我国南方电力、交通、农业、林业、人民生活等产生了重大影响。这次极端雨雪冷冻过程主要是受强东亚冬季风的影响。2011/2012年冬季，我国北方又遭遇了低温雪冻灾害，我国大部地区气温异常偏低，达到了1986年以来的最低水平。相比之下，我国华南、华中和西南地区的气温则偏高。这次冬季气候异常主要是由东亚冬季风异常偏强所引发的，其导致贝加尔湖上游的阻塞高压增强，同时东亚大槽加深，使得冷空气更容易南下，成为此次低温事件的一个重要因素。

### 2.2.3 东亚季风变化的成因

#### 1. 东亚夏季风

温室气体强迫驱动的水分通量辐合有利于增加中国南部地区降水，而气溶胶导致的大气冷却、相关的大气环流变化和海洋表面温度反馈则有利于减弱东亚夏季风，减少北部地区降水，从而形成观测中的"南涝北旱"降雨型。与中国东部总降雨量的趋势不同，20世纪下半叶中国东部地区的小雨频率和数量均有所下降，这一现象与空气污染产生的人为气溶胶浓度的显著增加有一定联系。

在全球变暖背景下，热带印度洋、太平洋海温显著升高且呈现非均匀分布特征，导致热带对流、ENSO、热带低频振荡等都发生显著变化，并对东亚夏季风环流及降水变化产生重要影响。ENSO作为热带中东太平洋地区重要的海–气相互作用信号，在2～5年时间尺度上影响东亚夏季风。近几十年ENSO呈现新的变化特征，中部型厄尔尼诺事件发生频率增大，对东亚夏季风的影响也发生了变化。两类ENSO对东亚夏季风表现出截然不同的影响。东部型厄尔尼诺发展年，夏季华北降水减少，衰减年夏季长江中下游降水增多，且ENSO越强，东亚环流场异常对ENSO的响应越强。具体地，在热带东太平洋海表面温度偏高时，即ENSO正位相时，西太平洋的对流转移至中东太平洋，东亚季风区以及西太平洋暖池地区的对流活动受到抑制，从而季风减弱。然而，最近的观测分析表明，ENSO与东亚夏季风之间的关系在近几十年里可能已经减弱，人类活动导致的全球变暖则是这种关系减弱的可能原因。

此外，AMO对ENSO与东亚夏季风的关系有调控作用。当AMO负（正）位相时，ENSO与东亚夏季风相关性高（低）。印度洋增暖通过激发暖性开尔文波，影响西北太平洋反气旋和水汽输送异常，改变南亚高压和东亚高空急流的强度和位置，引起东亚夏季风和降水的异常。夏季印度洋海盆一致增暖能够导致南亚高压和西太副高增强，华北地区干旱而长江三角洲地区降水增多。而正位相的印度洋偶极子（Indian Ocean Dipole，IOD）则可通过影响印度洋沃克环流和海洋性大陆地区的局地哈得来环流使得南亚高压向东北方向延伸，导致东亚夏季异常增暖，江淮地区降水减少。中高纬海温异常主要在年代际尺度上调控东亚夏季风变化。已有研究表明，自20世纪70年代以来，PDO位相由负转正，这一变化是东亚夏季风减弱的主要驱动因素之一，这一时期，中东热带太平洋地区海温偏暖，北部偏冷，对应PDO正位相。而20世纪90年代末，从正PDO到负PDO的转型与观测中的东亚夏季风恢复增强有关。另外，PDO 与 AMO 可以协同影响东亚夏季风降水的年代际演变。当 AMO 是正位相，PDO 为负位相时，两者都有利于东亚夏季风增强北推。反之，则有利于东亚夏季风减弱南退。其中，PDO 在驱动东亚夏季风降水"南涝北旱"的年代际变化和相关的大气环流异常中起着主导作用，AMO 的贡献相对较小（Zhang et al.，2023）。

土壤湿度和积雪范围异常也是影响东亚夏季风环流和降水的重要局地因子，但其影响存在明显的区域差异。中国东部偏南及西南地区春季土壤湿度对夏季降水的影响比较显著，这可能与土壤湿度异常的持续性及降水自相关的区域差异有关。长江中下游至华北区域的春季土壤湿度异常可导致大尺度的东亚夏季风环流系统的变化，土壤偏湿使得后期的陆面更湿冷，进而减弱海陆热力差异，导致东亚夏季风偏弱。此外，中国西北地区的春季土壤湿度偏高会导致东亚大陆大范围高压异常、东亚季风环流偏弱，对中国北方的夏季气温以及热浪强度和频率产生影响。中高纬欧亚大陆积雪异常对东亚气候变化的影响显著，在东亚季节气候预测中具有重要作用。高原冬春季积雪异常通过改变青藏高原热力状况，对东亚夏季风降水具有显著的影响。当青藏高原前冬和春季积雪范围或深度更大（更少）时，东亚夏季风一般较弱（较强）。但两者的关系存在显著的年代际变化：1979~1999 年，高原冬季积雪和长江中下游至日本南部降水雨带显著正相关，而之后，显著正相关雨带在淮河流域至朝鲜半岛地区。

全球变暖背景下，近几十年北冰洋海冰急速消融，对北半球气候，包括东亚夏季风产生了重要影响。北冰洋海冰异常可激发对流层–平流层大气行星波异常传播，通过波破碎过程影响平流层极涡强度，进而下传到对流层，最终影响中纬度天气气候。例如，3 月巴伦支海海冰偏少会通过土壤湿度和积雪异常信号及其与大气环流的相互作用引起东北夏季干旱。环球遥相关型（CGT）以及"丝绸之路"遥相关型（SRP）的年代际变化也可以影响东亚夏季风的年代际变化。此外，夏季北大西洋三极型海温模态可以通过激发从北大西洋往欧亚大陆传播的大气遥相关型，即北大西洋–欧亚大陆遥相关型影响东亚夏季风。

综上，除了温室气体和气溶胶等外强迫外，热带及中高纬海洋强迫、中高纬陆面、北冰洋海冰消融等都是引起东亚夏季风变化的重要原因。

2. 东亚冬季风

在对流层中层，温室气体浓度的增加通过增加北太平洋的海表面温度，对东亚大槽起着削弱作用；在对流层上层，自然外部强迫通过调节东亚地区的经向温度梯度，导致东亚急流的经向切变减弱。在对流层低层，人为及自然强迫共同作用，导致西伯利亚高压减弱。基于 CMIP5 模式分析，温室气体和自然强迫在 20 世纪 80 年代中期东亚冬季风的年代际减弱中发挥着关键作用（Miao et al., 2018）。

除了外强迫以外，东亚冬季风还较大地受到太平洋海温的影响。厄尔尼诺通过海–气相互作用引起西北太平洋异常反气旋，可引起东亚冬季风的减弱。具体地，东部型厄尔尼诺能够影响沃克环流和西太平洋局地海–气相互作用，通过太平洋–东亚遥相关型减弱东亚冬季风，从而使得东亚偏暖、华南降水增多。相反，拉尼娜则会使东亚冬季风增强。研究发现，中部型厄尔尼诺对东亚冬季风的影响一般弱于东部型厄尔尼诺。ENSO 与东亚冬季风的关系不稳定，容易受到海表温度和副热带大气现象（包括 PDO 和 AO）的非线性调制。在年代际尺度上，PDO 和东亚冬季风存在显著的负相关关系。20 世纪 70 年代中后期之后 PDO 基本处于正位相，这一正位相期持续到 20 世纪末，在此期间，东亚冬季风基本处于偏弱时期。

欧亚大陆的积雪范围是影响东亚冬季风变化的另一个因素。一些观测研究表明，秋冬季节西伯利亚、中国东北地区和俄罗斯远东地区的积雪范围正异常通常导致强烈的东亚冬季风增强。模式模拟结果表明，大面积的积雪导致阿留申低压和西伯利亚–蒙古高压增强，东亚急流增强，对流层低层变冷，东亚冬季风增强。积雪异常通过边界层特征（主要是反照率）的变化影响大气环流，与热带海温的影响相比，积雪的影响则更直接。全球变暖背景下，近几十年北冰洋海冰急速消融，海冰减少导致高纬度阻塞频率增大且持续时间变长，而中纬度阻塞频率减小且持续时间变短。秋、冬季巴伦支海–喀拉海海冰异常偏少时，欧亚大陆易出现冷冬，但东亚冬季风的变化不确定性较大。这种不确定性可能是由北极海冰异常偏少的位置、强度不同引起的大气环流响应迥异造成的。

AO 通过影响西伯利亚高压或准定常行星波的传播，对东亚冬季风也有重要影响。一般 AO 正位相往往对应着东亚冬季风偏弱，负位相则对应冬季风偏强。具体地，当 AO 处于负位相，北半球大气经向环流盛行，中高纬地区的高层纬向风减弱，东亚大槽加深，西伯利亚高压加强，中高纬地区 850hPa 风场上出现北风距平，使得高纬的冷空气更容易向低纬侵袭，造成中国冬季气温偏冷。年代际尺度上，从 20 世纪 80 年代中期到 21 世纪前十年，AO 基本上处于正位相，与东亚冬季风在 20 世纪 80 年代中期之后的减弱特征基本一致。

在季节内尺度上，东亚冬季风主要与乌拉尔阻塞高压和西伯利亚高压异常关系密切。高空西风急流、东亚大槽和西伯利亚高压是影响东亚冬季风的主要局地环流因子。过去半个世纪，东亚冬季风虽然呈减弱趋势，但 20 世纪末以来，冬季高空西风急流和西伯利亚高压增强，导致东亚冬季风增强，同时东亚大槽位置偏西造成中国东北地区异常辐合上升、降水偏多。而近 20 年西伯利亚高压增强使得华北平原北风加强。另外，最近的研究发现，东亚大槽具有显著的季节内振荡特征，而中高纬度波列的南北位置异常可以通过调节东亚大槽和西伯利亚高压，进而影响东亚地区冷空气活动范围。

此外，平流层准定常行星波活动异常对东亚冬季风的年代际变化也有着显著影响。研究发现，1987 年之后，对流层沿着低纬波导的准静止行星波的水平传播增强和极地波导向上的波列传播的减弱，导致附近的副热带急流减弱，从而引起东亚冬季风的减弱。

## 2.2.4 东亚季风预估

1. 东亚夏季风

在未来增暖情景下，欧亚大陆变暖趋势及增强的海陆热对比可能加强东亚夏季风环流，使得 21 世纪东亚夏季风环流小幅加强。夏季中国东部和东北地区在对流层低层均呈现系统性的南风异常，有利于夏季风环流的小幅加强。其动力学机制解释为，全球变暖导致欧亚大陆气温普遍上升，从而导致海陆之间热力差异增大。一方面，东亚陆地的升温幅度大于同纬度的西北太平洋，导致东西向热力对比加大，与此对应，夏季东亚大陆热低压增强的幅度大于西太副高减弱的幅度，从而导致东西向的气压梯度力加大，由此引起东亚地区偏南风气流异常。另一方面，东亚陆地的变暖幅度也要大于南海，与此对应，南北向海陆温差和气压差也相应加大，同样地也会引起由南海吹向陆地的偏南风异常。由此可见，在全球变暖背景下，东亚地区的经向和纬向海陆热力差同时加大，共同导致了东亚夏季风略有加强。

CMIP5 和 CMIP6 模式预估表明，未来所有情景下东亚夏季风降水都将增强（图 2-6）。其中，东亚夏季风南部降水增强显著，而中国中部地区的梅雨降水没有显著变化。此外，未来东亚夏季风由于爆发早和晚撤退，其季风持续时间也会增加。半球间的质量交换可以作为连接南半球环流和东亚夏季风降雨的桥梁，然而，根据使用 RCP8.5 情景下的预测，这种半球间的联系在未来变暖的气候中预计会

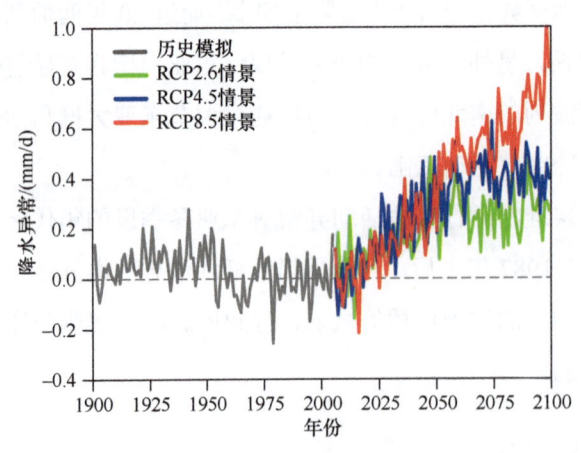

图 2-6 东亚夏季风区多模式模拟集合平均的降水异常时间序列（丁一汇等，2018）
相对参考时段为 1971~2000 年平均，基于 CMIP5 多模式逐月输出资料。灰实线：历史气候模拟试验（历史模拟），24 个模式，1901~2005 年；绿实线：未来低辐射强迫情景试验(RCP2.6，即假设到 2100 年辐射强迫值增加到 2.6W/m$^2$)，20 个模式，2006~2099 年；蓝实线：未来中等偏低辐射强迫情景试验（RCP4.5，即假设到 2100 年辐射强迫增加到 4.5W/m$^2$)，24 个模式，2006~2099 年；红实线：未来高辐射强迫情景试验（RCP8.5，即假设到 2100 年辐射强迫值增加到 8.5W/m$^2$），24 个模式，2006~2099 年

减弱。通过比较 1.5℃和 2℃全球变暖目标东亚夏季风降水的未来趋势，发现 0.5℃的差异将导致东亚大部分地区降水增强，同时极端情况的频率和强度会大幅增加。

CMIP5 及 CMIP6 模式相比于过去的气候模式，在模式分辨率以及各种物理过程参数化方面都有了长足进步，对东亚季风环流的模拟能力也有所提高，但其模拟和预估结果仍存在着很大不确定性。关于东亚夏季风环流强度的变化预估不一致，而东亚夏季风环流预估的不确定性，很大程度上来自西太副高的预估不确定性。另外，季风环流系统的变化也受制于全球平均变暖的程度，反映了全球气候模式气候敏感度不同对预估结果的影响，此外，值得注意的是，全球变暖情景下东亚夏季风变化存在着对所选模式和所选指数的依赖性。

## 2. 东亚冬季风

全球变暖情景下，东亚冬季风强度变化对气候模式存在强依赖性，即用单个或几个模式所得到的结论存在局限性，并且与所选用的指数有关。CMIP5 多模式集合平均预估表明，21 世纪东亚冬季风并无明显的变化趋势。相比于 1980～1999 年，阿留申低压系统减弱北移，对应北太平洋中高纬度地区对流层低层风场出现异常反气旋性环流，导致东北亚地区原有的偏北风减弱，即 25°N 以北区域冬季风强度减弱；而低纬西北太平洋上的东北风则加强，并在约 25°N 以南地区与基本气流汇合南下，引起北风异常，从而加强该地区的冬季风强度。

具体而言，在 RCP2.6 情景下，东亚地区对流层中层（500hPa）位势高度增加，偏北风减弱；对流层高层（200hPa）纬向风速增加，且风速高值中心与高空急流位置相比要偏北。随着温室气体排放浓度升高，即 RCP4.5 和 RCP8.5 情景下，对流层中层位势高度场的增幅随之增强，对流层高层纬向风的增幅也随之增强。

在 RCP4.5 和 RCP8.5 情景下，东亚地区气温将明显升高，南风异常将会变得更强，意味着东亚冬季风将减弱（图 2-7）。此外，预估表明，东亚冬季风指数的年际变化振幅与目前相比变化不大，而东亚冬季风指数与 AO 之间的相关性将增加，与 NAO 的相关性则将减小（Hong et al.，2017）。

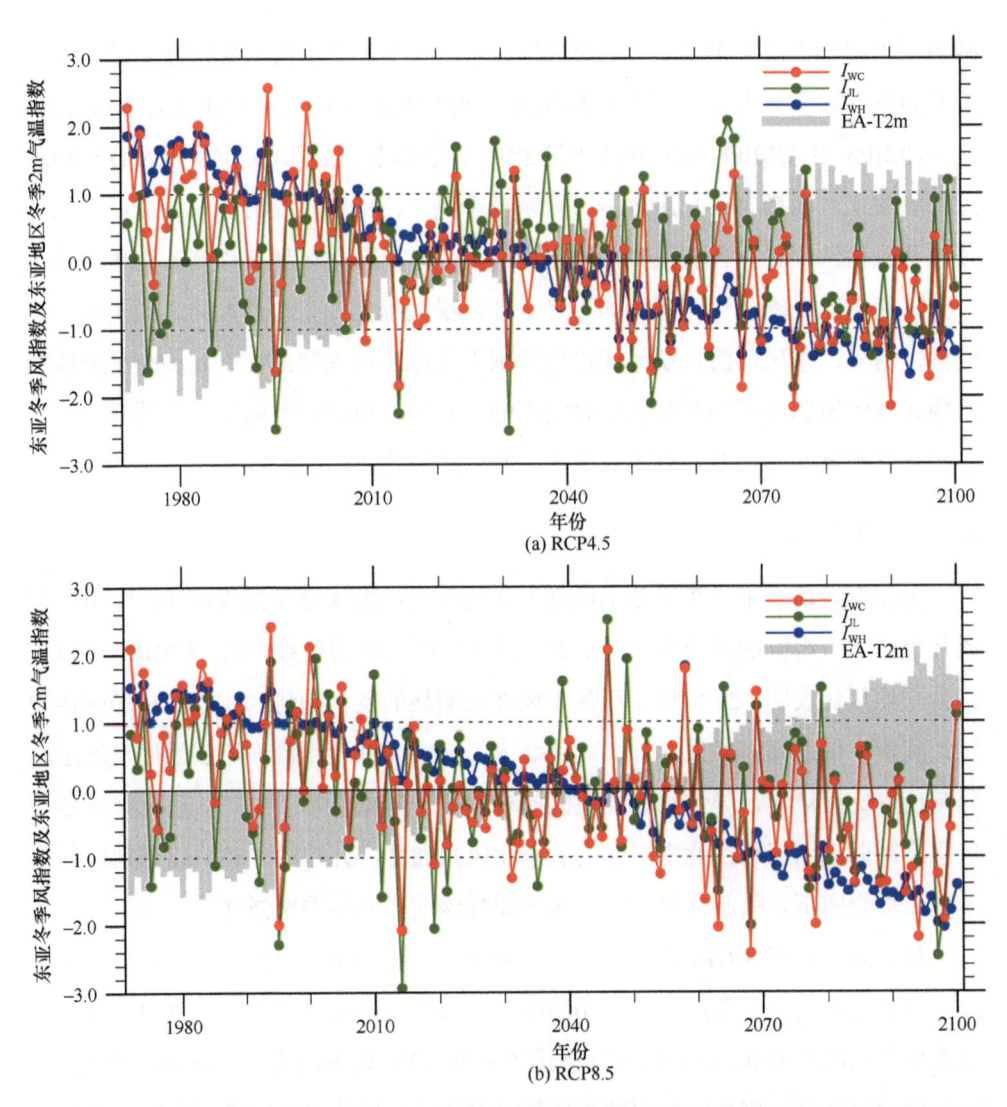

图 2-7　RCP4.5 和 RCP8.5 情景下，东亚冬季风指数（曲线）及东亚地区冬季 2m 气温指数（灰色柱状）的历史变化（1971/1972 年～2004/2005 年）及预估变化（2005/2006 年～2099/2100 年）（Hong et al.，2016）

$I_{WC}=(2\times SLP_1^*-SLP_2^*-SLP_3^*)/2$，$I_{JL}$=U300（27.5°～37.5°N，110°～170°E）－U300（50°～60°N，80°～140°E），$I_{WH}$=Z500（25°～45°N，110°～145°E），其中 $SLP_1^*$、$SLP_2^*$ 和 $SLP_3^*$ 分别表示（40°～60°N，70°～120°E）、（30°～50°N，140°～170°W）和（20°S～10°N，110°～160°E）的标准化区域平均海平面气压（SLP），U300 表示 300 hPa 纬向风场，Z500 表示 500 hPa 位势高度。

## 2.3 南亚夏季风

南亚夏季风为热带季风，主要由温暖的亚洲低纬大陆和印度洋上较冷的海表面温度之间的热力差异引起，陆地上较温暖的气团形成低压，而海洋上较冷的气团形成高压。季风特征主要表现为冬季盛行东北风，夏季盛行西南风。冬夏季风期间干湿分明，夏季风期间为雨季，冬季风期间为干季。南亚夏季风对整个南亚的农业、健康、水资源、经济和生态系统都有着巨大影响。

南亚夏季风于 5 月初在孟加拉湾东北部首先爆发，之后向东传播至南海，引起南海夏季风的建立，但是季风对流无法向西直接传播至印度，从而在印度半岛东岸形成"季风爆发屏障"，因此南亚夏季风的建立过程表现为热带对流在阿拉伯海上空自赤道向北逐渐推进的特点。南亚夏季风为印度 6 月～9 月每年 80% 的降雨量提供了水源，这些水源为超过 10 亿人提供了农业、工业、饮用水和卫生设施的大部分水。季风在时间尺度上从几天到几十年的任何变化都可能产生很大的影响。南亚夏季风的爆发与青藏高原的热力和动力强迫、北印度洋和西太平洋海温异常以及亚洲南部次大陆尺度的海陆分布密切相关。此外，南亚夏季风对流的建立还与季风区对流层高、低层环流的垂直耦合联系紧密。

### 2.3.1 南亚夏季风变化

过去 50 多年里，在温室气体强迫的作用下，海陆温差增大，此外，印度-太平洋暖池也呈现出增暖趋势，这些因素增加了南亚夏季风的水汽供应。然而，观测表明，自 20 世纪中期以来，南亚夏季风降水总体呈现出减弱趋势（图 2-8），并伴随大规模季风环流的减弱。南亚夏季风中断频率和"干旱期"持续时间呈上升趋势，孟加拉湾上空季风槽频率下降，土壤湿度显著下降，干旱严重程度增加，这些都证实了南亚夏季风降水的下降趋势。

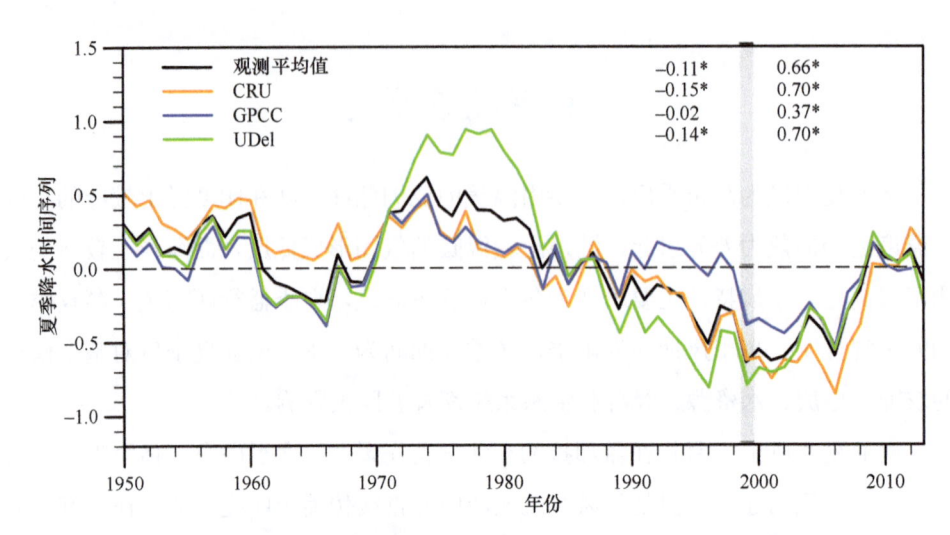

图 2-8 印度中北部区域（20°~28°N，76°~87°E）夏季降水异常的 9 年滑动平均时间序列
（1950~2013 年）（Huang et al.，2020）

其中，橙色、紫色、绿色和黑色曲线分别代表 CRU、GPCC、UDel 数据及其平均值，UDel 指美国特拉华大学建立的数据集右上角彩色数字表示 1950~1999 年、1999~2013 年这两个时期的降水序列趋势；*代表通过显著性检验

南亚夏季风降水在 1950~2013 年整体呈现出减弱趋势，然而，值得注意的是，在 2000 年前后，南亚夏季风开始在一个相对较短的时期内明显恢复，研究表明，1950~1999 年，南亚夏季风降水量呈下降趋势，1999~2013 年，则呈现出增加趋势，有所恢复（图 2-8）。

此外，南亚夏季风呈现出明显的年代际变化特征。20 世纪 60~80 年代中期，南亚夏季风主要表现为偏强特征；20 世纪 90 年代中期发生了显著的年代际减弱，造成印度次大陆南部和中印半岛南部季风降水明显减少。

### 2.3.2 南亚夏季风变化的成因

南亚夏季风的变化主要受人为气溶胶、温室气体、土地利用变化等外强迫的驱动，以及气候系统内部变率如 ENSO、印度洋海温及其模态、PDO 等的影响。

20 世纪下半叶南亚夏季风降水的减弱，主要是由北半球人为气溶胶引起的辐射效应造成的。与温室气体作用引起的季风加强或火山气溶胶的作用相比，北半球人为活动产生的气溶胶在过去半个世纪以来对南亚夏季风降水减少的影响中占主导地位（高信度）。例如，北半球的硫酸盐气溶胶的工业排放可能会改变半球间能量传输，导致南北半球能量不平衡，进而使得热带经圈翻转环流减缓以补偿这一南北半球能量不平衡，最终造成南亚夏季风减弱，季风降水减少。同时，这一下降趋势还受到温室气体增加导致的赤道印度洋变暖的影响，并被 PDO 和 AMO 的多年代际变化所影响。温室气体浓度增加也是南亚夏季风变化的重要驱动因素之一。温室气体浓度增加会引起地表大气温度的升高，从而导致大规模陆海热对比的增强，使得印度洋上低空西风的增强和印度地区降水的增加。20 世纪末，印度的绿色革命导致了相当大的土地利用变化，以牺牲森林和灌木丛为代价的农业大规模扩张。南亚和东南亚的这些土地利用变化也是导致南亚夏季风降水减少的原因之一。模式模拟结果表明，森林砍伐或者荒漠化会导致南亚夏季风减弱。

南亚夏季风的年际变化与太平洋海表温度，尤其是 ENSO 事件，存在着密切联系。ENSO 事件一般通过改变沃克环流，在赤道印度洋引起异常的垂直运动，进而影响与南亚夏季风相关的区域哈得来环流。南亚夏季风降水量与 Niño 3 及 Niño 3.4 海表温度指数之间存在明显的负相关关系。然而，自 20 世纪 70 年代末以来，这一负相关明显减弱。而热带西太平洋海温升高导致南海及西北太平洋深对流显著增强，通过增强沃克环流，对南亚地区近几十年来季风降水的减少起到重要作用。最近几十年来赤道印度洋的快速变暖趋势也是导致南亚夏季风降水减少的原因之一。一个多世纪以来（1901～2012 年），热带西印度洋增暖 1.28℃，比其他热带海域增暖更快。热带印度洋东西部增暖导致纬向海温梯度减弱，进而使得南亚夏季风环流减弱，造成南亚，尤其是印度半岛北部夏季降水减少，雨季持续时间缩短。印度洋海温模态同样对南亚夏季风产生影响。正位相 IOD 通过影响印度洋沃克环流和海洋性大陆地区的局地哈得来环流，使得南亚高压向东北方向延伸，南亚夏季风偏向，反之亦然（Zuo and Zhang，2022）。

太平洋海温的年代际振荡（PDO）和大西洋海温的多年代际涛动（AMO）对南亚夏季风降水的年代际变化具有调制作用。PDO 对南亚夏季风降水的影响机制表现为，通过影响沃克环流，进而引发印度地区及周边异常的垂直运动和水平水汽辐合辐散，从而引起南亚夏季风降雨变化。具体地，AMO 负位相和 PDO 正位相通过引起热带中东太平洋暖海温异常，从而减弱沃克环流和哈得来环流，抑制印度地区的对流活动，导致南亚夏季风降水减弱；反之，AMO 正位相和 PDO 负位相则对应南亚夏季风增强。尤其在 1950～1999 年、1999～2013 年这两个时期，AMO 和 PDO 的位相变化对降水的下降及恢复趋势起到了重要的调节作用。具体地，1950～1999 年，AMO 位相主要由正转负，而 PDO 位相由负转正，导致南亚夏季风降水出现下降趋势；而 1999～2013 年，AMO 处于正位相，PDO 位相由正转负，则有利于南亚夏季风降水在此期间的增加趋势。最新研究表明，相对而言，AMO 对南亚夏季风的作用大于 PDO 的作用。

### 2.3.3 南亚夏季风与东亚夏季风的联系

南亚夏季风和东亚夏季风是亚洲夏季风的重要组成部分。南亚夏季风和东亚夏季风之间既相互独立，又存在紧密联系。一方面，它们都受到热带和热带外扰动的调制；另一方面，它们又会对全球不同地区的天气和气候产生影响。在不同年代际变化的背景下，尤其是最近几十年受全球变暖的影响，南亚夏季风与东亚夏季风的相互作用发生了显著的变化。

在 20 世纪 70 年代以前，印度、华北和日本南部夏季降水年际变化存在显著相关。印度中部-西北部夏季降水的变化和华北降水变化趋于同相，和日本南部降水变化趋于反相。通常，当南亚夏季风偏强（弱）时，中国长江流域降水偏少（多），华北地区降水偏多（少），同时，东亚夏季风和南亚夏季风协同影响中国南方夏季降水，当东亚夏季风偏强而南亚夏季风偏弱时，中国南方大部分地区夏季降水偏少，易发生干旱，反之亦然。

然而，南亚夏季风与中国华北夏季降水的关系并不稳定，其中在 20 世纪 40 年代末至 70 年代初两者关系最强，在 20 世纪 70 年代之后，印度中部、华北和日本南部夏季降水年际变化关系较弱。印度东北部和中国北部的夏季风降水呈下降趋势，而长江中下游流域、韩国和日本等地区的夏季风降水呈现出增加的趋势。而南亚和东亚在最近三十年的变化趋势不同，也增加了两者之间的差别。这种不稳定关系可能与夏季风的强度、热带海温和中高纬大气环流异常等有关。

南亚夏季风和东亚季风夏季降水的相互作用有两种可能途径：一是通过低纬度地区的大气环流变化（称为南部路径），二是通过亚洲中纬度地区的大气环流变化（称为北部路径）。南部路径指的是从印度洋到东亚的水汽输送，它受到印度夏季风异常的调制。北部路径指的是亚洲中纬度对流层中高层的纬向波列，它由沿中纬度西风急流的异常反气旋和异常气旋组成，是北半球绕球遥相关型的一部分。

南亚夏季风异常可以通过影响东亚大气环流场，从而影响东亚夏季风的强弱。当印度夏季风增强时，南亚上空增强的季风对流会激发出一个异常的罗斯贝波，该波向东北方向传播，引起高层系统南亚高压的东西振荡。这种振荡会给中国东部对流层上层带来异常的涡度平流和温度平流，从而导致华北–长江–华南上空经圈环流异常，形成中国东部的三极型降水异常分布。高层系统南亚高压的东西振荡在南亚和东亚夏季风降水的相互联系中起到了重要的桥梁作用。

## 2.3.4 南亚夏季风预估

南亚夏季风对南亚地区至关重要，那里有超过10亿人依赖6~9月的季风降水（占年降雨量的80%）来维持农业。不断增长的人口，以及伴随而来对雨水灌溉农业的需求和快速发展的工业，都对南亚夏季风的变化及预估提出需求。

CMIP6及CMIP5模式预估显示，在全球变暖背景下，在所有情景和所有时间框架内，21世纪南亚夏季风降水都将有所增加，尤其在高排放情景下的中长期预估中表现更为明显（图2-9）。在SSP5-8.5情景下，到21世纪末降水增加幅度最大，同时降水的年际变率在未来也将加大，而南亚夏季风环流在未来将减弱。在1.5℃和2℃的全球变暖水平下，南亚夏季风平均降水和极端降水都将加强，0.5℃的升温差异将意味着降水量增加3%。此外，模式预估结果一致表明，到21世纪末，南亚夏季风爆发将提前，撤退时间将延后，导致季风期延长。然而，对南亚夏季风降水的短期预估可能将受到与AMO和PDO相关的内部变率的限制。

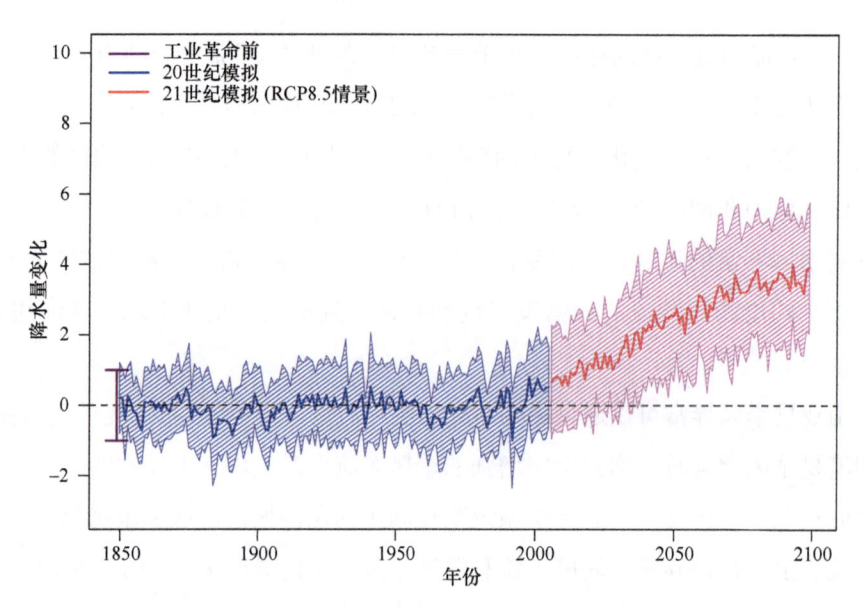

图 2-9 CMIP5 模拟的南亚夏季季风降水的时间演变（Srivastava and DelSole，2014）

# 第 3 章
# 影响区域气候的大气环流因子

## 3.1 哈得来环流

1735 年，英国的气象学家乔治·哈得来（George Hadley）提出了一个假设，关于盛行西风和信风的形成原因。他认为，大气中存在一种经向环流，这是由于赤道地区长时间受太阳照射，空气因受热后温度升高、密度降低而上升，然后向两极移动。气流随着纬度的变高而导致温度下降、密度增加，最终落回到地表附近并向赤道移动，形成了一个大气环流圈。经过验证，哈得来的假设是正确的，确实存在一个从赤道到两极的经向环流圈。不过，从赤道上升的气流没有到达两极，而是在北纬（南纬）30°左右下沉，之后以信风的形式回到赤道。因此，后来人们将这种大气环流称为"哈得来环流"（Hadley Cell）。

哈得来环流是对流层热带地区最大的环流系统，经向环流在维持地气系统能量平衡中起着十分关键的作用，在南北半球的大气中均存在著名的三圈环流，即哈得来环流、费雷尔环流和极地环流。位于低纬度地区的哈得来环流指的是由直接热力强迫驱动的闭合经向环流圈：赤道辐合带上的空气受热上升，在对流层高空辐散并向极地运动，在地转偏向力的作用下逐渐转为西风并在副热带地区下沉，其中一部分下沉的空气作为近地面信风的一部分重新回到赤道辐合带地区。

年平均的哈得来环流是关于赤道对称的，但是随着季节的变化，太阳并不是始终直射赤道，而是在赤道南北来回移动，这就造成了南北半球的哈得来环流具有显著的季节性变化特征。北半球冬季，太阳直射点位于南回归线，北半球极赤温差较大，使得北半球哈得来环流强盛，南半球哈得来环流则较弱。相反，北半球夏季，太阳直射点位于北回归线，南半球极赤温差较大，南半球哈得来环流达到一年最强，北半球哈得来环流明显减弱甚至消失。冬夏两季地球系统在赤道南北两侧获得的能量是不对称的，对应的南北半球的哈得来环流也是不对称的。北半球春季和秋季，太阳直射点位于赤道，南北半球的极赤温差基本相当，因此南北半球的哈得来环流强度保持一致，并且对称分布在赤道南北两侧。

除了太阳辐射的调控外，哈得来环流还受气候系统中的其他因子影响，其中影响最重要的就是 ENSO。如果将哈得来环流的年际变化分量做主成分分析，可以获取其变化的主导模态。其中哈得来环流最主要的两个模态分别是赤道非对称模态和赤道对称模态。ENSO 具有赤道准对称海温异常特征，与哈得来环流变率的对称和非对称分量有关。与太阳辐射的作用类似，赤道附近对称的海温具有加热作用，可以激发出热带地区的对流和上升运动从而形成异常的哈得来环流圈。

### 3.1.1 哈得来环流的变化特征

哈得来环流是大气径向平均三圈环流的重要组成部分，其强度与分布的变化会对全球气候产生重要的影响。哈得来环流的强度和边界位置不是一成不变的。联合国政府间气候变化专门委员会（IPCC）第六次评估报告（AR6）指出，根据多种大气环流再分析资料，自 20 世纪 80 年代以来尽管一些数据表现出哈得来流的增强趋势，但趋势的大小在不同再分析数据之间也存在着差异，南半球哈得来环流则没有明显的变化趋势（图 3-1）。哈得来环流的强度与经向位温梯度、稳定性和对流层顶高度的变化有关。由于哈得来环流是热力直接环流，因此其强度变化也和下垫面因子密切相关。基于观测资料，在年际尺度上，厄尔尼诺事件发生时北半球冬季哈得来环流和南半球夏季哈得来环流通常偏强，拉尼娜事件时则相反。此外，同期的印度洋和大西洋海温也与哈得来环流呈现显著的正相关。模式模拟的结果也表明当赤道表面加热更集中于赤道时哈得来环流强度偏强。

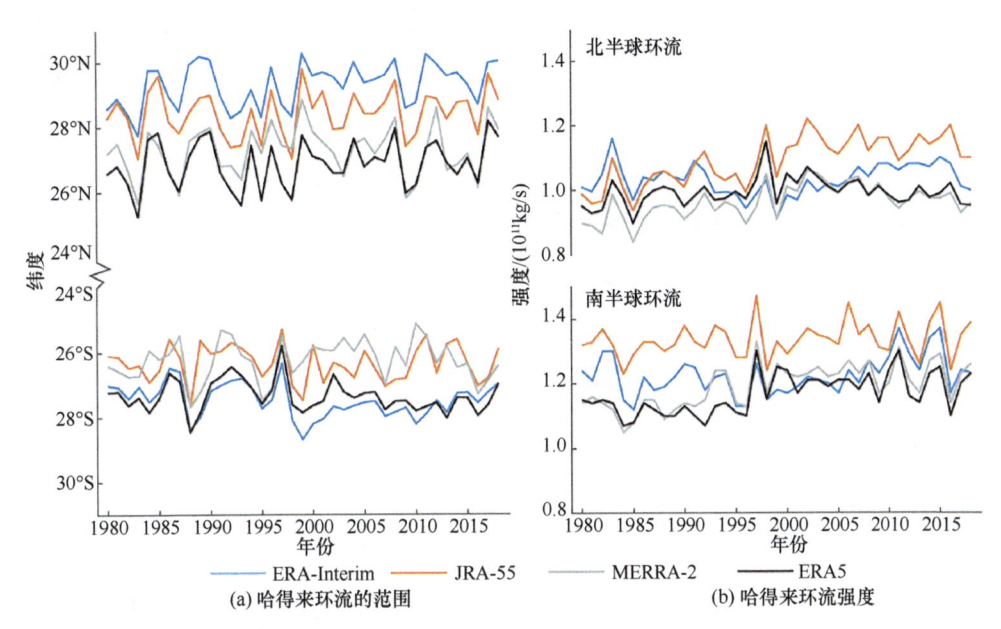

图 3-1 1979 年来北半球（上层线）和南半球（下层线）年平均哈得来环流（a）范围和（b）强度的时间序列（IPCC，2021）

ERA-Interim: 欧洲中期天气预报中心过渡性再分析资料；JRA-55: 日本 55 年再分析资料；MERRA-2: 现代回顾性分析研究与应用（版本 2）；ERA5: 欧洲中期天气预报中心第五代再分析资料，由 ECMWF 发布，并改进了模式和数据同化技术，ERA5 被认为是目前最先进的再分析产品；其中，ERA5 比 ERA-Interim 在空间和时间分辨率、时间覆盖范围、数据同化系统的先进性、提供不确定性估计以及更多的气候变量和参数方面更强

IPCC 报告中着重表述了哈得来环流有明显向两极扩张的趋势，这一结论在以往的报告中也有提及。根据各种指标所研究得到的年平均哈得来环流的扩大主要是由于北半球哈得来环流向极地的移动。关于哈得来环流的边界位置，由多种再分析资料可以得出结论，南北半球的哈得来环流自 20 世纪 80 年代以来均显著地向极地扩张，且哈得来环流的南北边界大概每十年向极地方向扩张共 1°。此外，基于再分析的近期趋势表明哈得来环流的扩张具有季节性特征，在北半球的夏季和秋季，北半球哈得来环流向极地扩张的趋势最大，南半球哈得来环流的向极偏移则明显偏小。在北半球的冬季和春季，南半球哈得来环流向极地扩张最显著，

北半球哈得来环流向极偏移则不明显。总之，观测和模拟都表明哈得来环流在两个半球都有向极地扩张的过程。

气候模式的历史模拟能够再现哈得来环流的变化。模式模拟的海温演变对哈得来环流变化的模拟十分重要，在进行海洋数据同化后，气候模式在历史时期模拟出哈得来环流的增强趋势，与再分析资料的结果一致。CMIP5 和 CMIP6 历史时期的模拟结果都能够再现观测资料中哈得来环流边界位置的向极扩张。在CMIP6 中北半球哈得来环流扩张的趋势更大些，而南半球哈得来环流扩张的趋势则略有减小，在海温模拟经过观测约束后，南北半球的哈得来环流向极扩张的趋势都更强。研究表明温室气体的排放和平流层臭氧损耗有助于哈得来环流的向极扩张，对于南半球哈得来环流影响更大（图 3-2）。二氧化碳可以通过增加大气静

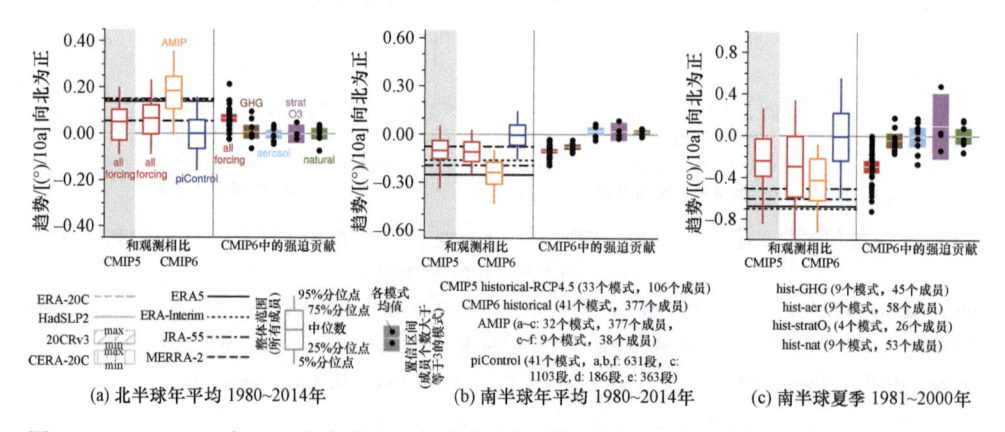

图 3-2　1980～2014 年（a）北半球及（b）南半球年平均哈得来环流边界纬度的趋势，（c）1981～2000 年南半球夏季哈得来环流边界纬度的趋势（IPCC，2021）

正值代表向北移动，哈得来环流的边界纬度指表层纬向风由负转正的纬度

AMIP: 大气模式与观测海温相结合的实验；piControl: 控制实验（无外部强迫）；all forcing 全强迫实验；hist-GHG: 历史温室气体强迫实验；hist-strat O$_3$: 历史平流层臭氧强迫实验；hist-aer: 历史气溶胶强迫实验；hist-nat: 历史自然强迫实验；再分析数据集，ERA-20C: 20 世纪再分析（灰色虚线）；HadSLP2: 第二版哈得来海平面气压数据集（浅灰色虚线）；20CRv3: 第三版 20 世纪再分析（灰色虚线）；CERA-20C: 20 世纪协同再分析（灰色虚线）；ERA5: 第五版欧洲中期天气预报中心再分析资料（黑色实线）；ERA-Interim: 欧州中期天气预报中心过渡性再分析资料（黑色虚线）；JRA-55: 日本 55 年再分析资料（黑色点线）；MERRA-2: 现代回顾性分析研究与应用（版本 2）（黑色长虚线）；CMIP5 historical-RCP4.5: 第五阶段耦合模式比较计划的历史模拟结合 RCP4.5 情景；CMIP6 historical: 第六阶段耦合模式比较计划中的历史模拟；RCP4.5 是一种中等强度的温室气体排放情景，假设到 2100 年辐射强迫值增加到 4.5W/m$^2$，反映了实施中等减排政策后的气候变化

力稳定度，使斜压不稳定波动向极移动，从而使哈得来环流向极移动，并且随着温室气体的不断增加，这种扩张趋势仍在继续。北半球哈得来环流的扩张幅度还存在季节差异，在秋季扩张最大，有研究证明秋季平流层的水汽增加冷却了平流层，特别在极地平流层下部导致秋季哈得来环流向北扩张，而南半球哈得来环流扩张趋势的季节差异则较小。

### 3.1.2 哈得来环流对区域气候的影响

热带地区面积广阔，地理位置特殊，对大气环流起着关键的作用。由于热带地区主要为海洋区，受海–气相互作用和遥相关影响，热带大气中的水汽、热量和角动量向极输送到中高纬地区，从而影响全球气候异常。而哈得来环流作为热带对流层大气中最显著的大尺度环流系统，相应的经向环流可以输送热带地区的水汽、热量和角动量，从而影响热带和中高纬地区的大气环流和气候变化。下面将具体介绍哈得来环流对区域气候的影响以及可能的物理机制。

#### 1. 哈得来环流对干旱区气候的影响

哈得来环流的上升支中，空气受热形成积云，水汽凝结释放潜热；下沉支则主要为暖干空气，有利于干旱区的形成，因此哈得来环流决定了副热带干旱区的位置和强度，这也是地中海、澳大利亚和北美等干旱区形成的原因。而在气候变暖背景下，哈得来环流边界向两极方向的扩张已成为共识，受此影响，副热带高压也会相应地向极地扩张。在副热带高压的作用下，干旱区的气候会发生显著的变化。根据 CMIP6 和 CMIP5 的预测结果，到 2100 年现有的干旱区的干旱状况在 RCP8.5 情景下干旱发生频率将会进一步上升。在 SSP1-2.6 情景下，地中海、南非和亚马孙地区的土壤湿度显著降低，在 SSP2-4.5 和 SSP5-8.5 情景下，欧洲、北非、北美西南部和南美西南部均出现了土壤湿度的显著降低，导致干旱加剧。

地中海地区的降水主要集中在北半球冬季，此时北半球哈得来环流最为强盛，因此地中海地区的干旱状况与哈得来环流关系密切。在近 20 年内，地中海地区经历的极为干旱的冬季，占 20 世纪以来 12 个最为干燥的冬季中的 10 个。而北半球哈得来环流的向极扩张是导致地中海地区冬季干旱加剧的重要原因，伴随着哈得来环流的向极扩张，下沉支扩张并北移，使得地中海地区的下沉运动加强，降水减少，干旱加剧。

南非也同样处于哈得来环流下沉支的控制下，其干旱状况与哈得来环流密切相关。当哈得来环流向两极方向扩张时，南非地区的下沉运动加强，使得降水减少、干旱发展。除了哈得来环流向极扩张直接带来的干旱加剧趋势外，哈得来环流还可以作为厄尔尼诺事件影响南非干旱的桥梁。当厄尔尼诺事件发生时，局地哈得来环流偏强，其下沉支也得到加强，使得南非地区降水减少引发干旱。而在拉尼娜事件发生时，局地哈得来环流减弱，使得南非地区出现上升运动异常，降水增加，不利于干旱发生。

美国西南部受到哈得来环流下沉支的影响，形成了典型的副热带干旱气候。近些年来美国西南部的干旱状况不断加剧，在21世纪初频繁遭受极端干旱灾害影响。北半球哈得来环流的向极扩张会增大副热带高压的影响范围，使得美国西南部下沉运动加强，干旱加剧。在未来，温室气体排放的增加也会使得美国西南部的干旱状况进一步加剧，干旱事件的持续时间可能达到12年甚至更长，这将对美国西南部的水资源供给带来巨大的挑战。

哈得来环流的向极扩张也加剧了澳大利亚南部的干旱。南半球哈得来环流自1979年来向极地扩张，这使得1997~2009年澳大利亚南部发生了千年一遇的持续干旱。二者联系的具体机制为，受哈得来环流扩张的影响，澳大利亚南部的副热带高压脊加强，导致冷季（4~10月）的中纬度风暴轴南移并使得澳大利亚南部降水减少，进而导致径流减少，引发干旱。气候模式预估表明南半球哈得来环流的扩张在未来会持续，因此澳大利亚南部冷季的降水和径流将进一步减少，利于干旱的发生。

## 2. 哈得来环流对中国气候的影响

北半球哈得来环流和中国地区冬季地表气温联系密切。北半球哈得来环流的年际变率和年代际变率都很显著，其与东亚冬季地表气温的关系具有不对称性，具体表现为在北半球哈得来环流正位相时期相关显著,在负位相时期相关则不显著。此外,北半球哈得来环流和东亚地表气温的关系并不稳定,在20世纪70年代中期以后,北半球哈得来环流从负位相转为正位相,其与冬季东亚地表气温的关系显著增强。二者关系增强主要是由于北半球哈得来环流在这一时期之后对菲律宾附近大气环流系统的影响显著加强,而菲律宾附近的大气环流系统与东亚冬季风相联系,使得哈得来环流与东亚冬季风关系加强,并进一步影响冬季东亚温度。同时夏季南半球哈得来环流的强度与夏季东亚地表气温也有密切联系,当夏季南半球哈得来环流强度偏强时,中国地区地表气温偏高。哈得来环流的影响也随季节变化而变化,与冬季不同的是,夏季南半球哈得来环流主要与中国西北地区地表气温显著相关。

哈得来环流可以影响夏季长江流域的降水。当春季北半球哈得来环流偏强时,其下沉支在印度洋和南海地区加强,而增强的下沉运动不利于云的形成,这使得到达海表面的太阳辐射增加,加热了春季印度洋和南海地区的海温。而海洋作为一种慢变介质,具有记忆性,春季的暖海温异常可以延续至夏季。夏季印度洋和南海地区的海温暖异常则可以进一步影响大气环流异常,具体表现为:当夏季印度洋和南海地区海温偏暖时,海陆热力差异减弱,从而导致东亚夏季风的减弱,西太平洋副热带高压和南亚高压增强,同时东亚西风急流南移。这样的环流形势导致长江流域出现上升运动异常,同时从热带海洋输送至该地区的水汽也增加,因此有利于长江流域夏季降水增多。进一步利用数值模拟检验发现,当春季增强的哈得来环流引起海温异常时,在夏季也出现了东亚夏季风减弱,西太平洋副热带高压和南亚高压加强,导致长江流域降水增多,验证了这一物理机制。此外,上述大气环流的变化也会引起中国华南地区和华北地区的下沉运动和水汽减少,使得这两个地区的降水减少,因此春季哈得来环流与中国华南地区和华北地区的夏季降水呈负相关关系。除了哈得来环流强度,哈得来环流的边界位置也影响着中国地区的降水,当夏季北半球哈得来环流向极扩张后,中国华北地区和东北地区的夏季降水显著减少。

哈得来环流也可以影响中国北方气候。气候变暖导致的北半球哈得来环流年代际增强与中国东北部冬季降雪强度的年代际加强有密切联系。冬季北半球哈得来环流的增强可以为中国东北部冬季降雪强度的加强提供有利的环流背景。哈得来环流在20世纪80年代后的年代际增强伴随着西伯利亚高压的减弱、阿留申低压的东移、东亚大槽的减弱、北太平洋涛动（North Pacific Oscillation，NPO）的正位相和中国东北部地区的异常西南风。这样的环流形势使得东亚冬季风减弱，减少了到达中国东北部地区的冷空气，导致中国东北部地区地表气温升高。地表气温的升高将进一步导致蒸发增加，同时异常反气旋也从太平洋带来水汽，因此蒸发增加和水汽输送增多共同使得中国东北部地区的可降水量增加。除了水汽条件外，增强的哈得来环流还可以在中国东北部地区引起上升运动异常，因此中国东北部地区冬季降雪强度在20世纪80年代后增强。

### 3. 哈得来环流与海–气相互作用

哈得来环流与夏季西北太平洋热带气旋的发生频次密切相关。当春季北半球哈得来环流偏强时，下沉支的下沉运动加强，不利于印度洋和中国南海地区云的生成，因此该地区到达海表面的太阳辐射增加，导致春季海温升高，由于海温具有记忆性，这种暖海温异常能够延续至夏季。夏季的暖海温异常则会引起该地区低层辐散和高层辐合，激发下沉运动异常，并减弱西北太平洋地区的对流活动，导致热带气旋发生频次的减少。同时减弱的对流活动可以激发太平洋–日本遥相关型，引起东亚夏季风的减弱和西太平洋副热带高压的南移，这使得西北太平洋地区的垂直纬向风切变加强，从而进一步导致热带气旋发生频次的减少。利用数值模式进行验证发现，模式也能够模拟出春季北半球哈得来环流和夏季西北太平洋热带气旋发生频次的负相关关系，进一步确认了哈得来环流对热带气旋的调制作用。但是在未来变暖情景下，春季哈得来环流和夏季西北太平洋气旋发生频次的关系将会减弱，这主要是由于在变暖情景下春季哈得来环流和印度洋海温之间的联系将减弱，而印度洋海温是连接春季哈得来环流和夏季西北太平洋气旋发生频次的重要桥梁，因此春季哈得来环流与夏季西北太平洋的大气环流的关系减弱，不再能显著影响西北太平洋热带气旋的发生频次。

哈得来环流与冬季北太平洋涛动也密切相关。无论是在年际还是年代际尺度上，北半球哈得来环流与北太平洋涛动都有很好的正相关关系，当哈得来环流偏强时，北太平洋涛动也显著增强。并且哈得来环流和北太平洋涛动从对流层低层到高层均有很好的正相关关系，呈现准正压结构。二者联系的具体物理机制是当北半球哈得来环流偏强时，副热带地区下沉支的下沉运动加强，使得西太平洋副热带高压偏强，同时哈得来环流也会通过经向环流圈在中高纬地区引起上升运动异常，从而使得阿留申低压偏强，因此北低南高的模态被加强，这对应着北太平洋涛动的正位相模态。从上述过程可以看到，北半球哈得来环流偏强时北太平洋涛动也增强。

哈得来环流的强度也与早春白令海海冰范围密切相关。二者呈现显著负相关，即当北半球哈得来环流偏强时，早春白令海海冰偏少。其中的物理机制是当哈得来环流偏强时，阿留申低压西移，同时东北太平洋出现南风异常，为白令海区域带来中纬度北太平洋的暖湿空气，导致白令海区域温度升高，而升高的温度会导致海冰融化，不利于白令海海冰的生成，从而导致该地区海冰减少。需要注意的是，哈得来环流影响上述中高纬大尺度大气环流，主要是通过影响菲律宾地区的对流，进而激发出环太平洋遥相关型来影响中高纬大气。此外，哈得来环流也可以通过影响北太平洋的海温来影响大气环流和太平洋风暴轴活动，进一步影响白令海海冰。

### 3.1.3 哈得来环流的预估

对于哈得来环流强度和边界位置的未来变化，气候模式的预估结果显示，未来哈得来环流将减弱并进一步向极扩张。在 RCP4.5 和 RCP8.5 情景下，未来冬季哈得来环流将减弱，且在 RCP8.5 情景下哈得来环流将减弱更多（图 3-3）。此外，哈得来环流的边界位置也将发生变化，多模式预估结果均一致表明在 RCP4.5 情景下到 21 世纪中期前哈得来环流将向极扩张。CMIP6 的模拟与 CMIP5 类似，到 21 世纪末随着温室气体排放增加，哈得来环流的边界将进一步向极延伸，其中气溶胶的作用使得北半球哈得来环流的变化是南半球的 2～3 倍。哈得来环流宽度增加的原因主要是未来温室气体的排放使得副热带地区大气静力稳定度增加，这将使斜压不稳定区向极地推进，从而推动了哈得来环流的外边界扩张。同时，由于在未来臭氧浓度将得到恢复，这会减缓哈得来环流向两极扩张的速度，抵消一部

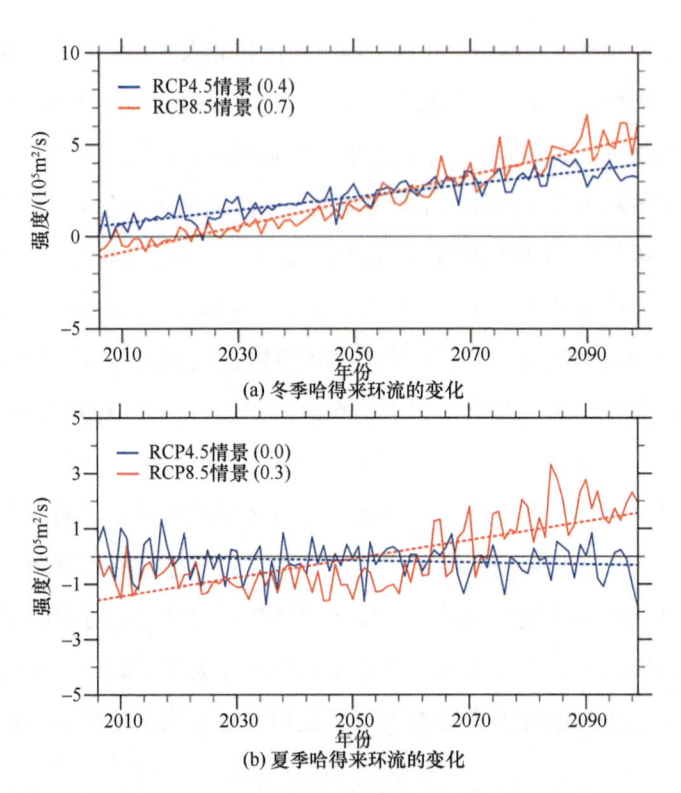

图 3-3 CMIP5 多模式集合平均的（a）北半球冬季哈得来环流和（b）南半球夏季哈得来环流强度（由速度势表示）在 RCP4.5 和 RCP8.5 情景下的演变（实线）及其线性趋势（虚线）（Zhou et al.，2016）

括号内数字表示哈得来环流变化的趋势

分温室气体增加导致的向两极扩张效应，因此未来哈得来环流向两极扩张的速度较观测时段有所减缓，尤其是南半球。到 21 世纪末期时，对应于热带对流层高度上升，哈得来环流的深度也将增加。综上，模式表明在温室气体排放的影响下未来哈得来环流强度将减弱并向两极扩张。

## 3.2 沃克环流

沃克环流（Walker Circulation）是海洋-大气能量交换型环流，沃克环流由英国人沃克发现，"沃克环流"一词最早由 Bjerknes 于 1969 年提出，用来描述赤道太平洋上的热驱动、纬向、翻转环流。Bjerknes 根据赤道太平洋海表面温度的纬向差异和相应的大气运动状况,发现纬圈垂直平面上存在一垂直环流,环流的上升支在西太平洋暖水区(主要位于印度尼西亚和马来西亚等国),下沉支在赤道东太平洋冷水区,同时沿赤道低层盛行东风,对流层上层为强劲的西风,这一热力直接驱动的环流与沃克发现的南方涛动有密切关系,故称为沃克环流。沃克环流是热带太平洋上空大气循环的主要动力之一。哈得来环流、沃克环流和季风环流在很大程度上决定了热带气候。

太平洋沃克环流(Pacific Walker Circulation,PWC)是赤道海洋表面因水温的东西向差异而产生的一种纬圈热力环流,是由较暖的西太平洋及海洋大陆上的对流和较冷的东太平洋的下沉运动驱动的直接热力环流。正常情况下,由于海表面气压差的作用,太平洋表层常年为东风,太平洋西侧靠近赤道暖池区域上方气流上升,暖空气在上升过程中逐渐变冷,到达高空后向东移动,最后冷而干的空气在东太平洋冷舌区域下沉,形成纬向垂直闭合环流圈。且热带西太平洋表层暖流、低海平面气压对应强降水,而热带东太平洋表层冷水、高海平面气压对应弱降水。沃克环流是全球大气环流的重要组成部分,能通过遥相关型对全球气候异常产生显著影响,印度洋–太平洋区域气候受到沃克环流与季风环流相互作用的影响,其变化对热带和亚热带降水和温度有重要影响。

### 3.2.1 沃克环流的变化特征

已有研究表明,太平洋沃克环流的强度与 ENSO 和印度洋偶极子有密切关系,强厄尔尼诺事件期间(如 1997～1998 年)沃克环流减弱东移,拉尼娜事件期间(如 1998～2000 年)沃克环流加强。太平洋沃克环流在全球变暖背景下变化有两种机制,一种机制是全球变暖会使大气静力稳定度和辐射冷却增加,但大气静力稳定度增幅大于辐射冷却增幅,从而导致太平洋沃克环流强度减弱,这是均一增温机制。另一种机制是将热带太平洋纬向海温梯度的变化作为沃克环流强度变化的重要影响因素,以此通过海–气相互作用来改变沃克环流的强度,这是非均一增温机制。

前人基于观测及再分析资料，发现全球变暖下，20世纪赤道太平洋沿岸的海平面气压的东西向差异减弱，表示太平洋沃克环流在20世纪和21世纪初有减弱趋势，这种趋势是由人为的气候变化引起的（图3-4）。印度洋和太平洋之间的海盆间变暖对比加强了沃克环流，随后会增加东太平洋的上升流和蒸发冷却，并减弱其对全球变暖的响应，这些趋势可能由年代际的内部变率主导。

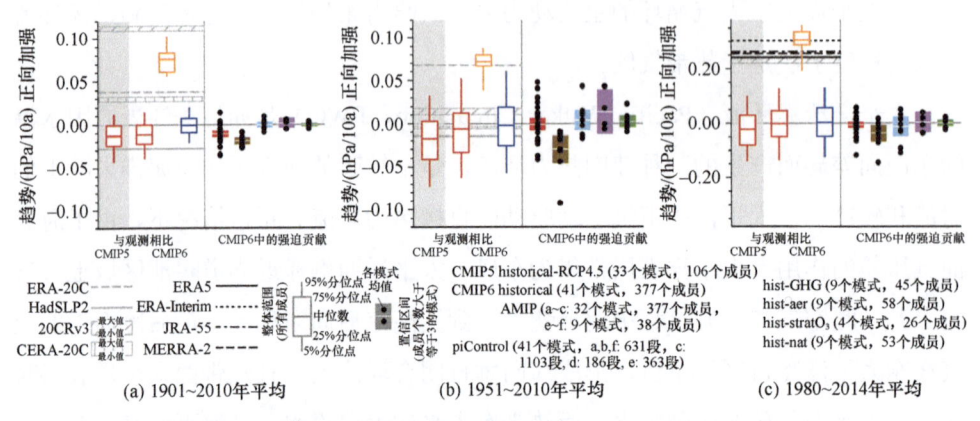

图 3-4 沃克环流强度变化的模型评价和归因（IPCC，2021）
图中各项解释同图3-2

很多研究推测在全球持续变暖的情况下，大气增暖以及水文和热力条件的约束下，沃克环流的强度会持续呈减弱趋势。较大的年代际变化可以叠加在长期减弱趋势上，这种年代际变化可能抵消或逆转有限时期内人为温室气体强迫产生的信号，并导致对流和海洋环流的显著变化。但许多其他研究表明，太平洋沃克环流在近几十年内有增强趋势，图3-5表明沃克环流有明显的年代际变化。1960年代至1980年代，沃克环流减弱并东移；1990年代至2010年代，沃克环流增强并西移。沃克环流在1990年代之后的年代际增强主要表现为降水增强、热带西太平洋上升运动增强、对流层上层的异常西风带、热带太平洋中部和东部异常东风带及太平洋年代际振荡从正向负的快速转变，且热带太平洋沃克环流的年代际变率与热带大西洋纬向环流的年代际变率呈负相关。有迹象表明，从20世纪70年代末80年代初开始，东太平洋上空的海平面气压有增加趋势，在将海平面气压与ENSO的关系消除后，这种趋势变得更加显著，印度尼西亚上空海平面气压降低和东太平洋上空海平面气压升高意味着沃克环流增强。季节趋势表明，沃克环流强度最强的增加发生在冬季和春季。虽然沃克环流自 20 世纪中叶以来的变化趋势在不同研究中存在不一致，但在近 30 年的变化研究中均表明太平洋沃克环流有显著的增强。IPCC AR6 表明 20 世纪 90 年代后太平洋沃克环流的加强趋势扭转了从 19 世纪中叶到 1990 年所观察到的减弱趋势。

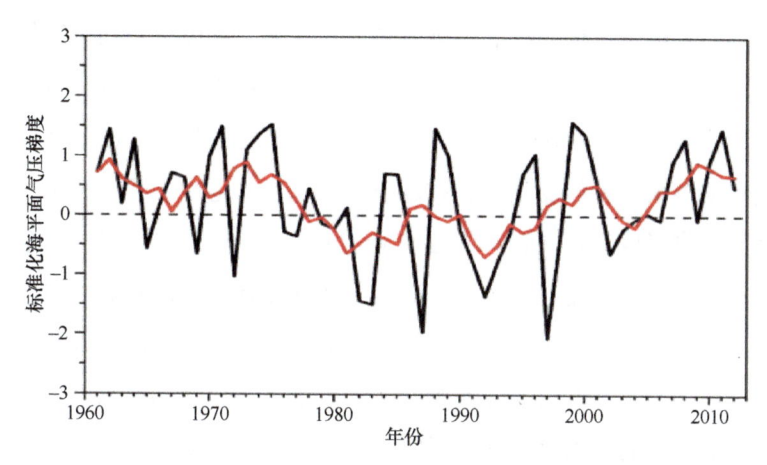

图 3-5　热带太平洋上空标准化年平均海平面气压梯度的时间序列（黑线）和海平面气压梯度的 5 年连续平均值（红线）（Hou et al.，2018）

梯度为该区域的平均海平面气压（5°S~5°N、80°W~160°W）减去该区域的平均海平面气压（5°S~5°N、80°E~160°E）

目前对沃克环流强度的长期趋势估计的可信度较低，受到时间周期以及数据集不确定性的影响，但自 1980 年以来沃克环流的加强具有中等可信度。1980~2014 年观测到的太平洋沃克环流加强的原因尚不清楚，因为观测到的加强趋势超出了耦合模式模拟的变率范围（中等信度）。因此，由于现有再分析数据集的不确定性以及相关环流模式的年际和年代际的较大变化，沃克环流强度趋势估计的可信度受到限制。

大气环流模式（AGCM）研究表明，20 世纪有稳定的大尺度海温梯度增强，增强的海温梯度可能增强了 20 世纪的沃克环流。1870 年以来观测到的赤道太平洋西部和赤道印度洋表现为较强的增温，这导致海洋大陆和赤道太平洋东部之间的海温梯度增加，这是沃克环流的驱动之一。在有和没有时变的外部强迫的情况下，AGCM 的集合实验表明，海温梯度的增强推动了大气环流的异常，沃克环流和哈得来环流均增强。热带太平洋沃克环流的年代际增强与热带大西洋纬向翻转环流的年代际减弱有关，反之亦然。

### 3.2.2 沃克环流对区域气候的影响

沃克环流是热带气候系统的关键要素，沃克环流的变化及其引发的热带大气变暖纬向变化对很多地区产生深远影响。沃克环流相当于大气桥，可以将太平洋与其他海盆连接起来。ENSO 会通过沃克环流和哈得来环流来影响其他地区的气候，沃克和哈得来环流的变化为 ENSO 事件与远离赤道中太平洋和东太平洋的其他海洋之间提供了联系。沃克环流会调节太平洋东西两岸的气候，当东太平洋的海表温度升高，随之产生暖湿上升气流，削弱沃克环流，此时美洲中部会气温上升、暴雨成灾。中、东太平洋气压随着海温的上升而下降，而西太平洋气压随着海温的下降而上升，热带太平洋两侧气压梯度变小，导致赤道东风减弱，沃克环流也会被削弱。同时，随着西太平洋暖水区向东移动，沃克环流的上升支和下沉支的位置发生偏移，对流活动的中心移至中太平洋上空，中、东太平洋上升气流显著加强，降水会显著增加；而西太平洋上升气流明显减少，降水显著减少，易造成干旱。

沃克环流和哈得来环流的变化与异常上升和下降有关，上升和下降导致了大气风、湿度、云量等的变化。这些变化反过来影响地表热通量、风和海洋环流，导致其他海洋的海温变化。然而，两个赤道海洋的异常变暖或变冷会改变沃克环流并相互影响，赤道太平洋和大西洋的变暖或变冷形成了海盆间海温梯度变化，在赤道南美洲上空和这两个海洋盆地的一些地区产生了与沃克环流异常有关的地面纬向风异常。这些过程，加上当地的海洋和大气过程，进一步加强了赤道变暖或变冷，从而增强了太平洋-大西洋间的海温梯度。

印度洋沃克环流在赤道东非和西印度洋有下降分支，在海洋性大陆有上升分支，其在北方夏季较强，而在北方冬季较弱。印度洋沃克环流的强度通常由赤道中印度洋上空的低层纬向风表示,与东非短雨季降水有关。垂直运动、低空辐散和东非及西印度洋上空的可降水量的变化伴随着沃克环流的异常,这些变化有利于东非短雨季降水的异常。在印度洋沃克环流异常强(弱)的年份,10~12月东非的降水较少(较多)。有研究表明,20世纪下半叶,印度洋迅速变暖,印度洋变暖驱动了当地印度洋沃克环流的变化,导致太平洋上空的异常东风,并加强了太平洋沃克环流。异常的印度洋沃克环流导致中非和热带大西洋上空的异常下沉,并与赤道上空的降水减少有关。

冬季沃克环流对中国地区的极端降雪事件有重要影响。冬季沃克环流偏弱时,西北太平洋上空低层大气出现反气旋异常。此反气旋西侧的南风异常将大量水汽从孟加拉湾和南海输送至东亚。这些南风异常也标志着东亚冬季风环流减弱。同时,西北太平洋上空出现异常的高空气旋,东亚上空出现向南偏移的西风急流。上述低空反气旋异常和高空气旋异常有利于大气环流的上升运动和水汽凝结,为东亚极端降雪事件提供了有利条件。

沃克环流在ENSO与区域海温异常的联系中有重要作用。例如,沃克环流异常在南海海温异常与ENSO事件间的联系中扮演着重要角色。1979~2017年,厄尔尼诺(El Niño)事件发生时,沃克环流异常东移,热带西太平洋有下沉运动异常,南海海平面的气压升高,使得南海上空对流云受到抑制,相应地出现降水减少、海面对太阳短波辐射吸收增加,导致南海的海表面热通量增加,南海海温从西暖东冷的偶极子异常分布在滞后于沃克环流异常5个月后转变为全海盆增暖分布。总体来说,沃克环流通过"云辐射反馈过程"来影响南海海表面温度。ENSO与赤道远太平洋准两年周期振荡(QBOWP)之间的相互作用也会通过沃克环流异常来实现,如QBOWP对ENSO的影响是通过海洋Kelvin波和大气沃克环流来实现的,ENSO对QBOWP的影响是通过沃克环流实现的,且大气桥(沃克环流)的作用比海洋桥(沿赤道太平洋的开尔文波)更为重要。前期印度洋海温异常也会通过沃克环流异常对中国青藏高原夏季"湿池"水汽含量产生影响:1979~2011年,前期印度洋海温偏暖,引起其上空的对流上升运动异常,从而激发异常的沃克环流以及赤道东风异常,该异常沃克环流和赤道东风异常从春季一直维持至夏季，并会向东移动；夏季副热带高压增强且异常西伸有利于西太平洋异常反气旋增强，并导致赤道东风异常增强且西移，从而维持异常沃克环流，使得东风异常更显著，向西一直影响至印度半岛，最终在印度半岛转向输送至青藏高原上空。此外，沃克环流的增强会加强热带太平洋东部大气的稳定性，从而导致较弱的海气反馈过程。总体来看，沃克环流异常总是被海温或其他要素异常驱动进而影响区域气候。

此外，有研究发现沃克环流和哈得来环流的相对强度可能会影响厄尔尼诺的位置和赤道太平洋的长期变暖模态。较强的沃克环流与赤道东太平洋表面较强的增暖有关：沃克环流越强，东太平洋厄尔尼诺事件发生频率越大，东太平洋表面增暖越明显。20世纪90年代以来，沃克环流增强，引起了降水增强、热带西太平洋的对流上升运动增强、对流层上部的西风异常以及热带太平洋表面东风异常增大。

1979～2014年，在东半球，上升运动几乎遍及整个地区，而下降运动则遍及东太平洋和大西洋，这种模态与澳大利亚西海岸和东印度洋附近的对流活动和降水增加有关。在厄尔尼诺年的冬季，沃克环流（西半球）的顺时针环流圈较强，逆时针环流圈（东半球）较弱，这表明上升运动在中太平洋和东太平洋更强，而在西太平洋和印度洋较弱。此外，沿着非洲大陆（0°～40°E）的经度方向，下沉运动加强（负异常）[图3-6（d）]。由于上升质量通量较低，这种模式抑制了南部非洲的对流活动，从而抑制了降水，这与非洲大陆南部的负降水异常相匹配。而在拉尼娜年，沃克环流的上升分支随着哈得来环流下降分支的减弱而增强，即西太平洋（120°E～180°E）的上升运动加强，促进了该地区的对流运动[图3-6（e）]，在非洲南部附近有一个增强的逆时针环流圈（正异常），进而使得60°E～0°的上升运动增强，拉尼娜年的这种模式利于该地区对流运动，与南部非洲的正降水异常相匹配。总体来说，非洲地区的降水异常与ENSO引起的沃克环流和哈得来环流的异常有关。

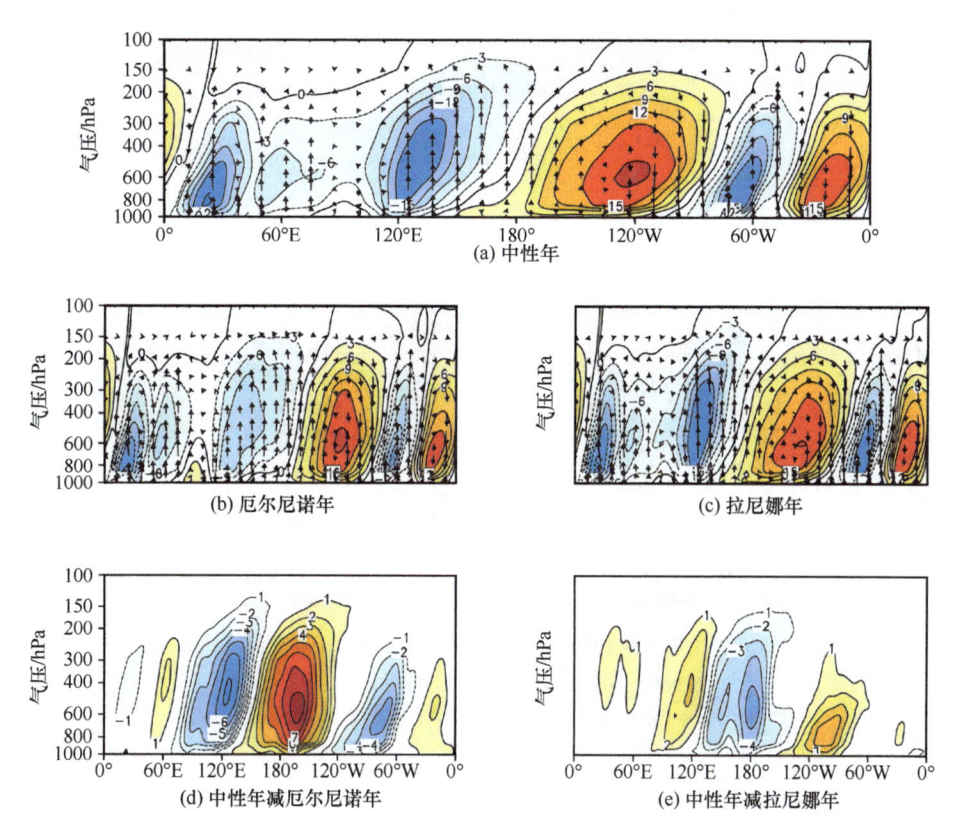

第 3 章　影响区域气候的大气环流因子 | 81

图 3-6　1979～2014 年平均区域纬向（0°～35°S）质量输送流函数（沃克环流）的垂直剖面（Oliveira et al.，2018）

正（负）值由实线（虚线）表示，暖（冷）色调对应顺时针（逆时针）环流；等高线间隔均为 10～3 kg/m²s

### 3.2.3　沃克环流的预估

对于沃克环流未来的变化，有研究利用 CMIP5 来预估未来沃克环流强度的变化，图 3-7 中显示的未来 RCP4.5 和 RCP8.5 情景下沃克环流强度的时间变化表明，两种情景下未来沃克环流均呈减弱趋势，预计到 21 世纪末，沃克环流也将减弱。图 3-7 中速度势的年平均偏差与纬向平均值的变化基本一致，表示 21 世纪末沃克环流减弱，且在 RCP8.5 情景下的减弱幅度远大于 RCP4.5 情景。以前和现在的气候模型均表明，人类活动引起的变暖可能会导致太平洋沃克环流的长期减弱。

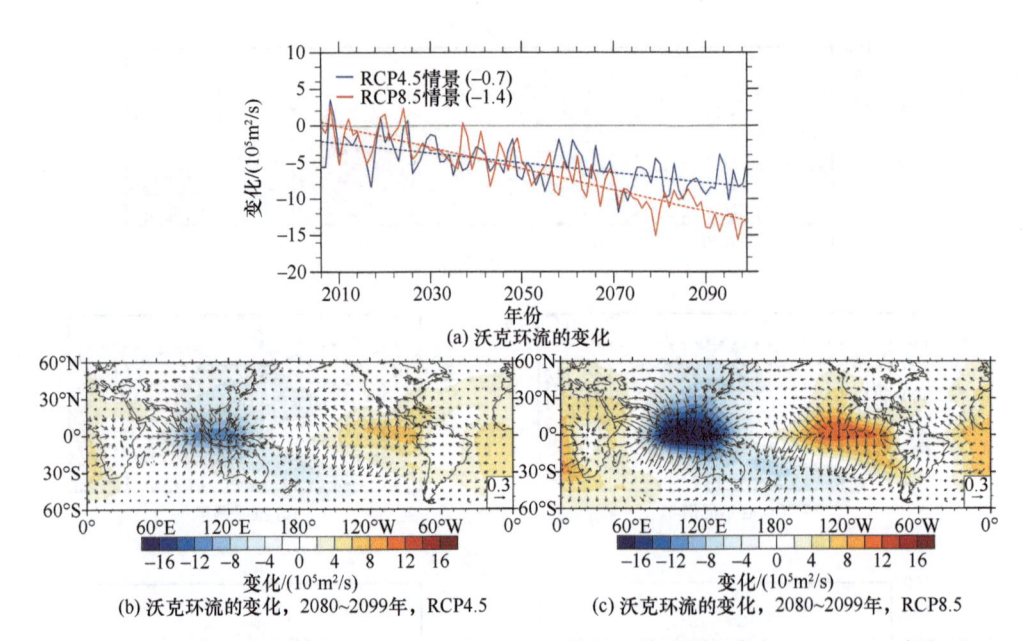

图 3-7 未来沃克环流变化趋势及 RCP4.5 和 RCP8.5 情景下的沃克环流在 2080~2099 年相对于 1986~2005 年的变化（Zhou et al., 2016）

图（a）中括号内数字表示沃克环流在未来不同情境的变化趋势

太平洋沃克环流在 21 世纪可能会减弱，这将导致热带太平洋西部降水减少，而太平洋中部和东部降水增加。最近的研究结果与上述结论一致，但也显示太平洋上空沃克环流的东移。其他研究表明，沃克环流的减弱与西北太平洋季风的响应以及陆地–海洋温度对比的变化有关，而正的海洋–大气反馈放大了热带太平洋东西向海温梯度和信风的减弱。

基于 CMIP6 的预估结果进一步提供了沃克环流长期显著减弱的证据。例如，印度洋和热带东太平洋上空的高空热带东风急流将显著减弱，预计到 2100 年，在高排放 SSP5-8.5 情景下，高空热带东风急流的减弱将超过 70%。CMIP6 模式一致认为未来赤道纬向温度梯度会减小，这可能导致热带太平洋上空的信风减弱。然而，CMIP6 模式显示了热带太平洋海温变暖模式的多样性，这导致了沃克环流和 ENSO 对持续变暖响应的不确定性。

综上所述，太平洋沃克环流到21世纪末将减弱，并与热带太平洋西部降水减少和更东地区降水增加有关。热带地区海表温度的观测和模拟变化之间的差异表明，沃克环流的暂时加强可能源于对温室气体辐射强迫的短暂响应（低信度）和内部变率（中等信度）。

## 3.3 北半球环状模态

北极涛动（AO）又称为北半球环状模态（Northern Annular Mode，NAM），是北半球热带外大气低频变化的主要模态，表现为北极地区与北半球中纬度地区之间的海平面气压的类似跷跷板的振荡结构。AO被定义为20°N以北的海平面气压自然正交函数展开（EOF）的主模态，主模态随时间的演变特征（时间系数）即为AO指数（图3-8）。当AO处于正位相时，北极地区海平面气压为负异常，中纬度地区（北大西洋、北太平洋）海平面气压为正异常；当AO处于负位相时，极区海平面气压为正异常，中纬度海平面气压为负异常。

北大西洋涛动（NAO）为AO在北大西洋上空的区域表现，是指65°N附近的冰岛低压与30°N附近的北大西洋亚速尔高压之间的海平面气压的反向变化关系。当冰岛地区气压偏低时，亚速尔地区气压偏高，为NAO正位相；当冰岛地区气压偏高时，亚速尔地区气压偏低，为NAO负位相。NAO与AO之间存在高度相似性，也有显著的不同。例如，NAO没有位于北太平洋的异常中心；AO在北极地区有更为广阔的中心，具有纬向对称的结构。

北太平洋涛动（NPO）是北太平洋地区最显著的大气低频变化模态，表现为北太平洋上空60°N附近的阿留申低压与30°N附近的太平洋高压同时增强（减弱）的跷跷板振荡结构。当NPO偏强时，阿留申低压异常偏东，太平洋高压异常偏西；当NPO偏弱时，阿留申低压异常偏西，太平洋高压异常偏东。

### 3.3.1 北半球环状模态的变化特征

20世纪60～90年代，观测的冬季AO/NAO指数基本表现为正趋势。CMIP5多

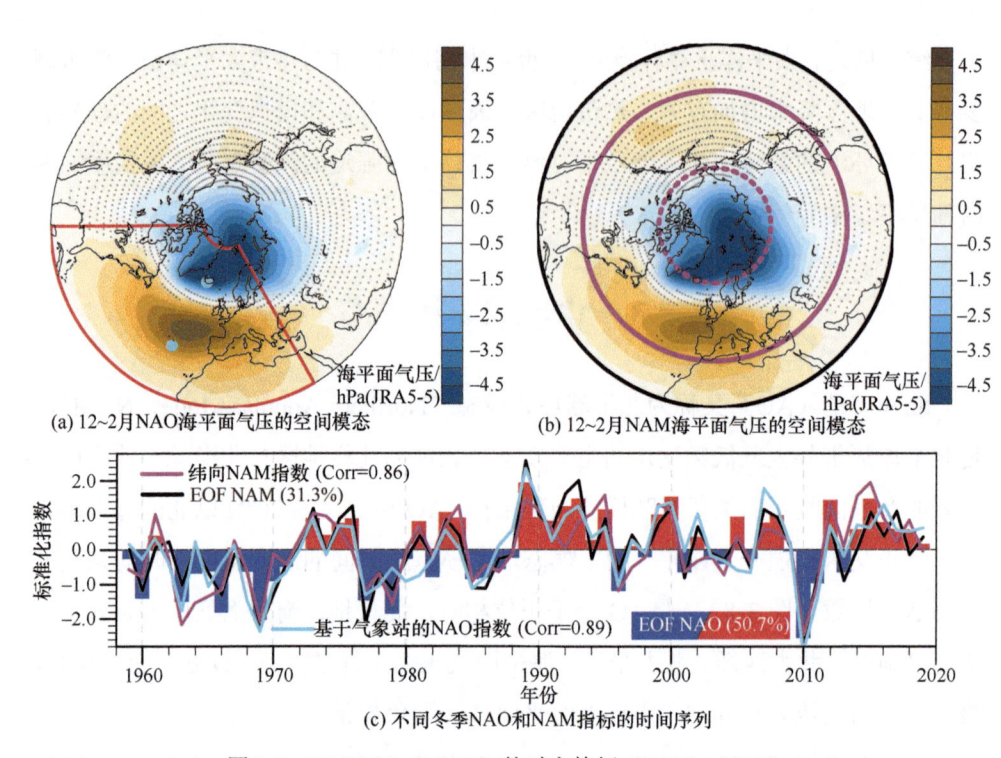

图 3-8  NAO/AO（NAM）的时空特征（IPCC，2021）

（a）1959~2019 年北大西洋-欧洲区（20°~80°N，90°W~30°E，由红框表示）冬季月平均海平面气压异常值 EOF 展开的主模态；(b) 1959~2019 年北半球（20°N 以北）冬季月平均海平面气压异常值 EOF 展开的主模态；(c) 冬季月平均海平面气压异常值主模态随时间的演变。基于气象站 [（a）中的青色圆点] 的 NAO 指数用青色表示，纬向 NAM 指数 [（b）中的圆圈] 用品红色表示。EOF NAM 表示 EOF 分解方法得到的 NAM 主模态对应的 PC 时间序列，方差贡献率为 31.3%；EOF NAO 表示 EOF 分解方法得到的 NAO 主模态对应的 PC 时间序列，方差贡献率为 50.7%；Corr 0.86 表示基于气象站的 NAM 指数序列（品红色）与 NAO 的 PC 序列 [（c）中红色和蓝色柱状] 的相关系数，Corr 表示基于气象站的 NAO 指数序列和 EOF 得到的 NAO 的 PC 序列的相关系数

模式系统性低估了冬季 NAO 的多年代际变率和年际变率，CMIP6 结果证实了这一结论。基于 CMIP6 的大气模式的试验结果表明，海温可能在 NAO 的年代际变化中发挥作用，大西洋和印度洋海温异常可能导致了 20 世纪冬季 AO/NAO 的长期正趋势（低信度）。20 世纪 90 年代中期以来，冬季 AO/NAO 表现为弱负趋势。观测和模式结果表明，近期 AO/NAO 负位相的主导地位可能与大西洋多年代际振荡的位相转变为正位相有关。部分模式研究认为北极海冰减少可能是 AO/NAO 频繁出现负位相的一个原因。

与冬季相反，观测的夏季 NAO 指数在 1958~2014 年的趋势总体为负。自 20 世纪 90 年代以来，NAO 的负位相与格陵兰岛上空更频繁的阻塞形势有关，进一步导致北极海冰和格陵兰冰盖的加速融化。由于夏季 NAO 较强的多年代际变率，所以需谨慎分析其变化趋势。

### 3.3.2 北半球环状模态对区域气候的影响

北极涛动（AO）在冬半年和夏半年都存在，但 AO 的振幅和经向范围在冬半年更大。大量研究表明，冬季 AO 正位相与欧亚高纬地区气温异常偏高密切相关，20 世纪 80 年代中期 AO 位相由负转正可能是欧亚冬季年代际增暖的重要原因。以下主要介绍 AO 对欧亚气候的影响。

#### 1. 北极涛动与春季气候

春季 AO 与华北沙尘暴频率显著负相关。AO 正位相时，中国东北及周边地区的涡流增长率较小，天气尺度方差较小，不利于沙尘天气形成。模式研究结果也表明，春季 AO 与沙尘暴频率显著相关；AO 负位相时，华北沙尘暴频率显著增加；AO 正位相时，华北沙尘暴频率显著减少。

冬季 AO 正位相可能导致春季欧亚北部气温显著升高、我国西北地区气温显著下降。当冬季 AO 处于正位相时，北大西洋暖湿气流向欧亚大陆北部输送，导致春季海冰和积雪融化增多、地表反照率降低、气温升高，形成正反馈。该正反馈过程可以持续至春季。

#### 2. 北极涛动与夏季气候

东亚夏季气候与春季 AO 显著相关。夏季长江流域降水与前期 5 月 AO 具有显著的负相关关系。当 5 月 AO 增强时，夏季的副热带西风急流显著北移，30°N 出现显著异常东风和下沉运动，导致长江流域气候偏干。东亚夏季风（East Asian Summer Monsoon，EASM）与春季 AO 显著负相关。春季 AO 正位相有利于赤道附近 150°~180°E 出现海温正异常，异常的湍流热通量则有利于在西北太平洋出现异常反气旋。在海温-大气的正反馈作用下，热带大气和海温异常可以从春季持续到夏季，有利于夏季西北太平洋副热带高压减弱，最终导致华南至西太平洋降水偏多、长江下游和日本南部降水偏少。

春季AO与EASM的联系在20世纪70年代初和90年代末出现了显著的年代际变化。以20世纪90年代末的年代际变化为例，1979~1997年，AO与EASM显著正相关；1998~2007年，AO与EASM显著负相关。对应春季AO正位相，夏季东亚对流层低层在1997年之前出现异常气旋，在1997年之后出现异常反气旋。1997年之前，与春季AO相关的波活动主要从北大西洋高纬度传播至太平洋，将春季AO信号存储在太平洋；1997年之后，与春季AO相关的波活动主要从北大西洋传至印度洋，将春季AO的信号存储在印度洋。基于已有研究，关于春季AO影响东亚夏季气候的物理机制，可以从土壤湿度和海温（北大西洋、印度洋、北太平洋）的角度考虑。

3. 北极涛动与秋季气候

秋季AO与中国华西秋雨在20世纪80年代中期之后具有显著的正相关关系。在20世纪80年代之后AO位于正位相，北太平洋出现海平面压力正异常，此时，对流层中下层从亚洲东北部延伸到北太平洋上空强烈的反气旋环流异常，有利于水汽从北太平洋向中国西部输送，与此同时对流层上层东亚急流向北移动，为降水的发生提供了有利的动力条件。

欧亚大陆北部秋季地表气温的年际变化与AO相关的大气环流异常有关，AO位于正位相时，会伴随异常的西南风，可能导致欧亚大陆北部秋季的表面气温出现正异常。

4. 北极涛动与冬季气候

研究表明，东亚冬季风（East Asian Winter Monsoon，EAWM）偏弱与AO正位相有关，反之亦然。当AO处于负位相时，对流层中层东亚大槽显著加深、乌拉尔山阻塞高压加强，东亚的低温事件在后冬更加频繁。AO可以通过影响西伯利亚高压的强度进一步影响EAWM。当AO指数偏低时，20世纪60~90年代，AO正位相趋势导致北半球高纬大陆更易出现暖冬、阻塞形势少发。当AO处于正位相时，中纬度地区从 60°E 到 80°E 的对流层出现异常上升运动，西伯利亚高压显著减弱，进一步导致 EAWM 减弱，东亚气温偏高。此外，AO 可以影响极地冷空气向东亚的输送。AO 负位相时，准定常行星波从对流层向上传播，导致极涡减弱、绕极西风减弱，有利于极地冷空气南下及欧亚偏冷。也有研究表明 AO 可以不通过西伯利亚高压直接影响 EAWM。因为当去除西伯利亚高压的线性影响后，AO 与中国气温的相关性明显减弱。此外，当 AO 正位相时，西风气流增强，有利于暖湿气流向内陆输送，导致欧亚冬季气温异常偏高。有研究表明，20 世纪 80 年代中期 EAWM 的减弱与 AO 的正位相趋势有关。

AO 负位相易导致东亚地区寒潮天气频发。当 AO 处于负位相时，西伯利亚高压显著增强，东亚大槽加深，有利于冷空气堆积。AO 通过影响西伯利亚地区的环流，可以进一步影响我国北方的寒潮频率。此外，AO 通过调制乌拉尔山–西伯利亚地区的高压，进而与东亚的寒潮天气紧密相连。当乌拉尔山–西伯利亚地区的高压加强，较强的偏北冷平流增强了对流层上层的大气质量辐合，进一步导致西伯利亚高压的加强，导致东亚地区寒潮天气爆发。

AO 对东亚冬季气候的影响与时间和空间有关。研究表明，AO 对欧亚气温的影响仅限于高纬地区。当 1 月 AO 为正位相时，我国华中和华南地区的气温显著偏高；这可能是由于 AO 在次季节尺度的影响存在差异，以及站点资料和再分析资料的不匹配。当 AO 处于不同位相时，东亚地区均可能出现寒潮天气，但具有不同的属性。当 AO 位于负位相时，寒潮天气受西伯利亚高压南扩的影响；当 AO 位于正位相时，寒潮天气与西伯利亚高压向东南扩展至欧亚大陆有关。冬半年欧亚大陆的寒潮天气可以分成两类：波列型和阻高型。阻高型的寒潮更容易发生在 AO 负位相时；波列型寒潮在 AO 不同位相时都可能发生，但与 AO 负位相的联系稍弱。AO 不同位相时发生的寒潮具有不同的特征，包括强度、频率、持续时间和路径等方面。从寒潮强度和持续时间来看，AO 负位相时的寒潮相较于 AO 正位相时的寒潮更强。研究表明，AO 与中国北方和中部地区的极端冷日数有显著的负相关关系，但与中国东部的极端暖日数不相关。

冬季AO对欧亚气温和寒潮天气的影响具有年代际变化。AO正位相时，从欧洲至东亚地区均显著偏暖、格陵兰岛显著偏冷。研究表明，在20世纪90年代至21世纪初，与AO正位相相关的暖异常幅度强于80年代。在20世纪80年代和21世纪初，与AO负位相相关的欧亚冷异常与90年代显著不同；冷异常主要出现在欧洲至东亚的广大范围，且在AO负位相时的发生频率更高；90年代，冷异常主要位于欧洲、西伯利亚北部和哈萨克斯坦，冷异常幅度明显偏弱，且在AO正位相时的发生频率更高。此外，AO与中国东北极端冷日数的显著联系一直存在，而AO与中国中东部极端冷日数的显著关系主要出现在20世纪80年代中期以前。AO对东亚冬季气候的影响与时间和空间有关，这可能与AO与EAWM的不稳定关系有关。在20世纪80年代初期之后，AO与EAWM的联系年代际加强。

在过去30年间，随着北极的快速增暖趋势，欧亚冬季出现显著的变冷趋势、极端低温事件频发。当AO为负位相时，欧亚大陆北部显著冷异常的范围和冷中心均与欧亚变冷趋势的空间场高度一致；当NAO为负位相时，欧亚大陆北部也易出现显著的冷异常，但显著冷异常位置偏西。有研究表明，AO/NAO负位相可以一定程度解释欧亚变冷趋势。然而，AO/NAO本身无法解释北极增暖趋势。有研究表明，北极增暖可能与阻高活动有关。当乌拉尔山阻塞高压加强时，其北部易出现显著的暖异常、东南方向易出现显著的冷异常，类似"北极偏暖、欧亚偏冷"模态。NAO正位相背景下，乌拉尔山阻高增强时易出现"北极偏暖、欧亚偏冷"模态；NAO负位相或中性背景下，乌拉尔山阻高增强时，北极偏暖幅度较弱。

冬季AO正位相时，我国中部和西南地区的降水异常偏少，西北和东北地区的降水异常偏多。研究表明，由于西风急流加强，冬季AO正位相不仅可以引导北大西洋的暖湿气流向欧洲高纬度地区输送、阻止高纬度极地冷空气向东亚地区输送，而且有利于欧亚高纬地区降水偏多（以降雪为主）。在东亚大部分地区，寒潮爆发后4天内的累积降水量，在AO正位相时显著高于AO负位相时。此外，冬季AO与东亚地区极端降水有关。研究表明，后冬AO与中国中部和南部的极端降水存在显著的正相关关系。当 AO 位于正位相时，中东急流显著增强，孟加拉湾的南支槽显著加强。加深的南支槽增强了中国南部对流层中低层垂直方向的天气尺度扰动，引起暖湿气流输送，导致更多的极端天气事件。增强的中东急流作为波导可以引起波列从欧洲传播至北非、印度西北，将 AO 的信号传至华南。在年代际尺度，AO 与东亚冬季降水也有关。中国东南沿海地区从 20 世纪 70 年代较干的气候状态转为 90 年代至 21 世纪初的较湿的气候状态。研究表明，20 世纪 80 年代之后中国东南沿海地区的降水显著增多与冬季 AO 的年代际增强有关。

### 3.3.3 北半球环状模态的预估

CMIP6 预估结果表明，在 SSP3-7.0 和 SSP5-8.5 的高排放情景下，到 21 世纪末北半球冬季 AO/NAO 可能出现更多的正位相（高信度）。在这两种高排放情景下，2081～2100 年的 NAM 指数平均异常值的不确定性范围分别为 0.3～3.8 hPa 和 0.32～5.2 hPa。在 SSP1-1.9 和 SSP1-2.6 的低排放情景下，到 21 世纪末 AO/NAO 均不会出现稳定的变化（高信度）（IPCC，2021）（图 3-9）。

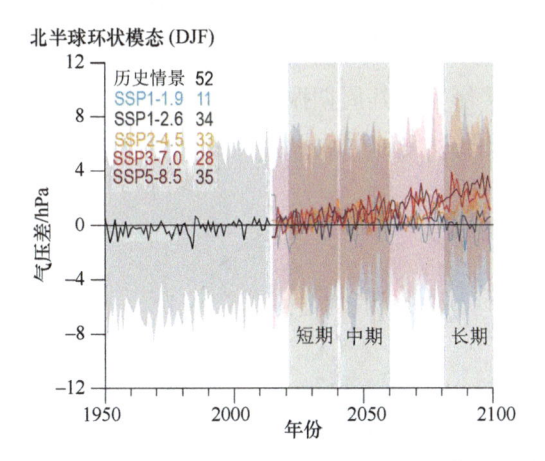

图 3-9 CMIP6 对北方冬季［12 月、1 月、2 月（DJF）］NAM 指数的模拟

NAM 指数定义为 35°N 和 65°N 标准化纬向平均海平面气压差（相对于 1995～2014 年）（IPCC，2021）。曲线显示了 CMIP6 r1 模拟的多模式集合平均数。SSP1-2.6 和 SSP3-7.0 情景曲线周围的阴影表示集合的 5%～95%范围；情景后数字表示使用的模式数量

## 3.4 南半球环状模态

南半球环状模（Southern Annular Mode，SAM）是南半球热带外气候变化的主要模态，其纬向和经向覆盖范围极广，具有全球尺度特征，与南半球地表西风带及南极洲急流位置和强度紧密联系。其主要表现为纬向对称的环状特征和对流层整层一致的正压结构，也被称作南极涛动（Antarctic Oscillation，AAO）。

由于南极地处偏远且观测站相对较少，因此对南半球气候特征的研究起步相对较晚，南极涛动概念最初由中国学者龚道溢和王绍武（Gong and Wang，1999）提出，定义为南半球中高纬度20°S以南地区海平面气压场的正交经验分解第一模态（图3-10），表征了南半球热带外气候的主要变化特征，这种动力模态能反映大气平均流和扰动流相互作用后海平面气压变化的空间结构。其正位相时南半球高纬度地区气压偏高而中纬度地区气压偏低，急流向极地方向移动，反之，当其处于负位相时，南半球高纬度地区气压偏低而中纬度地区气压偏高。随后，科学家们考虑到这一海平面气压空间形态具有带状结构，改称为南半球环状模。此后，环状模概念也更受各国学者的认可与推荐。通常情况下，涛动与环状模的区别在于环状模强调空间场的形态特征。此外，涛动一词多与具有较强的周期振荡相联系，而环状模受红噪声影响，其周期振荡较低，因此使用环状模概念能有效避免概念的混淆。此外，南极涛动侧重于通过南半球大气活动中心位置强调区域性遥

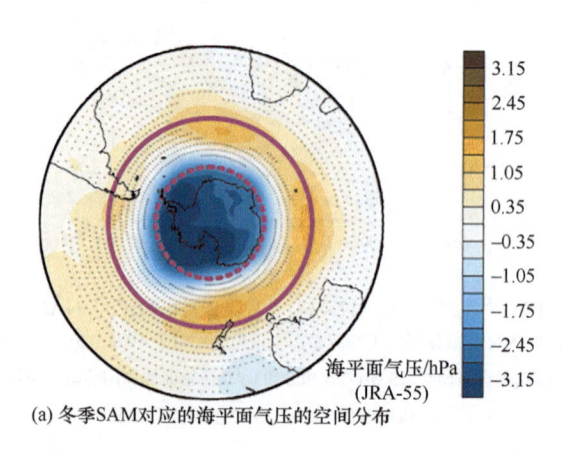

(a) 冬季SAM对应的海平面气压的空间分布

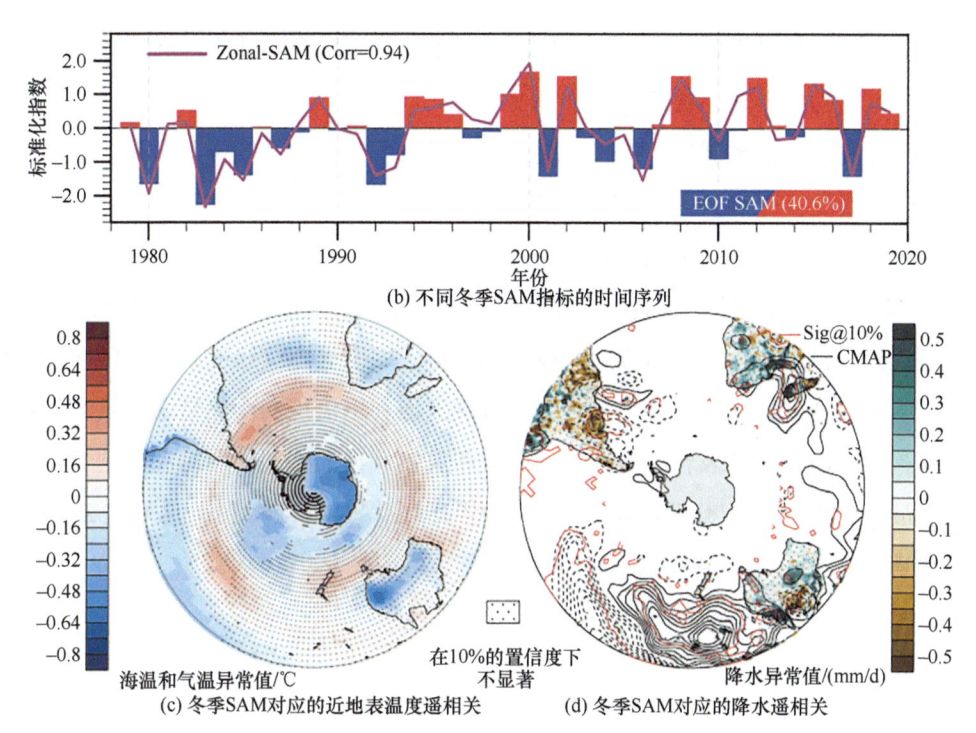

图 3-10　南半球环状模指数及其对应的近地表温度和降水遥相关（IPCC，2021）

(a) 基于 JRA-55 数据得到的海平面气压异常回归到 (b) 中的海平面气压异常主成分时间序列；(b) 通过 EOF 分解 1979~2018 年南半球 12~2 月海平面气压异常得到的南半球环状模 SAM 指数（红色和蓝色柱状图，方差贡献率为 40.6%）和 (a) 中的纬度圈内海平面气压异常的区域平均值表示的 SAM 指数（玫红色线），二者的相关系数为 0.94；(c) 1979~2019 年基于扩展重建海温（ERSST）数据集海温与伯克利（Ber-keley）全球气温数据集气温异常及 (d) 1979~2019 年基于 GPCC 数据集降水（等值线）和 CMAP 数据集降水（填色）异常回归图；Sig@10%：红线区域表示 SAM 对应的降水异常通过 10%的显著性水平检验；CMAP：表示填色的降水异常数据来源于 CMAP 数据集（0.1 mm/d）；图中等值线表示的降水数据来源于 GPCC 数据，降水异常值（0.1 mm/d）

相关结构，南半球环状模则多强调南半球高纬度地区和中纬度地区之间行星尺度大气环状带的遥相关特征，是对南极涛动概念的推广。

## 3.4.1　南半球环状模的变化特征

为分析南半球环状模的变化特征，科学家们基于各类气象要素构建南半球环状模指数，定量研究其时空变化。此类指数大致可分为两类：第一类是将南半球中高纬度海平面气压场、风场、位势高度场等大气环流场 EOF 主模态的时间序列作为南半球环状模指数。第二类是将南半球中纬度地区和高纬度地区的纬向平均气压差定义为南半球环状模指数。

研究发现，南半球环状模具有逐日、逐月、季节内、准半年、年际、年代际等多时间尺度（图3-11）。利用台站数据集和南极冰芯资料，发现20世纪中期以前南半球环状模具有显著的年际和年代际变化特征，但没有显著的变化趋势，但在1950年以后南半球环状模年代际变化放缓。自20世纪60年代中期以来，南半球环状模呈自下而上显著增强的长期变化趋势，即南半球高纬度地区气压异常偏低，中纬度地区气压异常偏高，其中对流层上层和平流层的变化是由臭氧变化趋势引起的。而在离地表较近的地方，臭氧和温室气体的共同作用对观测到的变化贡献最大。自21世纪初期，臭氧强迫对南半球环状模的影响减小，这导致2000~2019年观测到的南半球环状模趋势减弱。

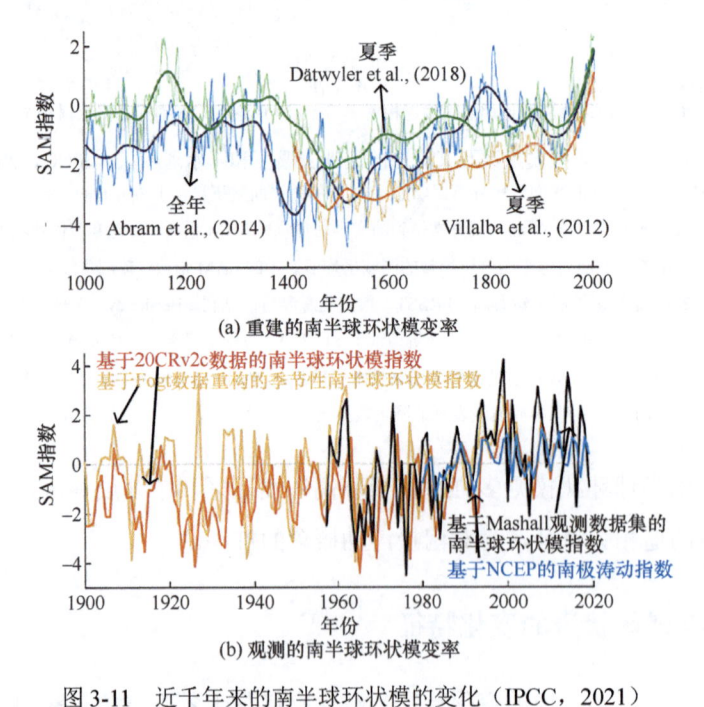

(a) 重建的南半球环状模变率

(b) 观测的南半球环状模变率

图 3-11 近千年来的南半球环状模的变化（IPCC，2021）
（a）重建的南半球环状模7年滑动平均值（细线）和70年局部加权回归平滑滤波（粗线）；(b) 1900~2019年观测的南半球环状模指数

此外，观测资料和重建资料一致表明，南半球环状模伴随有明显的季节性差异，不同外强迫对南半球环状模的影响也存在季节性差异。20世纪下半叶以来观测到夏季南半球环状模明显增强，21世纪初南半球环状模表现出过去150年最强的趋势，其中平流层臭氧消耗是推动20世纪下半叶观测到的夏季南半球环状模增强的最大贡献者，温室气体的增加也是影响其趋势的必要因素，两者的共同作用导致了20世纪后期观测到的增加趋势。而到2020年以后，温室气体效应更具主导地位。在秋季，南半球环状模同样呈增加趋势，而这很可能是自然气候变化的原因，外部强迫则起着次要作用。春季和冬季，南半球环状模变化处于自然变率范围内，变化趋势不明显，这与热带太平洋-南美遥相关型波列和印度洋偶极子变率有关。然而，所选择的南半球环状模指数和用于计算该指数的数据集会对任何南半球环状模归因研究的结果产生影响，因此不同数据的差异和不同指数计算结果的一致性对南半球环状模变化归因结果准确性有一定偏差，但目前南半球环状模受温室气体增加和臭氧消耗影响已是一个既定的事实。

## 3.4.2 南半球环状模对北半球气候的影响

南半球环状模作为影响区域气候变化的重要因子，不仅能调控南半球气候变化，还能远程调控北半球气候。大量研究表明，南半球环状模作为南半球最主要的大气环流模态，是除 ENSO 信号外，能够通过影响热带大尺度环流场，进而影响东亚、北美、西非等多地的冬季风与夏季风，导致北半球气候异常的强信号因子。南北半球相互影响过程中，越赤道气流是关键的系统之一，此外各种海洋-大气耦合桥通过海洋动力和热力学过程为南半球影响北半球的跨季节和跨赤道过程提供了保障。

南半球环状模能够改变印度洋和赤道太平洋地区的大气环流异常，进而影响北半球气候变化。4月和5月南半球环状模处于正位相时，地面风通过对海洋埃克曼（Ekman）输送和感热潜热通量交换，同期东南印度洋出现异常的暖海温，异常温暖的海温改变了印度洋经向环流，进而引起热带上升运动异常，导致海洋大陆上的对流增强。去除 ENSO 信号和长期趋势后，热带中太平洋在4~5月出现冷海温异常，有利于印度洋垂直环流调节并引发热带异常的上升运动，这可以进一步增强海洋大陆对流活动，激发显著的水平开尔文波响应调节垂直方向上的沃克环流，导致赤道太平洋 130°E 以东出现异常的东风，东风异常有利于冷水上涌，并向东输送进入中太平洋地区，而这些中太平洋地区的冷水能够一直维持至 12 月和 2 月，造成太平洋中部型拉尼娜事件的发生。冬季太平洋中部型拉尼娜事件又能进一步通过强烈的海气耦合过程，加剧中国西南地区、美国佛罗里达州等地区的干旱程度。

研究表明，大气–海洋桥的存在使南半球环状模成为影响北半球不同区域季节降水演变的重要前期信号。受前期秋季南半球环状模影响，北半球冬季降水变率更倾向于呈现三极型分布特征。在这种跨季节联系中，与秋季南半球环状模变化相关的海温异常与海洋大气桥耦合过程起着决定性作用。当秋季南半球环状模处于正位相时，海温能够"记忆"南大洋的异常特征，这种异常的大洋特征引起的海温异常可以相对持续较长时间，冬季时海洋能够将南半球环状模引起的异常通过经向热对流和地表热通量输送传送到北半球，当北半球冬季湿度条件适宜时，降水异常将呈三极型分布，即赤道和中纬度地区降水偏多，亚热带地区降水偏少。

此外，冬季南半球环状模与春季纬向平均的经圈环流和降水之间存在显著的交叉相关性，这种相关性能够延伸到北半球亚热带地区。当前期北半球冬季南半球环状模处于正位相时，南半球高纬度海温下降，南半球中纬度海温升高，这种异常的南大洋海温偶极型分布可以持续到春季，并通过波–平均流相互作用调节春季经向环流，春季南半球中纬度地区和北半球副热带地区之间出现逆时针方向和顺时针方向交替的经圈环流，经向环流进一步通过涡旋动量和热通量的输送改变大尺度环流异常，使南半球中纬度地区、南半球热带地区和北半球副热带地区降水偏少，而南半球副热带地区和北半球中纬度地区降水偏多。

南半球环状模也能影响北半球台风的生成个数与移动路径。当夏季南半球环状模处于正位相时，通过大气遥相关作用影响西北太平洋大气环流，使西北太平洋地区纬向风垂直切变加强，对流层低层出现异常的反气旋性高压异常，而高层出现异常的气旋型低压异常，海表温度降低，导致西太平洋气旋数量减少。同时，低层异常高压位置影响热带洋面上生成的热带气旋路径，进而使东海地区热带气旋过境数量增加，南海地区热带气旋数量减少。

因此，前期南半球环状模通常能影响同期或后期北半球气候变化，但当多区域的综合效应叠加时，北半球气候将无法响应南半球环状模的跨赤道影响。例如，2月南半球环状模与北半球中纬度300 hPa位势高度及西欧和东亚地表气温存在显著的正相关关系，当南半球环状模处于正位相时北半球中高纬度异常的正位势高度响应主要来源于南印度洋上空的瞬变涡度强迫。而副热带和中纬度地区能同时响应12月南半球环状模相关的涡度异常，两者相互抵消，使得北半球中环流不受12月南半球环状模变率影响，两者变化具有独立性。

中国处于大陆季风区，气候状况受夏季风系统影响，春季南半球环状模可以通过"海洋-大气耦合桥"过程对随后的东亚夏季风进行调节，改变季风降水分布。南海季风作为东亚夏季风系统中的重要组成部分，同样受前期南半球环状模异常的影响。在此过程中，南太平洋偶极子作为海洋桥将5月南半球环状模的信号延长到6~9月，夏季南太平洋偶极子向大气传递海洋热惯性信号，使太平洋上空出现交替分布的反气旋和气旋，这些高空的异常辐合辐散区域可以导致贯穿南半球中高纬度到北半球东亚沿岸的南-北太平洋遥相关型异常的波列活动，进而激发南太平洋波列，南太平洋作为"大气桥"，将相关波通过赤道传播到海洋大陆和南海季风区，对垂直运动和对流层中低层气流进行调节，并削弱南海夏季风，影响东亚气候变异。

南北半球中，冬季半球的气候通常会对夏季半球产生影响，因此北半球气候易受前期或同期冬季南半球大气环流异常影响。中国华南地区、长江流域、东北地区降水与前期南半球环状模之间存在显著的相关关系。例如，春季南半球环状模与夏季中国长江中下游地区降水之间存在显著的正相关关系，春季南半球环状模位相能改变夏季中国江淮流域梅雨期长度和梅雨期降水强度。当春季南半球环状模增强时，夏季对流层低层马斯克林高压增强，西太副高增强，长江流域出梅时间偏晚，梅雨期偏长，降水异常偏多。前冬南半球环状模能影响夏季长江中下游地区旱涝并存现象与旱涝急转现象。春季中国华南地区降水与前冬南半球环状模之间存在负相关关系，当前冬南半球环状模增强时，南半球中纬度地区纬向风速减弱，海面风蒸发作用减弱，进而导致海表面释放的潜热不断减少，海温持续偏高，而此时南半球高纬度地区纬向风速增强，潜热释放增多，海温不断升高。这种异常的海温持续到春季导致哈得来环流的上升支在南半球减弱而北半球加强，因此西北太平洋副热带高压强度异常偏弱，位置异常偏东，使华南地区受异常东北风控制，相对湿度异常偏低且伴随有异常辐散下沉运动，不利于水汽的输送和华南地区降水的形成。反之，当前冬南半球环状模减弱时，南半球异常海温通过海洋桥和大气桥的共同作用导致春季西太平洋地区出现高压异常，华南上空受异常西南风影响，有利于水汽的输送，降水增加。

除降水外，前期南半球环状模位相能够间接影响后期中国东北气温变化。当前期春季南半球环状模处于正位相时，南半球的大气环流异常能够通过影响北印度洋海表温度进而导致中国东北地区的大气环流异常。春季南半球环状模借助海洋桥的作用，激发中国东北部上空异常的反气旋运动和异常的下沉运动，由于异常的下沉运动会减少局地云量，增加长波辐射，有利于中国东北部异常高温天气的发生。此外，前冬南半球环状模与中国东北地区春季极端低温发生频次与强度之间存在显著的负相关关系，而此过程中欧亚积雪起着潜在的桥梁作用。

### 3.4.3　南半球环状模的预估

由于温室气体排放增加和平流层臭氧恢复两者的反向作用，21世纪上半叶南半球环状模在不同排放情景下均表现为极弱的变化趋势。在臭氧恢复较弱的模拟中，夏季南半球环状模处于增加趋势，当模拟包含臭氧恢复期时夏季南半球环状模表现为负的下降趋势。这是因为在近中期，平流层臭氧的恢复和其他温室气体的增加对南半球夏季中纬度环流产生了相反的影响。因此，在近期，受外强迫影响的南半球环状模变化在南半球夏季可能小于内部自然变率造成的变化。2050年以后，臭氧恢复受到阻碍，但温室气体持续增加，南半球极区平流层温度对温室气体的响应将成为南半球环状模变化的重要控制因素。故21世纪后期，南半球环状模变化取决于路径的不同，其变化趋势对温室气体的增长速度同样敏感。典型浓度路径RCP4.5情景下，21世纪中后期南半球环状模将呈现出较弱的下降趋势。相反，RCP8.5情景下则呈现出显著的增加趋势，其量级与最近观测到的趋势相似。

在 SSP5-8.5 情景下，相对于 1995~2014 年，南半球环状模指数在所有季节都有可能增加，特别是春季、夏季和秋季，南半球环状模指数增加具有较高信度(IPCC，2021)。未来，南半球环状模也会变得更加不稳定，这可能会导致干旱、风暴等极端天气气候事件的发生。

# 第 4 章
# 影响区域气候的海温模态

海洋覆盖了地球表面的绝大部分，其表面温度的变化不仅直接影响着海洋生态系统，还通过海–气相互作用等过程，对区域气候产生重要影响。海温模态是指海洋表面温度的空间和时间分布模式，通常体现为持续一段时间内出现较为稳定的温度分布。不同的海温模态可以引发气候异常，如厄尔尼诺–南方涛动、印度洋海盆模态和印度洋偶极子、大西洋多年代际振荡和太平洋年代际振荡等，它们能够在全球范围内引起气温、降水和风等气候要素的显著变化。本章将以太平洋、印度洋、大西洋的主要海温模态为例，探讨其对区域气候的影响。

## 4.1 ENSO 的变化及气候影响

ENSO 是厄尔尼诺（El Niño）和南方涛动（Southern Oscillation）的合称，在海洋方面表现为赤道太平洋海温异常，在大气方面表现为南方涛动。ENSO 是热带海–气相互作用最显著的信号，是全球气候年际变率的重要来源。近几十年来，ENSO 的强度、周期及空间分布呈现多样性，对全球气候尤其是极端气候事件的影响呈现区域性和复杂性。本节围绕 ENSO 对全球气候的影响，介绍 ENSO 的概念、ENSO 近几十年的变化特征及未来的可能变化,并重点阐述了 ENSO 变化对不同区域气候的影响以及 ENSO 发展过程中太平洋、印度洋以及大西洋三大洋之间的相互作用。

"El Niño"这个名字的起源可以追溯到 19 世纪,当时南美洲太平洋海岸的渔民注意到每隔几年就会出现一股温暖的洋流,其出现时捕鱼量将大幅下降,对秘鲁沿海地区的粮食供应和生计产生负面影响。暖海温异常一般在圣诞节前后发生,为了纪念耶稣的诞生,暖海温异常被命名为 El Niño,在西班牙语中是"男孩"的意思。在这个地区捕鱼最好的年份是拉尼娜年,偏冷的上涌海水从深海带来丰富的营养,使得捕鱼量增加。

ENSO 具有 2~7 年的准周期,存在中性[气候平均态,图 4-1(a)]、暖性[厄尔尼诺,图 4-1(b)]和冷性[拉尼娜,图 4-1(c)]三个位相。在海洋方面表现为厄尔尼诺和拉尼娜的转变,在大气方面表现为南方涛动正负位相的变化。在气候平均态的情况下,赤道太平洋上空盛行东风,暖水在西太平洋堆积,从而形成暖池,东边界冷水上翻形成的向西流动的赤道流在科氏力的作用下向两极辐散,

(a) 中性ENSO期海–气相互作用

(b) 厄尔尼诺期海–气相互作用

(c) 拉尼娜期海–气相互作用

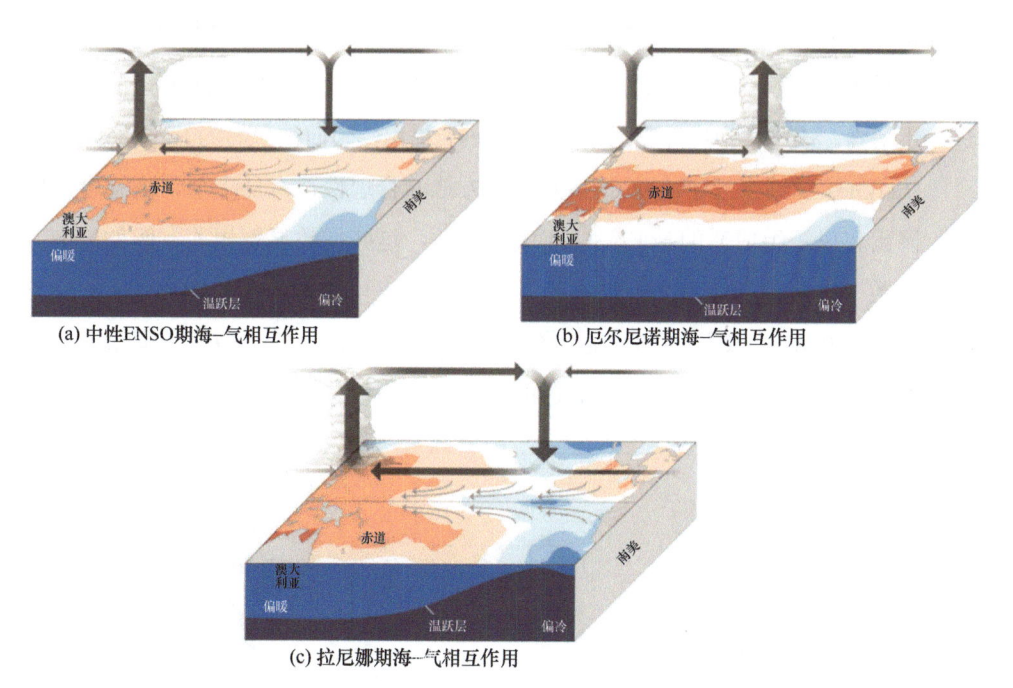

图 4-1 ENSO 不同位相下的海–气相互作用(Yeh et al.,2018)

从而形成冷舌。当厄尔尼诺发生时，赤道东太平洋大范围的海水温度比常年高出几摄氏度，东南太平洋气压降低，印度尼西亚和澳大利亚的气压升高，表现为南方涛动正位相。同时，中东太平洋上空的对流活动增强，赤道上有西风异常，沃克环流减弱。拉尼娜期间的情况与之相反。厄尔尼诺一般持续9～12个月，拉尼娜一般持续1～3年，两者均在3～6月发展，12月至次年4月达到高峰，5～7月减弱。但延长的厄尔尼诺可以持续2年，甚至长达3～4年。

ENSO的基本特征被发现之后，解决海洋和大气如何耦合这个问题花费了近50年的时间。反馈循环如何启动，例如有时海面温度开始下降，然后信风开始增强，反之亦然。假设赤道西太平洋海温偏暖，这意味着赤道西太平洋暖海温和东太平洋冷海温的海温差异增大，即赤道太平洋纬向海温梯度增大。西太平洋偏暖海温使得上空大气温度升高、变湿，大气对流活动增强，在东太平洋偏冷海温影响下，上空大气异常下沉。在东太平洋异常下沉运动和西太平洋异常上升运动的影响下，赤道太平洋上空的东风增强。增强的东风使得暖水进一步在热带西太平洋堆积，热带东太平洋冷水上翻，从而促进热带太平洋异常海温的发展。海温和大气的正反馈过程使得起初赤道东西太平洋海温的差异及赤道太平洋上空信风异常进一步增强。该过程由皮叶克尼斯（Bjerknes）提出，因而被命名为Bjerknes反馈。

Bjerknes反馈支撑了ENSO不同表征方法的合理性，有几十个（由温度、压力、降雨、风等组成）的与ENSO相关的指数，这些指数显著相关。例如，南方涛动指数（塔希提和达尔文观测站的海平面气压差）与Niño3.4指数（5°N～5°S及170°～120°W区域平均的海温，图4-2）显著相关。不同类型气象变量间的紧密联系进一步说明ENSO是一个显著的海气耦合系统。

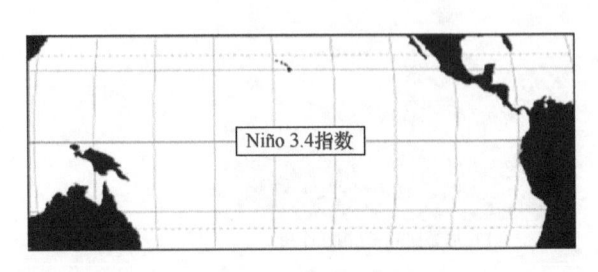

图4-2　ENSO海温监测区

## 4.1.1 ENSO 现在及未来变化

近些年，ENSO 的时空复杂性成为研究热点。诸多研究表明 ENSO 在多年代际至世纪尺度上存在显著的变率（图 4-3）。

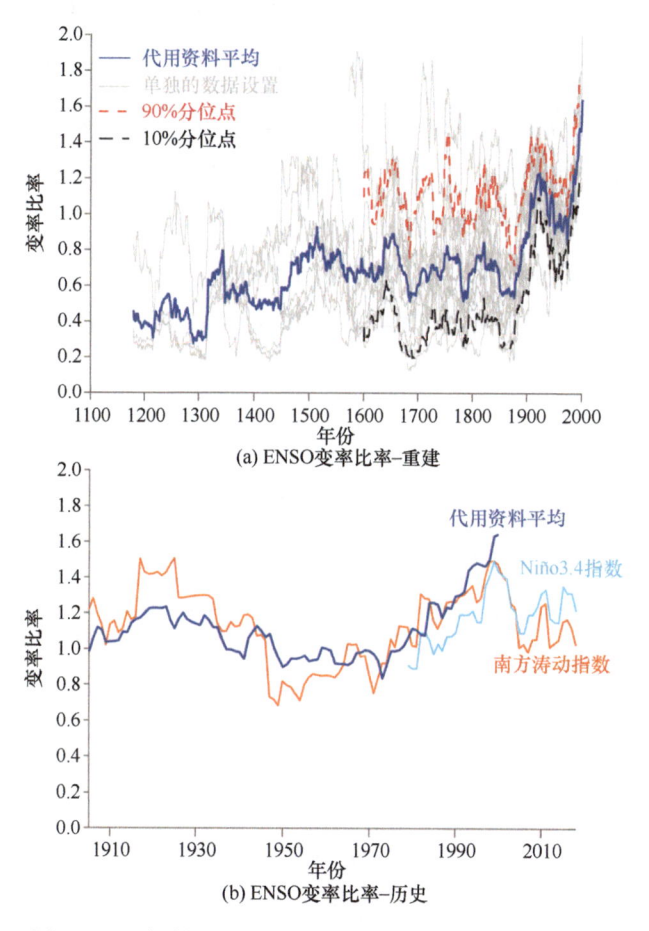

图 4-3 历史时期 ENSO 变率的重建结果（IPCC，2021）

ENSO 事件主要可以分为两类，海温异常集中在中太平洋的 ENSO 事件被称为中部型 ENSO 事件，而传统的 ENSO 事件的海温异常集中在东太平洋，这类事件被称为东部型 ENSO 事件。两类 ENSO 事件不仅特征不同，而且对应的海洋环流模态和所产生的气候效应也截然不同。海洋上层热含量的充放电振荡机制在两类 ENSO 事件的形成过程中发挥重要作用。观测和理论研究表明，赤道太平洋平均状态（如沃克环流强度）的改变会通过复杂的反馈过程影响 ENSO 的多方面特性。许多海洋与大气之间的反馈过程能够影响 ENSO 海温异常的发展。在厄尔尼诺事件中，平均流所致的赤道东太平洋次表层冷水的上翻和在水平方向上的海洋平流能够增大海洋温度的水平梯度和垂直梯度的气候态，并由此抑制暖海温异常的发生和发展。此外，暖海温异常能够促进大气中的深对流过程，造成热带云量增多，由此导致进入海洋内部的辐射通量和湍流热通量减少，抑制暖海温异常的发展。海洋–大气再分析资料显示：自 20 世纪 80 年代以来，沃克环流显著增强，赤道东西方向的海洋温度梯度（东侧的海温减去西侧的海温）增大，赤道东风增强（图 4-4）。这对应着中部型 ENSO 事件和东部型

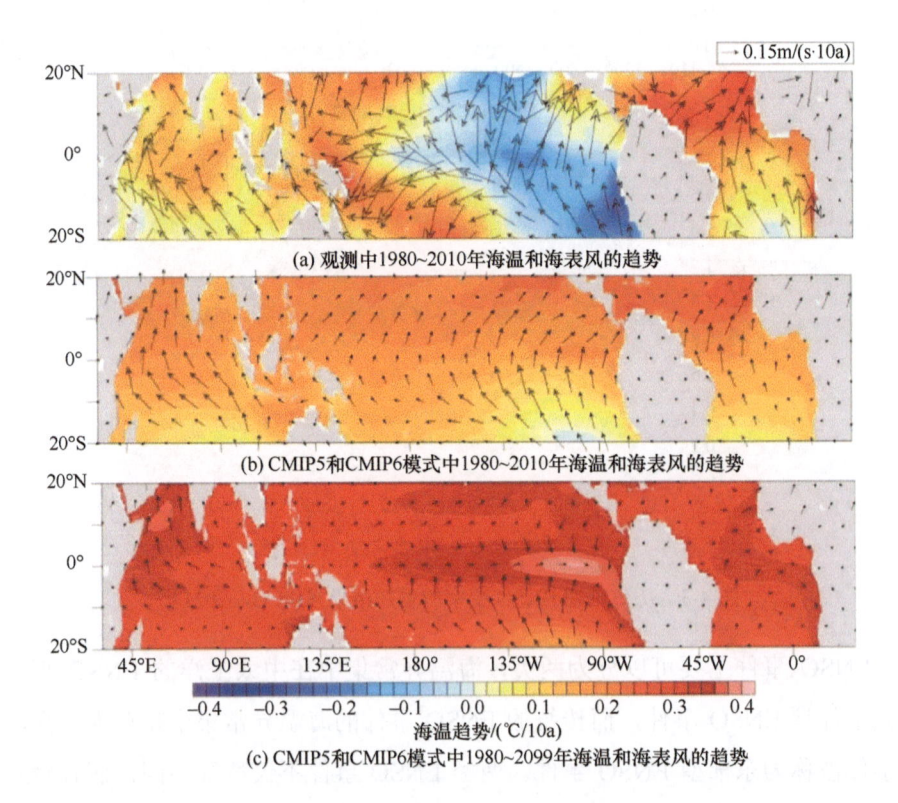

(a) 观测中1980~2010年海温和海表风的趋势

(b) CMIP5和CMIP6模式中1980~2010年海温和海表风的趋势

海温趋势/(℃/10a)

(c) CMIP5和CMIP6模式中1980~2099年海温和海表风的趋势

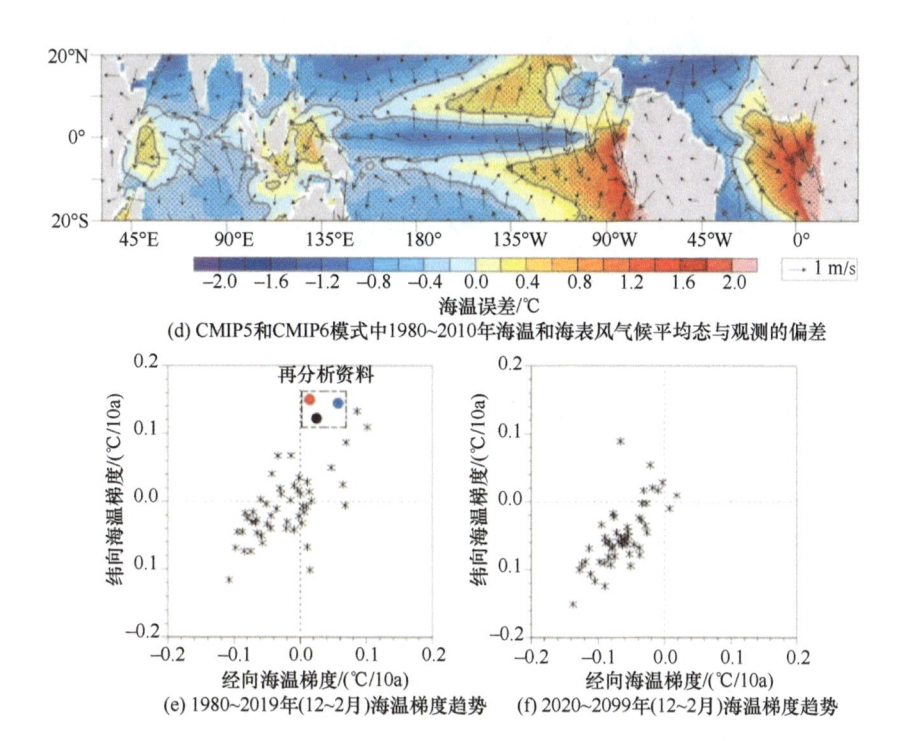

图 4-4 观测和模式中的热带太平洋海温和风场平均态和变化趋势（Cai et al., 2021）

（e）中 "*" 为 CMIP5 和 CMIP6 模式中 1980~2019 年海温梯度趋势，实心圆点为再分析资料的结果；（f）的时期为 2020~2099 年

ENSO 事件的变率自 20 世纪 50 年代以来持续增强。在 20 世纪末期，ENSO 的变率较工业化革命之前提高了 25%。ENSO 变率的增强导致极端厄尔尼诺事件和拉尼娜事件发生频次增多。进入 21 世纪后，ENSO 的周期明显缩短，赤道东太平洋 ENSO 变率减小，而赤道中太平洋 ENSO 变率增大，中部型 ENSO 事件的发生频率增加，受到广泛关注。

全球变暖背景下，大气水汽含量增多，未来 ENSO 及相关降水异常的振幅将增大，且高排放情景下增幅更大（图 4-5，IPCC，2021）。研究表明，温室气体引起的全球变暖使得赤道太平洋海洋上层层结增强，有利于海气耦合的增强，从而导致 ENSO 相关的海温变率增大。热带太平洋平均态对人为强迫的响应表现为热带东太平洋海温快速增暖、太平洋沃克环流减弱（IPCC，2021）。模式模拟结果

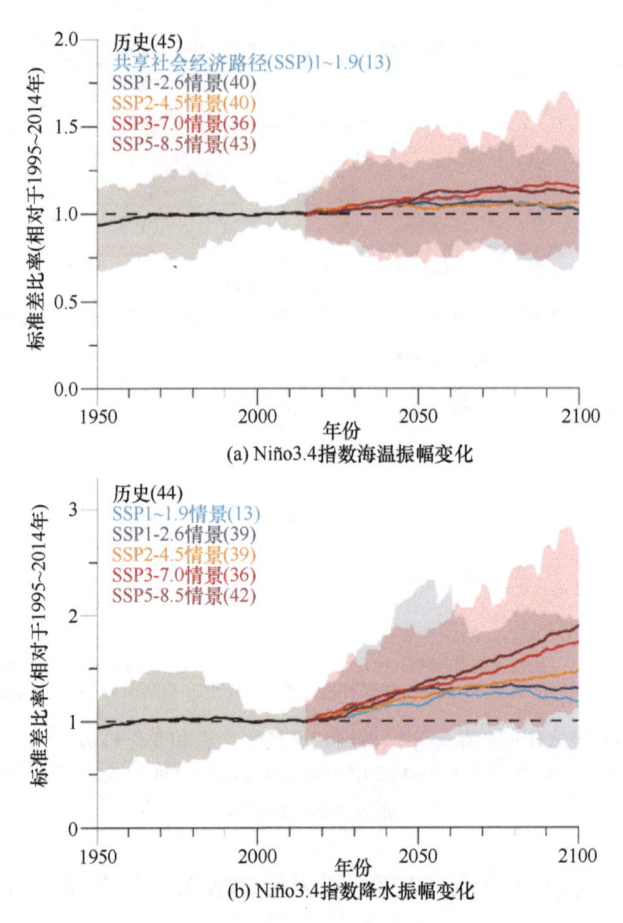

图 4-5　ENSO 及相关降水异常振幅的未来变化（IPCC，2021）
括号中数字表示模式个数

表明，在 RCP8.5 情景下赤道太平洋海洋上层向西的平均流减弱、沃克环流减弱，有利于厄尔尼诺事件发生，厄尔尼诺事件发生的频率增高，类似于 1997/1998 年极端厄尔尼诺事件的发生概率增大。厄尔尼诺事件发生之后，赤道温跃层倾向于变浅，并进一步通过埃克曼（Ekman）抽吸和非线性平流过程增强 Bjerknes 反馈促使拉尼娜事件的发展，拉尼娜事件的发生频率预估增高，增多的极端拉尼娜事件约 75%发生在极端厄尔尼诺事件之后。在全球变暖的情境下，中部型 ENSO 事件与东部型 ENSO 事件发生概率的比率预计增长。

### 4.1.2 ENSO 变化对不同区域气候的影响

ENSO 循环过程中相关的海温异常影响上空大气的对流活动，并进一步对大气环流做出调整。通过大气遥相关，ENSO 可以影响到热带外的大气模态，进而对全球的天气、气候产生重要影响。下面将具体介绍 ENSO 及其不同空间型对全球大气环流及气候的影响以及可能的物理机制。

#### 1. ENSO 对全球气候的影响

尽管 ENSO 为热带信号，大量研究表明 ENSO 能够对区域乃至全球气候产生显著影响。当厄尔尼诺事件发生时，热带中东太平洋海温偏高，海洋上方大气含水量增多，大气中风暴活动以及强对流发生频率增大。同时，暖湿空气上升形成雷暴云，释放潜热加热对流层上层大气，这能够对全球大气环流产生一系列重要影响。例如，厄尔尼诺事件中，热带太平洋上方大气温度升高，这会导致由赤道流向两极的大气质量增加，影响哈得来环流和沃克环流的强度进而影响全球不同地区的降水和气温（图 4-6）。不同的厄尔尼诺事件空间型形成不同的大气遥相关型，进而产生不同的气候效应。以北美洲为例，在冬季达到顶峰之前，东部型厄尔尼诺事件会使夏季美国西北部降水偏多，而中部型厄尔尼诺事件会使夏季美国西南部降水偏多。在冬季达到顶峰之后，东部型厄尔尼诺事件会使春季巴西西北部降水偏少，中部型厄尔尼诺事件也会使该地区春季降水偏少。

ENSO 可以通过太平洋-东亚遥相关型影响西北太平洋反气旋，并进一步引起水汽输送异常，从而对中国秋冬气候产生影响。当厄尔尼诺事件发生时，中东太平洋海温偏暖，上空大气的对流活动增强，并通过 Gill 响应在其西侧引起气旋式环流异常，该气旋异常西侧的异常东北风叠加在东北信风上增强了海洋的蒸发并进一步导致了局地的冷海温异常，该冷海温异常抑制了上空大气的对流活动并通过 Gill 响应在其西侧即西北太平洋上空引起反气旋异常。研究发现，ENSO 对应赤道区域的海温异常能够导致冬季中国东部的大雾天气呈现出"单极型"的空间分布模态。当东部型厄尔尼诺事件发生时，西北太平洋出现显著的异常反气旋，

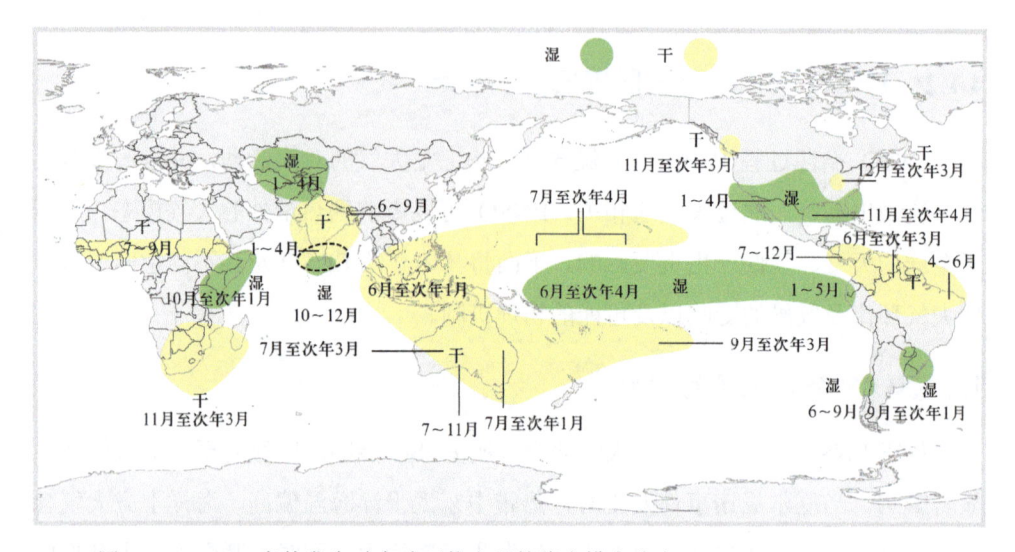

图 4-6　El Niño 事件发生时全球可能出现的降水模态分布（Lenssen et al., 2020）

厄尔尼诺和降水：热带太平洋地区的厄尔尼诺现象能够导致世界不同地区的降水模态产生变化。在不同的厄尔尼诺年，尽管厄尔尼诺条件可能存在些许差异，但在图中所示的这些地区和季节内降水模态产生的变化是十分相似的

北风减弱，由太平洋输送至中国东部的水汽含量增加，从而造成中国东部更频繁地出现大雾天气。反之，当拉尼娜事件出现时，雾天的出现频率则显著降低。但是这种线性关系主要是由拉尼娜事件和部分厄尔尼诺事件导致的。厄尔尼诺事件具有不同的类型，其对中国冬季雾天频次的影响具有多样性。东部型厄尔尼诺事件发生时，中国雾天频次增多，这种关系并没有在中部型厄尔尼诺事件中观测到。研究进一步表明，中国冬季雾天频次和中部型厄尔尼诺事件的关系取决于其纬向位置及其引起的西北太平洋大气环流异常。位置偏东的中部型厄尔尼诺事件伴随着中国冬季雾天增多，而位置偏西的中部型厄尔尼诺事件通常伴随雾天减少。厄尔尼诺暖海温异常的纬向位置与中国冬季雾天频次的关系对雾天频次的预测具有重要的指示意义。

已有研究表明，经向对称的 ENSO 与反映其年际变率和海温年循环相互作用的经向反对称的 ENSO 的组合模态对中国地区的降水具有重要影响，在今后的研究和短期预测中需引起重视。厄尔尼诺年秋季，中国西南、长江及华南大部分区域呈现显著的正降水异常；冬季，正降水异常范围扩大，覆盖华南、华东及华北东南部地区。冬季 ENSO 与华南地区降水量之间的同位相变化关系存在显著的年代际变化。在 1995 年以前，二者间同位相变化关系仅出现于中国的南海岸边界，而 1995 年之后，从中国南海岸至长江流域一带均可以观测到二者间这种同位相变化关系。二者关系的上述年代际变化主要是由 ENSO 模态与菲律宾反气旋的变化引起的。与秋季和冬季相比，ENSO 对中国东部夏季降水的影响相对较弱。厄尔尼诺年的次年夏季，长江以北的降水量显著减少。中国东部春季的降水则主要受到 ENSO 组合模态的影响，该模态能够造成中国华南地区直至东北地区春季降水偏多。

除了中国东部地区以外，ENSO 还能够对中国西北部降水产生显著影响。厄尔尼诺会使印度洋地区出现显著的暖海温信号，这种信号可维持至春季和夏季，加热对流层大气，使热带地区对流层上层的大气高度抬升，进而导致南亚高压和副热带西风急流向南移动，使得亚洲中部出现深厚的低压系统。同时，伴随副热带西风急流的南移，更多来自热带印度洋的暖湿空气穿过伊朗高原进入亚洲中部地区，与来自高纬度的干冷空气汇合，最终导致新疆北部和伊犁河流域降水显著增多。

ENSO 对全球极端天气事件的发生频率和强度也有重要的影响。研究表明，在全球诸多地区极端温度和极端降水事件均受到 ENSO 遥相关的影响，受影响最显著的区域是环太平洋地区和北美地区。2020/2021 年秋冬季节，中国南方地区降水长期不足，并引起持续性干旱事件的发生，持续了秋冬两个季节的拉尼娜型异常海温在其中起到了重要的作用。拉尼娜型异常海温在西北太平洋引起气旋式环流异常，不利于水汽向华南输送，进而引起华南上空水汽辐散，最终导致华南地区长时间降水不足和干旱事件的发生。此外，ENSO 对中国极端降水的发生也有重要的影响。厄尔尼诺（拉尼娜）能够增强（减弱）中国东南部冬季的极端降水频率，同时减弱（增强）中国中北部的极端降水频率，使得中国南方和北方地区极端降水频次呈现相反的变化。厄尔尼诺年冬季，东亚冬季风增强，干冷空气向南扩张，沃克环流减弱，西北太平洋地区出现异常反气旋，这使得中国东南部出现显著的西南风异常，具备良好的水汽条件。同时，厄尔尼诺造成东亚急流向南移动，华南地区西风增强，出现异常上升运动，有利于水汽凝结。有利的水汽和垂直运动的条件，最终导致中国东南部出现极端强降水事件。华南地区上空增强的对流活动将通过东亚-太平洋/太平洋-日本遥相关型，引起中国北方地区上空的异常下沉运动，不利于北方地区极端降水的发生。此外，中部型和东部型 ENSO 事件对中国地区极端降水具有不同影响，具有明显的区域特征。东部型厄尔尼诺事件能够增加华南地区的极端降水频率，而中部型厄尔尼诺事件主要影响中国东部的极端降水频率。2019 年 5~12 月，澳大利亚遭受了长期的大范围干旱，还发生了灾难性的森林火灾。与此同时，热带印度洋-太平洋海温异常表现为位置最偏西的中部型厄尔尼诺事件和第三强的印度洋正偶极子事件。位置偏西的中部型厄尔尼诺事件和强印度洋正偶极子事件分别导致澳大利亚东北部和南部降水减少，这种独特的组合导致了澳大利亚干旱。中部型厄尔尼诺事件与澳大利亚降水减少紧密相关，而澳大利亚降水对东部型厄尔尼诺事件的响应较弱，可能是受东部型厄尔尼诺事件同期其他异常海温扰动的影响。随着全球变暖的持续，中部型厄尔尼诺事件和极端印度洋正偶极子事件预计变得更加频繁，这意味着未来澳大利亚极端干旱的风险将增长。

ENSO 与东亚冬季风之间存在复杂的相互作用。在强东亚冬季风的背景下，东亚大陆上空的寒潮过程使得能量频繁地向赤道太平洋地区传输，信风减弱，辐合增强，并由此诱发厄尔尼诺事件。反之，厄尔尼诺事件所致北半球的环流异常可造成费雷尔环流和哈得来环流产生显著变化，使得东亚地区锋区向北推进，抑制冷空气南下，减弱东亚冬季风。东亚冬季风既受到源自亚洲大陆区一些物理因子的驱动作用，同时也受到与 ENSO 有关热带强对流活动的驱动作用。东亚冬季风决定了输送至赤道地区冷空气的多少，因此能够影响热带西太平洋的对流活动和降水。强的东亚冬季风通过增强西太平洋的对流加热增强沃克环流，通过调节北美-太平洋遥相关模态来削弱（增强）厄尔尼诺（拉尼娜）对温带地区气候的影响。因此，在北美气候的区域性和季节性预测中，除了考虑 ENSO 的影响外，东亚冬季风的变化也应当被考虑在内。除此之外，ENSO 也能够通过控制东亚副热带西风急流的纬向移动调制东亚冬季风对北美气温的影响。已有研究表明 ENSO

与东亚冬季风之间的关系存在显著的低频振荡特征,其在年代际时间尺度上产生的变化主要是由对流层低层西北太平洋异常反气旋的强度和纬向位置决定。该异常反气旋发展于强 ENSO 时期,位于菲律宾海附近,在连接热带对流活动和中纬度大气遥相关方面发挥着重要作用。其强度受到 ENSO 与印度洋海温之间联系的年代际变化的影响,其纬向位置则与 PDO 和 AMO 对 NPO 遥相关建立过程的调制作用有关。

## 2. ENSO 与三大洋之间的相互作用

ENSO 作为热带最强、最显著的海气耦合模态可以通过调整大气环流强迫热带大西洋和印度洋海温变率,但是热带大西洋和印度洋对太平洋影响的研究较少。以往的研究强调 IOD 的发生与 ENSO 相关的海–气相互作用有关,厄尔尼诺事件通过调整沃克环流,引起赤道印度洋上空出现东风异常,使得暖水在赤道印度洋西侧异常堆积、冷水在东侧异常上翻,从而形成印度洋偶极子正位相。近期有研究发现,与 IOD 特别是印度洋海盆模态(Indian Ocean Basin Mode,IOB)有关的海温年际变率对 ENSO 的演变有重要的反馈作用(Cai et al.,2019)。

在典型的厄尔尼诺的发展过程中,ENSO 通过引发沃克环流异常,导致印度洋海温偶极子异常,即 IOD 正位相[图 4-7(b)、(c)],IOD 正位相引起热带西太平洋上空西风异常,有利于厄尔尼诺的发展。从观测的 ENSO 和 IOD 的关系可知,IOD 对 ENSO 有响应,但是 IOD 也可以独立于 ENSO 进行发展,同时 IOD 对 ENSO 有反馈作用。接着,赤道印度洋东侧的东风异常减弱了气候态西风,使得海表蒸发减弱,并且上空的异常下沉运动使得到达地面的短波辐射增多,从而使得正 IOD 发展为印度洋海盆一致增暖,即 IOB 正位相[图 4-7(d)、(e)]。IOB 也不仅是对 ENSO 的被动响应,ENSO 激发 IOB 海温异常类似于电池充电过程,而在 ENSO 生命周期之外,ENSO 自身的海温异常较弱时,IOB 海温异常能够引起气候异常,该过程类似于电池放电过程。当印度洋海盆一致增暖时,上空大气的对流活动增强,激发东传的开尔文波,主要表现为赤道印度洋东侧和热带西太平洋上空东风异常,并进一步通过 Ekman 辐散机制引起西北太平洋反气旋异常和东亚夏季风增强,从而将 ENSO 的影响延续到次年夏季[图 4-7(e)、(f)]。相比较于 IOD 对于 ENSO 发展的正反馈作用,IOB 变暖加快了厄尔尼诺的衰败。IOB 变暖在西北太平洋引起的反气旋异常及在热带西太平洋上空引起的东风异常[图 4-7(e)、(f)]促进了厄尔尼诺的衰亡和向拉尼娜的转变[图 4-7(f)、(g)]。

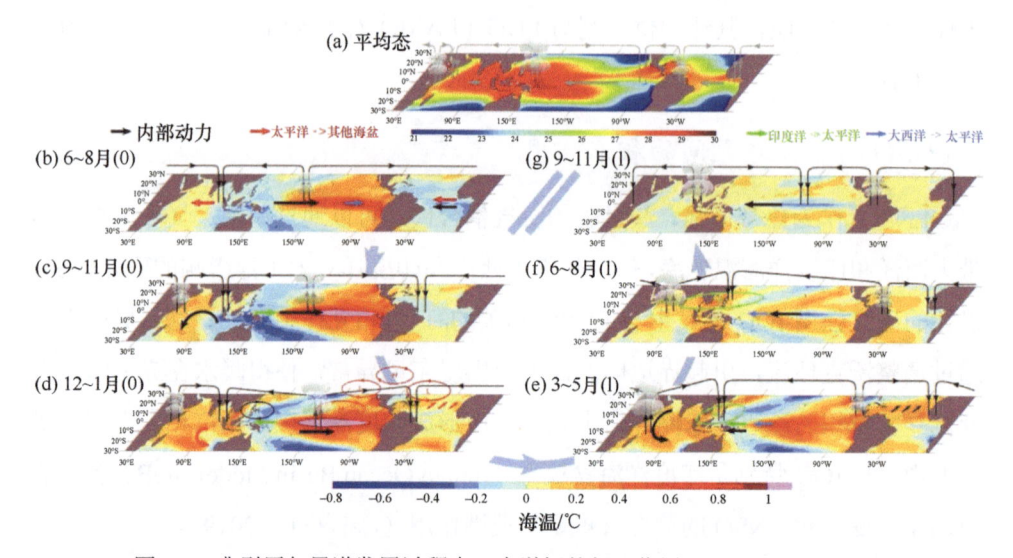

图 4-7 典型厄尔尼诺发展过程中三大洋间的相互作用(Cai et al.,2019)
(a)平均态海温和沃克环流;随着厄尔尼诺的发展,沃克环流异常引起正位相 IOD 的发展[(b)~(c)]及北大西洋和 IOB 增暖(d);北大西洋和 IOB 增暖使得厄尔尼诺衰减并向拉尼娜转变[(e)~(g)]

印度洋和太平洋之间的关系是随时间变化的,近几年 ENSO 和 IOD 的关系减弱,这可能是因为 ENSO 展现多种海温形态,沃克环流对之有不同的响应,并且频发的中部型厄尔尼诺的强度比东部型厄尔尼诺弱。印度洋和太平洋之间的关系在正负位相之间是非对称的,IOB 变暖对厄尔尼诺衰减的影响要强于 IOB 变冷对拉尼娜衰减的影响,这是因为厄尔尼诺相关的印度洋海温和对流活动的异常要强于拉尼娜相关的异常。这种非对称的响应使得拉尼娜的持续时间通常比厄尔尼诺久。

ENSO 对大西洋的影响主要通过两个途径,一个是通过热带沃克环流异常,另一个是通过副热带大气遥相关。热带途径方面,厄尔尼诺引起的减弱的沃克环流导致热带大西洋上空出现下沉运动异常，有利于更多的太阳辐射到达海表，有利于热带大西洋增暖；副热带方面，ENSO 激发了太平洋−北美遥相关型，使得热带大西洋上空出现了气旋异常，该气旋异常南侧的东南风减弱了东北信风，进而使得海表蒸发减弱，有利于热带大西洋变暖［图 4-7（c）、（d）］。相应地，热带大西洋变暖也会影响 ENSO。热带大西洋变暖，激发了西传的罗斯贝波，使得副热带东北太平洋上空出现东北风异常，并进一步引起局地冷海温异常和降水减少，导致东北太平洋上空的反气旋异常向西发展。该反气旋有关的赤道太平洋上空的东风异常促使厄尔尼诺的衰亡和向拉尼娜的转变。

年代际尺度上，三大洋之间也有紧密的联系。过去几十年，大西洋一致增暖即大西洋多年代际振荡（AMO）正位相，增强了三大洋之间的联系。AMO 正位相时，大西洋海温偏暖导致太平洋上空信风增强，进而导致太平洋变冷和印度洋变暖，印度洋−太平洋的海温差异进一步增强了太平洋信风，使得太平洋冷海温异常持续。由大西洋海温年代际异常引起的三大洋之间的相互作用，在一定程度上对全球变暖减缓做出了贡献，也使得 ENSO 的特征发生了年代际变化。印度洋、大西洋与太平洋三大海盆之间的相互作用是 ENSO 多样性的重要来源。

## 4.2 印度洋海盆模态和印度洋偶极子模态的变化及气候影响

印度洋海盆（IOB）模态和印度洋偶极子（IOD）模态是热带印度洋海表面温度年际变化的两种主要模态（Saji et al.，1999）。印度洋海盆模态具有印度洋全海盆范围升温、降温交替出现的特征，升温对应其正位相，降温对应其负位相。印度洋偶极子模态具有印度洋海表面温度异常的东西向偶极型特征，其中一极以苏门答腊和爪哇为中心，另一极覆盖印度洋海盆西部的大部分地区。这两种模态大多在年际时间尺度上变化，并且都与 ENSO 现象有密切关联。下面将分别介绍当下主流观点中 IOB 与 IOD 的指数定义方式及其主要特征。

热带印度洋海温异常年际气候变化的经验正交函数分解（Empirical

Orthogonal Function，EOF）第一模态为 IOB，表现为海盆一致的变暖或变冷（图 4-8）。除了使用 EOF 方法进行定义外，热带印度洋平均海表面温度（20°S～20°N，40°～100°E 或 40°～120°E）也常被用作 IOB 指数，这种定义方式与 EOF 第一主成分（Principal Component，PC）间的相关系数可达 0.98。

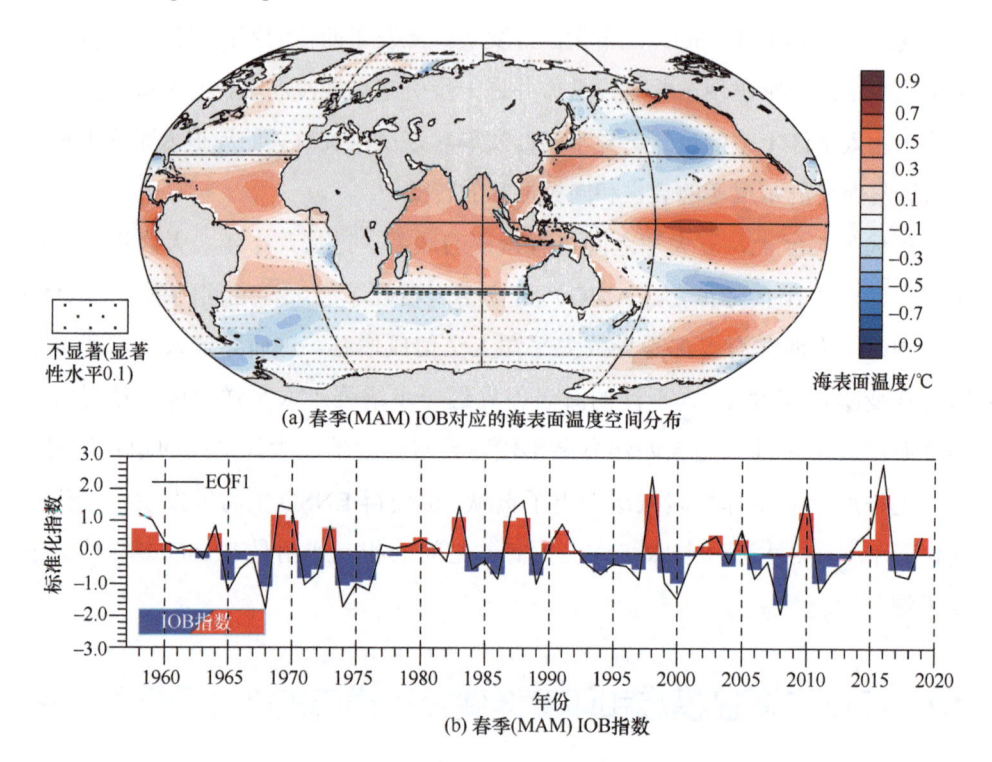

图 4-8 印度洋海盆模态（IOB）（IPCC，2021）
（a）春季 IOB 指数对海表面温度的回归场及海温异常关键区（青色线条范围）；（b）春季 IOB 指数（柱状图）及海温关键区 EOF 第一主成分（黑色线条）
括号中数字 0 表示当年，数字 1 表示次年

IOB 模态通常被认为是印度洋海表面温度对 ENSO 的响应。当厄尔尼诺事件出现后，热带东太平洋异常增暖，太平洋及赤道印度洋上空的沃克环流减弱并向东移动，从而印度洋上空对流减弱，云量减少，使得太阳辐射到达地表的量增加，热带印度洋异常增暖。此外，厄尔尼诺事件伴随有赤道东太平洋异常增暖激发的东传大气赤道开尔文波，进而抑制热带大西洋及热带印度洋对流发展，海洋混合层上层增

暖。IOB 往往在厄尔尼诺发展年开始显现出增暖，冬季将进一步发展，厄尔尼诺达到峰值后的第二年春季 IOB 达到最强，其发生也常常伴随其他区域的海温异常。

IOD 作为热带印度洋海温的重要年际变率模态，对印度洋周边国家乃至全球的气候变化及气候预测都有重要意义（图 4-9）。常见的 IOD 指数的定义方式为 EOF 方法：对热带印度洋逐月海表面温度进行 EOF 分解，取其第二模态对应的第二主成分作为 IOD 指数。由于正交函数分解的第二模态表现为热带印度洋海温异常在东部与西部符号相反的两极型，也正因此，这一模态得名为 IOD（印度洋偶极子）。由于 IOD 模态具有海洋次表层的特征，也可以用印度洋海温的 20℃等温线深度的 EOF 第一模态进行定义。除了使用 EOF 分解，直接使用印度洋

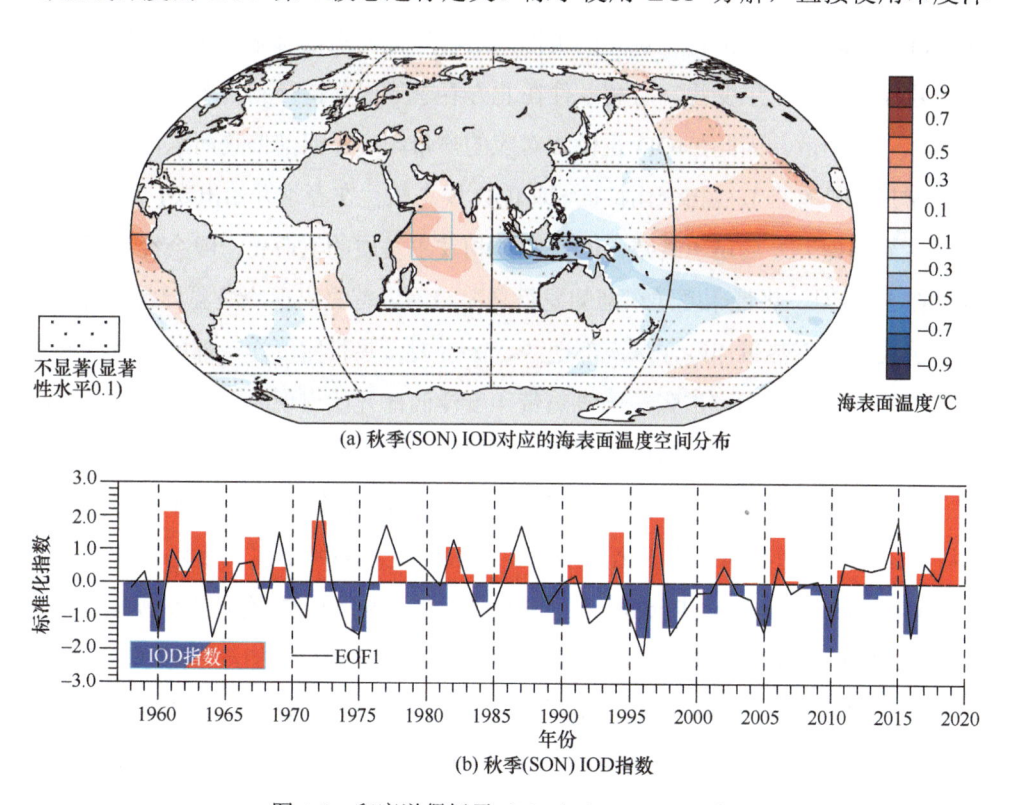

图 4-9　印度洋偶极子（IOD）（IPCC，2021）
（a）秋季 IOD 指数对海表面温度的回归场；（b）秋季 IOB 指数（柱状图）及海温关键区 EOF 分解的第一主成分（黑色线条）

西部（10°S～10°N，50°E～70°E）和东部（10°S～0°，90°E～110°E）两个海区的海表面温度距平的区域平均值相减得到的差值也可以用来定义IOD指数，这种定义方法与EOF分解定义方法得到的IOD指数具有显著正相关关系。

早期科学家们认为IOD是独立于ENSO存在的，仅仅由热带印度洋局地海-气相互作用触发的一种海气现象。但后续大量研究表明IOD与ENSO有密切关系，IOD主要由热带太平洋中ENSO强迫产生。当前科学家认为IOD有由哈得来环流触发和ENSO强迫下的异常沃克环流触发两种发生机制，即IOD既可由独立于ENSO的内部反馈过程触发，也可由ENSO强迫生成。

IOD受到海-气相互作用及其反馈过程的影响，通常出现在夏季至秋季，Bjerknes反馈是形成IOD正位相的关键。这种反馈要求在海盆东部沿赤道的背景态表层东风和温跃层变浅，有利条件在北方春季形成并持续到秋季，然后在初冬与季风一起消散。因此，IOD正位相对应的热带印度洋西部偏暖而东部偏冷的海温异常形态具有季节锁相变化特征。即IOD模态往往在春季开始出现，夏季发展，秋季达到鼎盛，之后迅速衰减。IOD正位相发生发展的生命史一般会经历四个阶段：在5～6月，热带印度洋东部的龙目岛海峡附近首先出现冷海温异常，同时东南风异常控制着热带印度洋东南部地区。7～8月，热带印度洋东部的冷海温异常加强且从南半球向赤道扩张，同时热带印度洋西部开始出现暖海温异常。随后，赤道纬向风加强，海温异常的偶极型分布更加明显。9～10月，热带印度洋东、西海温偶极型分布特征达到盛期。之后的冬季，IOD伴随的各项异常进入衰减期。除海温之外，IOD的变化周期也伴随有印度洋的海平面异常，向外长波辐射（Outgoing Longwave Radiation，OLR）异常，温跃层坡度异常等物理量的变化（图4-10）。IOD正位相下，印度洋西部赤道温跃层异常加深，海水下沉；东部温跃层异常抬升，海水上翻。温跃层坡度呈现东高西低，沃克环流减弱，海表出现东风异常，印度洋西部对流异常增强。而IOD负位相下，印度洋西部赤道温跃层异常抬升，海水上翻；东部温跃层异常下沉，海水下沉。温跃层坡度呈现西高东低，沃克环流增强，海表偏西风风速增强，印度洋东部对流异常增强。

## 4.2.1 印度洋海盆模态和印度洋偶极子模态现在及未来变化

印度洋的动力机制可以通过 Bjerknes 反馈机制放大外强迫信号，并导致大尺度的水文及气候异常扩散至全球热带范围的 1/3 以上（包含从东非到海洋性大陆及西太平洋的广大区域），也就是说，印度洋的海–气相互作用过程可以主动放大外部强迫引起的气候变化，这对理解未来热带印度洋及热带气候的变化特征至关重要。

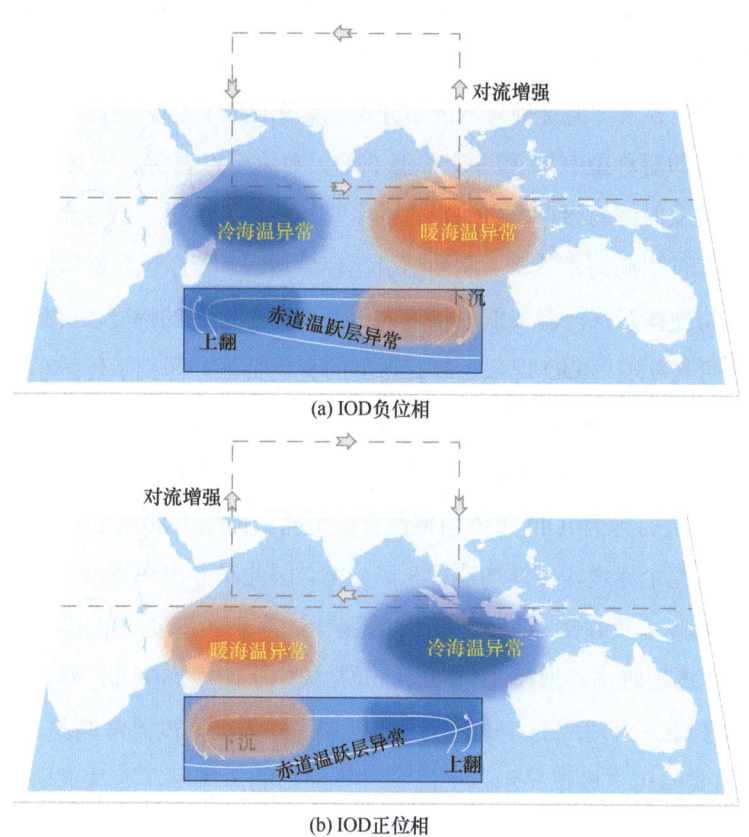

图 4-10　IOD 负位相（a）及正位相（b）海表面温度、沃克环流及赤道温跃层异常示意图

随着全球变暖，ENSO 与 IOB 的相关性加强，同时 IOB 自身强度也增强。历史模拟结果表明，造成 IOB 年代际变化的关键因子是西南印度洋温跃层深度变化，

以及 ENSO 的年际变率增强、周期延长的影响。在未来，全球增暖背景下 ENSO 引起的热带印度洋增暖将进一步增强。尽管模式预估结果表明在未来西南印度洋温跃层深度和 ENSO 自身的变率没有显著改变，但是全球升温引起饱和比湿增大，并增强了对流层加热机制（对流层温度通过大气开尔文波动，传播到印度洋，使印度洋上空大气更温暖，简称 TT 机制）。在此背景下，与 ENSO 相关的热带印度洋增温愈发明显。TT 机制削弱了异常海–气温度梯度，导致向上潜热通量减少，向下潜热通量（Latent Heat Flux）增强。潜热通量的变化进一步贡献于热带印度洋上空的净热通量（Net Heat Flux）变化。当向下净热通量增多，热带印度洋增暖加剧。

观测研究表明，虽然印度洋偶极子正相位对应着赤道印度洋西（东）部的海表面温度正（负）异常，但这种异常分布并不总是东西对称的，据此可将印度洋偶极子分为两类，即对称型 IOD 和非对称型 IOD。数值模拟表明，与 IOD 相关的赤道东风异常的建立时间对接下来 IOD 的对称型分布至关重要。早春赤道东风异常可以在印度洋东部引起海水冷却，在西部引起轻微增暖，若东风异常风速增强至某临界值以上，将使得东部海温偏低的幅度大于西部海温偏高的幅度，引起非对称型的 IOD。近期研究发现，IOD 现象还具有新型的变化特征。区别于传统东部偏冷，中西部偏暖的典型 IOD 正位相特征，新型的 IOD 现象（或称为 IOD Modoki 现象）具有热带印度洋东部和西部均偏冷，而中部偏暖的特征。IOD Modoki 现象造成的气候异常也与传统的典型 IOD 正位相事件有所不同。传统 IOD 正位相下，印度洋沃克环流减弱，整个赤道印度洋均盛行东风异常，因此东非出现降水正异常而澳大利亚上空观测到降水负异常，且赤道印度洋温跃层、海表面高度均出现坡度变化。IOD Modoki 现象出现时，赤道印度洋纬向风异常集中于印度洋中部，对东非和澳大利亚降水影响有限，且对应的赤道印度洋温跃层、海表面高度异常偏弱。

气候模式的历史模拟显示，受温室气体的影响，印度洋海盆平均海表面温度在年代际和百年时间尺度上具有上升趋势，但由于人为气溶胶的存在，气溶胶–云的相互作用会部分抵消温室气体带来的升温作用。印度洋海表面温度变化趋势在热带印度洋西部大于东部，导致 IOD 指数具有明显上升趋势，这可能与温室气体强迫导致的印度洋上空沃克环流异常有关。在此背景下，赤道印度洋赤道低层出现东风异常，东部温跃层变浅，苏门答腊沿岸上翻流和海表面温度冷异常加强。全球增暖导致的印度洋海表面温度梯度的这种类似IOD正位相的变化使得IOD模态的极端正位相发生频率增加，同时中等强度的IOD正位相事件发生频次减少。历史观测和模式模拟结果均表明，IOD具有偏度特征，IOD正位相事件的强度要比IOD负位相事件更强，即IOD正位相的振幅大于IOD负位相。造成这种现象的原因之一是赤道印度洋东南区域的温跃层更深。全球增暖对IOD的偏度特征也有显著影响。此外，模式模拟结果表明，随着全球变暖，IOD在非洲东部热带地区引起的降水量变异幅度异常减弱。

### 4.2.2　印度洋海盆模态和印度洋偶极子模态对区域气候的影响

由于IOB模态与ENSO紧密相关，IOB引起的气候异常可以被看作是ENSO从冬季到随后春季持续性影响的一部分。尽管如此，IOB模态在调节ENSO对某些区域气候的影响方面仍然发挥着重要作用。IOB的正位相在抑制海洋性大陆从冬季到春季的降水异常方面起着重要作用。与IOB相关的菲律宾异常反气旋可以引起热带西太平洋降水减少，并在厄尔尼诺发生的次年春季造成东亚降水偏多。IOB对亚洲气候的年际变化有重要影响。研究发现20世纪70年代末之前IOB年际变化的活动中心位于热带印度洋南部，而20世纪70年代末以后IOB年际变化的活动中心北移至阿拉伯海（Sun et al., 2019）。IOB空间特征在20世纪70年代末的这次年代际变化对亚洲气候产生了显著影响。在20世纪70年代末以前，由于IOBM的活动中心位于热带印度洋南部，印度洋海温异常激发的"开尔文波-埃克曼辐散效应"对亚洲上空大气环流影响较小，对亚洲夏季气候的年际变化影响较弱。因此，20世纪70年代末以前三江源地区夏季水汽输送和降水的年际变化受印度洋海温影响较小。在20世纪70年代末以后，由于IOB的活动中心北移至阿拉伯海，阿拉伯海海温异常激发的"开尔文波-埃克曼辐散效应"对亚洲上空大气环流影响加强，对亚洲夏季气候的年际变化影响显著。当热带印度洋海温偏暖时，会引起孟加拉湾和西北太平洋上空出现高压异常及反气旋异常，更多来自低纬度的暖湿气流进入三江源地区，导致三江源地区水汽辐合异常，降水增多，同时，引起中国南方地区降水减少、气温升高，印度南方地区降水增多、印度大部分地区气温升高。

ENSO引起的冬季赤道太平洋海表面温度异常通常在次年夏季消失，此时IOB在亚洲和西北太平洋的气候异常中起主导作用。IOB会在夏季引起东南亚和东亚降水和气温的经向两极型异常，在IOB正位相下，东亚中纬度地区夏季较湿润和凉爽，东南亚夏季较干燥和温暖，这些气候背景会影响极端事件的发生，如暴雨和热浪等。IOB正位相可以抑制西北太平洋夏季热带气旋的形成，并延迟台风季节到来。在南亚，IOB正位相可引起三极型降水异常，西高止山一带和孟加拉国一带的降水增加，恒河三角洲一带的降水减少。

IOD的发生发展与亚洲夏季风密不可分，且IOD对亚洲夏季风也有重要影响。IOD可以通过直接影响对流层低层环流异常，从而影响南海夏季风强度。IOD正位相下南海夏季风偏强，而IOD负位相下南海夏季风偏弱。此外，由于IOD正位相下南亚高压和西北太平洋副热带高压偏弱，而IOD负位相下二者均偏强，因而IOD还可以通过影响南亚高压和西北太平洋副热带高压间接影响亚洲夏季风。IOD正位相可以通过影响局地风场或海洋波动进而加强印度尼西亚贯穿流，从而加强夏秋季节印度洋东部的赤道潜流，有助于维持赤道印度洋东部的上翻。当IOD处于正位相时，澳大利亚南部、海洋性大陆地区和赤道印度洋东部地区的降水会减少，而印度大陆夏季风降水增加，北印度洋热带气旋频次减少。IOD对赤道印度洋降水的调整也会影响当地海表面盐度的年际变率。IOD还可以通过一系列遥相关过程影响印度洋区域以外的气候特征。例如，IOD对欧洲、南美、北美、南非、非洲东部的降水均具有调制作用。超强IOD事件还会引起极端气候。需要注意的是，IOD引起的气候异常往往也受到接下来厄尔尼诺现象的影响，因此这些异常也与ENSO有关，需要进一步通过计算二者各自所占解释方差等方法进行仔细甄别。IOD对中国气候也具有显著影响。IOD正位相的发展期，中国南方地区如西南、华西等地往往受低层气旋性环流异常控制，降水量增加。IOD还可以通过影响冬季青藏高原降水间接调制次年长江流域夏季降水。IOD与ENSO的不同配置则会影响中国更广大区域的春、夏季气候特征。

## 4.3　大西洋海温模态的变化及气候影响

　　AMO 是指北大西洋海表面温度具有海盆尺度的多年代际振荡现象，是一种大尺度的气候模态，是北大西洋海表面温度在数十年时间尺度上的主要波动（Kerr，2000）。其完整周期约 65～80 年，振幅为 0.4℃，一般取北大西洋（75°W～7.5°E，0°～60°N）的海表温度异常的区域平均值作为 AMO 指数。在 IPCC AR6 报告中，为了弱化 AMO 所特指的北大西洋海温年代际变率的 65～80 年周期，将包含 AMO 在内的北大西洋海温多年代际变率统称为北大西洋多年代际变率（Atlantic Multidecadal Variability，AMV）。通常认为 AMO 是除去外强迫信号后海温异常的自然变率，因此需要对 AMO 指数进行线性去趋势以除去北大西洋平均海温中残留的全球尺度气候变化信号。去趋势方案多基于特定的统计方法，或针对外强迫信号来源进行建模估计，最常见的是从观测得到的北大西洋年平均海温序列中减去全球海温异常的年平均值。

　　AMO 正位相阶段的特点是整个北大西洋异常偏暖，且在副极地涡旋、拉布拉多海和格陵兰/巴伦支海的边缘地带的增暖幅度最大，在北大西洋亚热带海盆的增暖幅度较小。AMO 现象通常用整个北大西洋海盆的海表面温度异常进行表征，但需要认识到 AMO 不仅是海表面温度的异常，同时它与许多物理过程有关，如大西洋经向翻转环流（Atlantic Meridional Overturning Circulation，AMOC）、海洋涡旋（gyre）调整以及整个北大西洋和亚北极深对流水团形成和海洋经向盐度及热量输送。因此，不仅表层海洋可以找到 AMO 的指纹印记，根据海洋热含量和密度异常，在深海亦可追寻到 AMO 的踪迹。大西洋和周围大陆的各种仪器记录和重建资料中，都体现出年代际的大规模缓慢波动，这种变化与 AMO 息息相关。AMO 相关海表面温度异常具有明显的海盆间连通性，这有力地说明了相邻大洋洋盆、热带和非热带地区（包括北半球极地地区）、海洋和陆地地区之间存在着遥相关联系。下文给出了 1900～2014 年进行了 10 年低通滤波后的 AMO 指数（图 4-11）。此指数是用北大西洋海域海温的年平均值减去全球（60°S～60°N）平均的海温

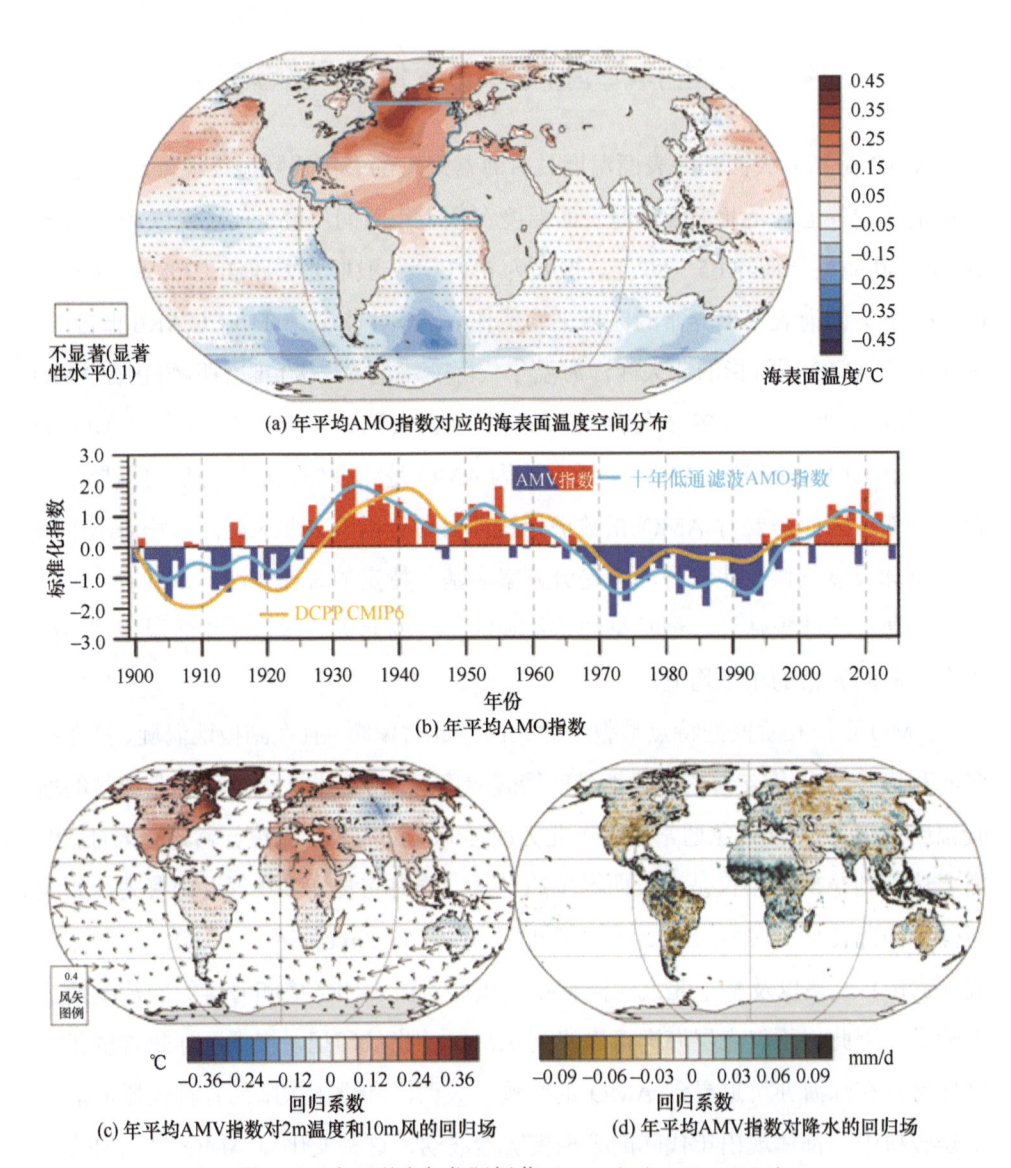

图 4-11 大西洋多年代际振荡（AMO）（IPCC，2021）

(a) AMO 对应的海温异常关键区；(b) AMO 指数 [柱状图，青色线条为 10 年低通滤波结果，黄色线条为年代际气候预测计划（DCPP）CMIP6]；(c) AMO 影响下的地表气温与风场异常；(d) AMO 影响下的降水异常

年平均值得到的。图 4-11（a）为基于 ERSSTv5 海温数据得到的 AMO 指数对海温异常的回归结果。图 4-11（b）为 AMO 指数（柱状），AMO 指数的十年低通滤

波结果（青色线条）及CMIP6模式模拟结果。图4-11（c）为AMO指数对全球地表气温及10m风速的回归值，图4-11（d）为AMO对全球降水异常的回归值。从图中可以看出，AMO不仅能够在多年代际的时间尺度上调节观测到的全球地表温度变化，还能通过遥相关对邻近区域及北极等远距离区域的气温、环流、降水等气候特征产生影响。

### 4.3.1 北大西洋年代际振荡现状及未来变化

在1900年以前，不同的AMO重建资料结果之间一致性较低，AMO重建资料中未出现显著的变化趋势。在公元1400~1850年AMO处于负位相，在公元900~1200年AMO处于正位相，且与热带大西洋记录的地表温度变暖一致。仪器观测表明，AMO的特点是整个北大西洋海盆处于偏暖（AMO正位相）或偏冷（AMO负位相）的时期，海表面温度的平均变化约为0.4℃，且北大西洋副极地涡旋的温度变化幅度更大。基于代用资料对大西洋海洋信号进行重建的结果显示，过去三个世纪中AMO相关的多年代际变率一直存在，这意味着在过去AMO信号几乎不受大尺度气候变迁的影响。多种定义方法得到的AMO指数均表明，AMO正位相大约处于1880~1900年、1930~1965年，以及20世纪90年代中期至今；而大约在1901~1939年、1965~1995年，AMO处于负位相。另有迹象表明，自2005年以来，AMO可能已经向负位相阶段转变。在此期间，AMO没有表现出整体性的持续趋势变化。

到目前为止，对未来全球变暖情况下AMO的长期变化研究仍然较少。气候模式模拟是研究AMO过去及未来变化的主要手段。模式模拟表明，AMO主要是由气候系统内部驱动的，但其中也有20世纪末外部强迫（主要是人为气溶胶）的一些贡献。需要注意的是，目前气候模式在重现观测到的AMO现象方面仍有一定局限性，尤其是在模拟其时间尺度、空间结构和相关物理过程的一致性方面存在困难。作为模式内部变率的一部分，气候模式对AMO及类似变率的模拟研究从IPCC AR5时期一直延续至今。从CMIP5到CMIP6，相关研究都基于工业化前控制试验和历史模拟展开（图4-12）。模拟结果可以用于描述AMO通过大气遥相关与一系列远程气候影响产生的联系。在利用模式数据对AMO变率进行研究时，需要特别注意 AMO 与大量的耦合过程具有密切关联，例如大尺度大气遥相关过程以及与热带云系、北极海冰、撒哈拉沙尘等相关的一系列区域反馈过程。而每个模式对这些过程的模拟性能都不尽相同，因此 AMO 的模式模拟结果在不同模式之间往往存在差异。CMIP5 计划中的模式往往低估了观测到的 AMO，平均而言，模拟的 AMO 事件在海盆尺度的空间结构受限于热带和副极地北大西洋，表现为持续周期较短而强度弱。与现有的观测数据相比，CMIP5 模式低估了 AMO 的主要驱动因素，即 AMOC、NAO 和相关北大西洋急流变化的年代际与年际变化，这对模拟 AMO 的时间统计特征、AMO 引起的遥相关和 AMO 的可预测性有负面影响。更新一代的数值模式 CMIP6 模拟与观测结果相比，副极地北大西洋海表面温度的年代际变率在模式中略被高估，而与 AMO 相关的热带海表面温度异常和 CMIP5 中的表现一致，与观测比较仍然较弱。

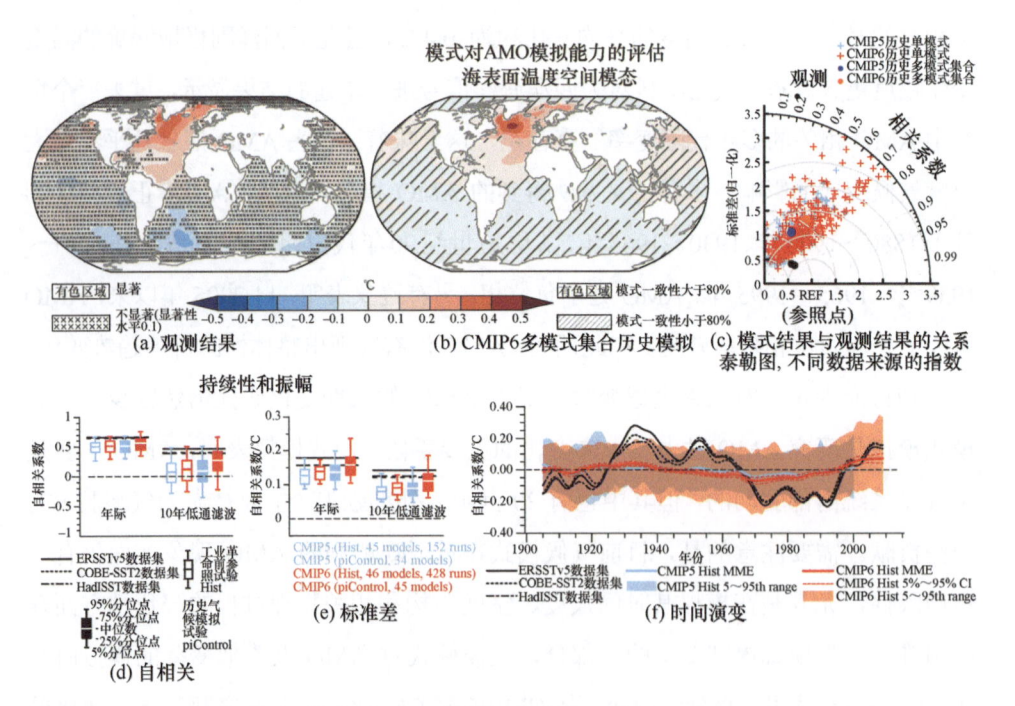

图 4-12　模式对 AMO 的模拟能力的评估（IPCC，2021）

Hist：历史气候模拟试验；piControl：工业革命前参照试验；models：模型；run：运行；MME：多模式集合；5～95th range：5%～95%分位点区间；5～95% CI：5%～95%置信区间

尽管如此，气候模式仍然是探究 AMO 变率及其成因的有力工具。典型浓度路径 RCP8.5 情景下的多模式模拟研究发现，在 RCP8.5 情景下的几十年中，全球增温背景对 AMO 的影响较小，AMO 几乎不会发生变化。但这不代表全球变暖对 AMO 没有影响。由于控制 AMO 的是多个过程的叠加，气候系统内部变率和全球增温伴随的外部强迫因素均会对 AMO 产生影响，且二者之间存在相互作用。前工业革命时代至今，外强迫对 AMO 的周期和强度均有重要影响。观测结果和多模式集合平均结果，尤其是 CMIP6 的模拟结果表明 AMO 的变率变化部分是由于温室气体排放等外强迫造成的。温室气体排放导致全球增暖的同时，人为硫酸盐气溶胶排放导致的降温效果也不容忽视，在 20 世纪后半叶，二者的作用常相互抵消。有证据表明，1955~1985 年，AMO 对 AMOC 增强的响应由于人为硫酸盐气溶胶的影响而延迟，从而在 20 世纪 90 年代中期才由负位相转为正位相。CMIP6 模式结果表明，在 AMOC 及全球平均表面气温（GMST）多年代际变率增大的影响下，副极地北大西洋海温变率增大，进而引起 AMO 自身变率增强，具体表现为强度增强而周期变长。而火山爆发和太阳活动引起的内部变率则在一定程度上导致了 20 世纪 AMO 的负位相。对 AMO 在未来近期的变化情况进行预估时发现，经过初始化的气候模式能提前 5~8 年对 AMO 变化情况进行回报（hindcast）。根据古气候重建和模式模拟，AMO 几乎没有出现长期变化。然而，未来几十年 AMO 会通过影响区域气候，增强或抵消全球变暖的一些影响。

## 4.3.2 北大西洋年代际振荡对区域气候的影响

相较于陆地，海洋的热容量大，变化周期长，因此 AMO 等海温变化模态成为区域气候变化的关键驱动力。在海洋动力过程（如大西洋经向翻转环流的变化）、外部强迫和当地大气强迫的共同作用下，AMO 不仅可以影响邻近区域的气候，还可以影响远距离大陆的气温和降水等气候要素。大量研究指出，AMO 的变化可以部分解释观测到的北半球平均温度的变化，并能起到调节自然和人为强迫的作用。自 20 世纪 90 年代末以来，这种影响促成了黄淮流域降水的增加。AMO 正位相和北大西洋副热带西扩使北美洲季风撤退偏早事件出现频率更加频繁。AMO 对应的北大西洋海表面温度及气压异常通过西风急流传播的全球遥相关模态对东亚季风产生影响。北大西洋海温暖异常会引起局地绝热加热及瞬变涡旋活动异常,同时北大西洋上空的副热带急流较气候态偏弱,而副极地急流偏北。在这种背景下,北大西洋暖海温引起的异常罗斯贝波列沿大圆路径从北大西洋传播至东亚,并在华南及中南半岛东部上空造成高压异常及降水负异常。AMO 处于负位相时,北大西洋海温偏冷而热带大西洋海温偏暖,北大西洋上空经向温度梯度增大,相应地,北大西洋副热带急流增强且纬向性更强。伴随这些大尺度环流背景,波列异常倾向于沿夏季亚洲急流向东传播,对东北亚产生影响。AMO 还可以通过调制热带西太平洋海表面温度,调制 ENSO 的强度变率等途径对远距离局地气候产生影响(Sun et al., 2017)。当 AMO 处于不同位相时,ENSO 在东亚、东南亚等区域引起的降水异常有显著不同(Fan et al., 2019)。AMO 通过影响海–气相互作用,调制 ENSO 强度,进一步影响厄尔尼诺引起的西北太平洋反气旋异常的位置和强度,使华南及中南半岛出现降水异常。

  AMO 遥相关有很强的季节性,这种模式主要是与北方冬季大气动力学和局部海冰形成量减少有关。冬季中纬度西风减弱,同时,北大西洋热带区域的信风减弱,这与 NAO 的负位相阶段类似。在欧洲上空,与 AMO 有关的信号年均较弱,但却具有明显的季节性遥相关以及由 AMO 控制的大气环流与大气热力变化作用。AMO 正位相下,一系列的动力及热力作用使得北极海冰减少,且局部变暖可延伸到近极地区域,地中海地区(包括北非和中东)全年偏暖,欧洲夏季偏暖。AMO 负位相下,通过加强阻塞和急流南移使得欧洲冬季更冷。在 AMO 正位相期间,地中海夏季温度上升 0.2~0.8℃。20 世纪 90 年代前后,AMO 诱发了向南欧夏季变暖的转变,这一现象与线性斜压大气对 AMO 相关地表热通量的响应有关。AMO 与南美洲东南部降水存在负相关关系,热带大西洋的冷异常通过诱导对流层上层流向赤道,导致南美洲东南部的上升运动,从而有利于南美洲东南部降水增加。正位相 AMO 下,经向海表面温度梯度变化导致大西洋热带辐合带(ITCZ)北移;AMO 在夏季通过影响西非季风,导致萨赫勒地区降雨量增加,并通过调节飓风的发生使加勒比海海域更加湿润;相比之下,巴西东北部和南美东南以及北美大平原更加干旱;欧亚大陆北部的降水和河流径流加强。由于全球遥相关，AMO 也影响其他季风系统，其对气候的调制作用在整个热带太平洋上空，以及印度、东南亚和海洋性大陆均有体现。

海洋动力过程在激发 AMO 及影响 AMO 与北大西洋涛动（NAO）的相互作用上发挥着重要作用。由于非线性相互作用，海洋模态的动力过程同时受到多种空间和时间尺度的气候变率的影响。这种相互依存关系会导致二者关系及其对区域气候影响的特征随时间发生变化。应用动态调整方法（dynamical adjustment methods）可以更精确地确定 AMO 对大陆气候的影响。动态调整方法的主要优势是缩小模式集合中变量趋势的扩散，并使动力学调整后的观测趋势更接近多模式集合平均值所估计的强迫响应。若应用动态调整方法对欧洲冬季气温和降水趋势进行研究可以发现，AMO 的正位相在热力学上引起的夏季温度异常被环流异常进一步加强；同时，降水信号主要由其对 AMO 的动态响应控制。AMO 不仅可以调节大西洋尼诺的特征，还可以调节印度洋和太平洋之间的遥相关关系。特别是，当 AMO 负位相时，赤道大西洋海表面温度变率增强时，大西洋尼诺与 ENSO 的关系最强。

## 4.4 太平洋海温模态的变化及气候影响

PDO 是一种中心位于太平洋中纬度海域，具有 60~80 年长周期和大尺度特征的气候变率信号（Mantua and Hare，2002），其指数一般定义为 20°N 以北，太平洋海温异常的 EOF 第一模态对应的时间系数。PDO 处于正（负）位相时，20°N 以北的太平洋中部偏冷（暖），热带中东太平洋偏暖（冷），北美西岸偏暖（冷），热带太平洋海温异常分布与厄尔尼诺事件类似（相反）（图 4-13）。在过去百年中，PDO 于 1925 年、1947 年、1977 年经历过三次位相转变，其位相转变对 ENSO 有重要调制作用。基于树轮等各种代用资料的结果证明了 PDO 在仪器观测数据出现之前的几个世纪中一直存在，阿留申低压的强度是判断 PDO 正负位相的重要大气环流表征。PDO 在全新世早期和中期持续处于负位相，此阶段阿留申低压偏弱，全新世晚期 PDO 位相发生转变，阿留申低压偏强。伴随 PDO 位相转变，PDO 的周期也发生了明显变化，全新世早期的具有两年周期，之后 PDO 周期变为五年，到全新世后期只有五年周期。17 世纪末以来，阿留申低压发生了前所未有的增强，这与 PDO 低频变率的增加一致。需要特别注意的是，PDO 指数与 IPO 指数在时

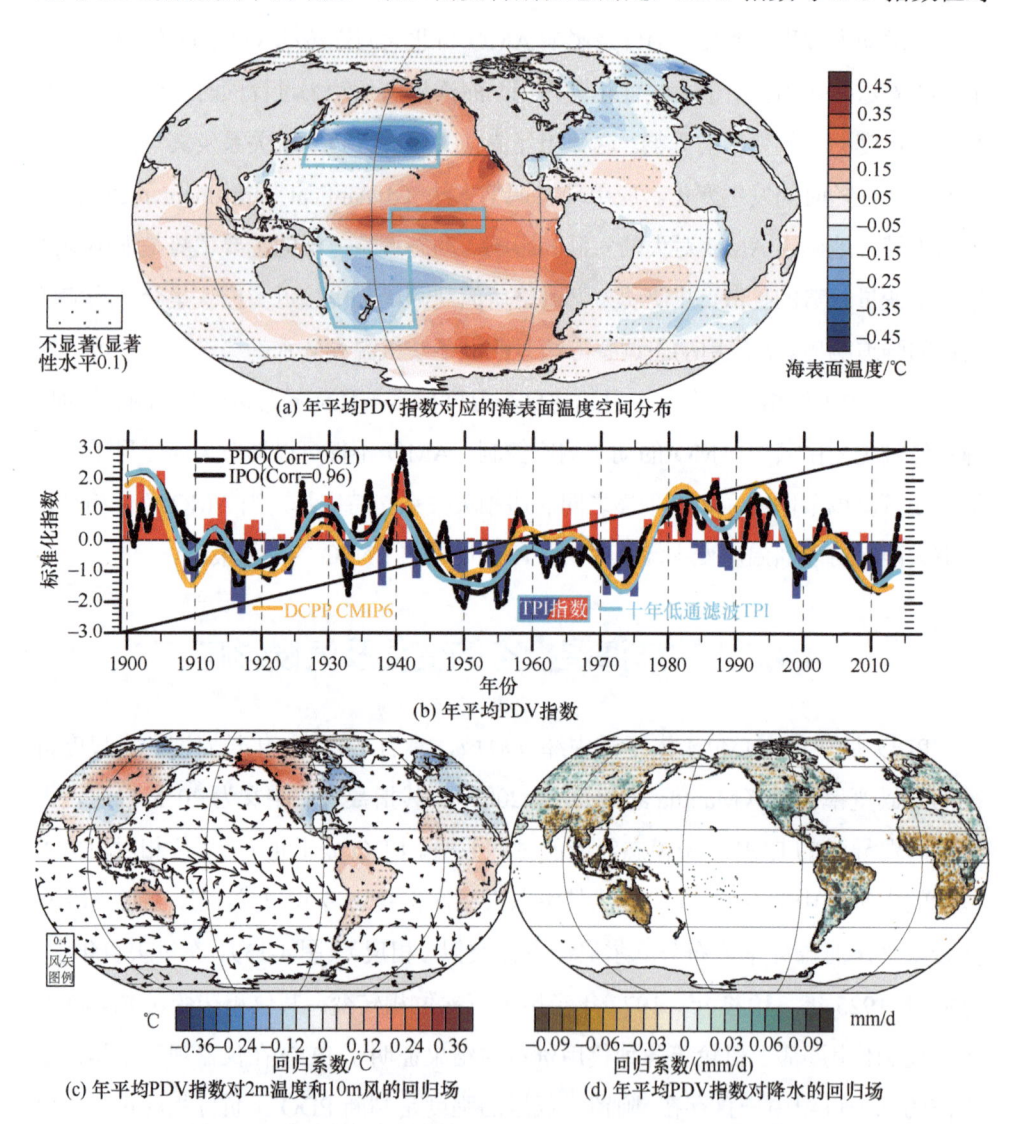

图 4-13 太平洋年代际变率（Pacific Decadal Variability，PDV）

PDV 对应的海温异常关键区（a）、PDV 指数（b）和 PDV 影响下的地表气温与风场异常（c）；（d）PDV 影响下的降水异常；（b）中 Corr 表示与低通滤波 TPI 相关系数，太平洋年代际振荡（IPO）指数与 PDO 指数有一致的变化特征，计算方式不同；TPI，tripole Index，三极子指数

间变化及空间模态上均有显著的相关性，但与 IPO 相比，PDO 模式在北太平洋热带以外地区表现出更强的海表面温度异常，不同时期二者海表面温度异常的强度和结构也不同，但考虑到 IPO 和 PDO 在时间上高度相关，通常将二者共同作为太平洋年代际的变化信号对待，统称为太平洋年代际变率，用来描述在整个太平洋的超出 ENSO 时间尺度的长周期大规模振荡。下图的展示均以 PDV 为例。

PDO 的正位相阶段的特点是，从日界线到美洲海岸的热带太平洋中东部地区海表面温度异常偏暖，在中纬度地区海表面温度异常偏冷，形成马蹄形冷海温异常。该异常模态与 ENSO 和通过大气遥相关产生的海表面温度异常有一定的相似性。然而与 ENSO 相比，PDO 的特点是热带太平洋的海表面温度异常在经向范围更宽，能延伸到亚热带，且热带外的海表面温度异常相对更强。

### 4.4.1　太平洋年代际振荡现状及未来变化

在 CMIP5 情景上千年的模拟中，整个模式集合系统内 PDO 的时间变化特征在模式间各不相同，这恰恰证明了内部变率是引起 PDO 的重要因素，这一结论也得到了基于 CMIP6 情景的大型多模式集合模拟研究结果的支持：PDO 是驱动气候系统年代际变化的重要内部变率（图 4-14）。因此，不论是在全球还是区域尺度上研究人类活动对气候系统年代际变率的影响时，都必须要考虑到 PDO 这一重要内部变率的影响。多数研究认为，受 20 世纪 90 年代中期 AMO 位相转变的影响，异常增暖的 NAO 及印度洋所引起的海盆间遥相关作用导致 21 世纪初 PDO 转变至负位的时间有所延迟。

虽然 PDO 主要被理解为一种气候系统内部变率，但有证据表明人类活动引发的海表面温度变化可反映在 PDO 变化上，并在一定程度上影响着其过去的演变特征。在 21 世纪初，全球增温速率变慢，人为气溶胶排放引起太平洋沃克环流增强，并对 PDO 从正位相转至负位相有一定影响。多模式集合模拟结果表明，20 世纪 80 年代以来 PDO 向负位相转变的趋势偏弱，这也是受到人类活动引起的外强迫影响，而不单单是自然变率控制的结果。需要指出的是，历史期 PDO 位相转变的主要驱动因子是气候系统内部变率，人类活动引起的外强迫过程在这一变化中的作用较弱，多模式大型集合研究表明,外强迫对PDO变率的贡献占比仅为15%左右。考虑到外强迫对印度洋的年代际变化及AMO可能产生影响,外强迫对PDO的控制途径可能是间接的,通过影响印度洋和北大西洋后再由海盆间的遥相关作用控制PDO。

21世纪初的全球增暖停滞现象与PDO负位相的减缓作用有关。随着全球变暖,PDO将具有更弱的振幅和更高的频率。随着北太平洋风应力减小和副极地与副热带海洋涡相互作用的弱化,海表面温度变率和黑潮-亲潮交汇区域经向梯度的减弱削弱了PDO的振幅。气候变暖后海洋分层的增强和混合层的变浅,增加了向西传播的海洋波的相速度,从而缩短了海温的年代际变化分量,最终导致PDO频率增加。气候变暖时PDO的减弱可能会减少全球平均地表温度的内部变率,因此,较弱和较高频率的PDO可以减少内部变率对全球温度变化趋势的贡献,并最终导致出现增温停滞事件的概率降低。

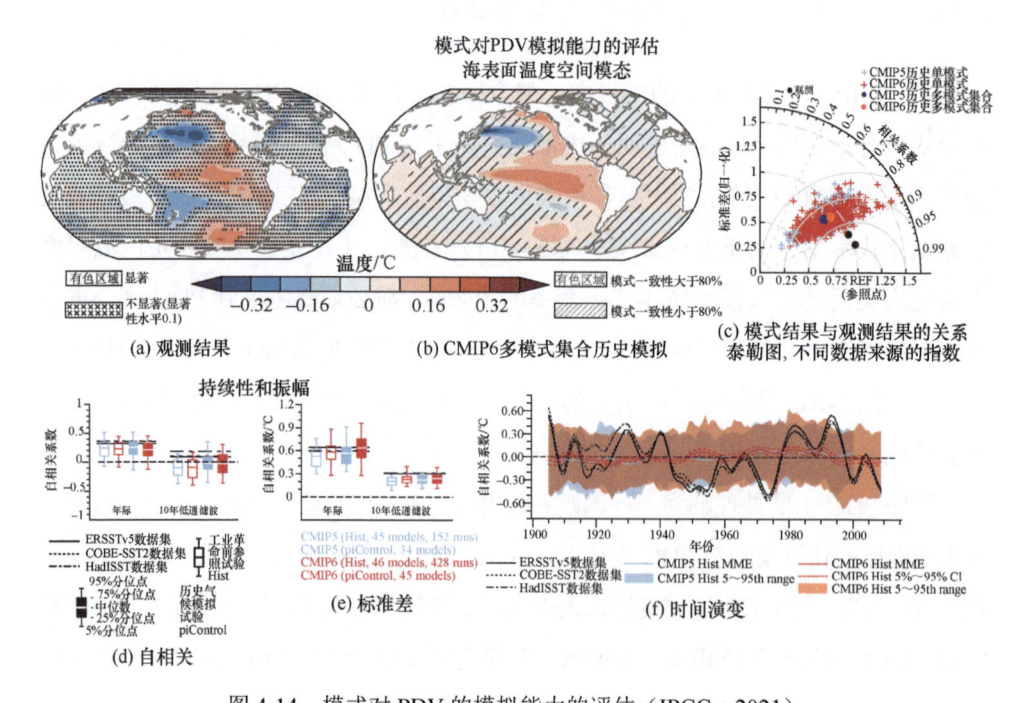

图4-14 模式对PDV的模拟能力的评估(IPCC,2021)

Hist:历史气候模拟试验;piControl:工业革命前参照试验;models:模型;run:运行;MME:多模式集合;5~95th range:5%~95%分位点区间;5%~95% CI:5%~95%置信区间

## 4.4.2　太平洋年代际振荡对区域气候的影响

除了外强迫作用之外，PDO 是影响全球温度变率最重要的模态，在全球地表温度年代际变化趋势的加快和停滞中发挥了重要作用，并可通过遥相关作用影响区域气候。模式模拟及观测资料均显示，PDO 正位相下的海表面温度异常与东亚季风 20 世纪 70 年代末以来的减弱、20 世纪后半期印度季风降水减少、非洲季风减弱以及萨赫勒降雨量减少有关。而在 20 世纪 90 年代末之后 PDO 从正位相到负位相的转变则导致了东亚季风强度的恢复及 2002 年以来印度季风降雨量的增加。在 PDO 的正位相下，北美西北异常偏暖，阿留申低压加强并东移，在阿拉斯加上空形成南风异常及增温大值区，来自北极的空气导致冷平流加强，西伯利亚和远东地区气温异常偏冷；在 PDO 正位相下，北美高空急流尾部风速增强，北美太平洋沿岸降水增多，且在冬季尤为明显；同时，北美大陆南部变得更冷更湿，降水异常现象在夏季最为明显。PDO 的负位相是导致美国西部和中部干旱的重要原因。在热带地区，PDO 可以调节热带气旋活动：PDO 正位相可以增加菲律宾海和热带北太平洋东部地区热带气旋生成频数，减少热带北大西洋和南太平洋西部的热带气旋生成频数。PDO 正位相下，海洋性大陆地区、澳大利亚大部分地区和亚马孙地区将比常年更加温暖干燥，并且会增加澳大利亚的干旱风险；而 15°S 以南的南美洲则降水偏多，比常年更加湿润。除了 PDO 自身引起的热带海温异常及其遥相关响应，热带外海表面温度异常也可以调节区域气候异常。在海洋中，正位相的 PDO 会增加白令海和东太平洋亚热带地区海洋热浪的发生，而负位相的 PDO 会增加黑潮-亲潮延伸体、美拉尼西亚群岛和热带印度洋区域的海洋热浪。PDO 可以通过调节海表面温度影响北美降水异常的强度。

PDO 与其他气候模态间也具有遥相关关系。在年际时间尺度上，ENSO 现象是全球地表温度变率的主要内部驱动因素。PDO 可以通过对厄尔尼诺和拉尼娜的调制在年代际时间尺度上影响区域气候与 ENSO 的关系，此外，PDO 对热带太平洋大部分区域的海表温度年际变率强度也存在调制作用：当 PDO 处于正位相时，热带太平洋大部分区域的海表温度年际变率强度比 PDO 处于负位相时更强。造成这种现象的可能成因是 PDO 对 ENSO 的调制具有非对称性，PDO 正位相下强厄尔尼诺事件增多，ENSO 振幅增大，变率加大，但是 PDO 负位相对拉尼娜事件的影响能力有限。因此，当 PDO 处于正位相时，ENSO 整体变率更大，热带太平洋海表温度的年际变率强度在 PDO 处于正位相时比 PDO 处于负位相时更大。在此背景下，PDO 在近百年的位相变化对 ENSO 与南海夏季风的关系和南海夏季风的年际变率强度均有影响，PDO 正（负）位相→ENSO 更强（弱）→热带西太平洋海温年际变率强度偏强（弱），同时 ENSO 与南海夏季风的关系更强（弱）→南海夏季风年际变率强度更强（弱）。PDO 与 ENSO 的协同作用对野火现象的年际和年代际变率有部分调制作用，与 PDO 相关的持续干旱和严重热浪在许多地区是野火发生的前奏。在年代际时间尺度上，考虑到 AMO 也可以通过影响北大西洋西风急流，改变全球遥相关模态从而对东亚季风产生影响，PDO 还与 AMO 存在协同影响作用，当 PDO 和 AMO 处于相反相位时，前者对驱动中国区域气候南涝北旱形势有较大的影响。又如，有研究表明 PDO 和 AMO 之间存在明显的负相关关系，AMO 可能部分影响了 PDO 的位相，PDO 可能是印度洋海温变率年代际变化的主要驱动因素，而印度洋海表面温度对 PDO 也具有一定的影响。

# 第 5 章

# 海冰和积雪对区域气候变化的影响

积雪是冰冻圈最大的组成部分，覆盖地球陆地表面约 33%的面积。积雪对气候变化十分灵敏，可用于表征气候变化的特征，研究积雪对于理解和预测全球气候变化具有重要意义。积雪作为气候系统中不可分割的组成成分，具有明显的时间变化特征。独特的高反射率和低热导性特征，使得积雪可以影响到地表能量收支和水分平衡过程，从而导致当地甚至更大尺度的环流模式和气候变化。积雪下垫面能引起地表辐射显著减少，从而减缓大气的加热过程，同时，积雪异常能改变海陆热力性质对比，对季风造成显著影响。因此，积雪作为重要的强迫因子能作用于全球气候变化。

海冰是海中一切冰的总称，主要由海水冻结而成，也有部分来自江河注入海中的淡水冰。海冰是大气和海洋相互作用的结果，是在一定的海域中，以内能和热能的转化为主要矛盾，并达到临界状态（温度低于海冰的冰点）的产物，其生成、发展和消融是一个复杂的物理过程。海冰的热传导系数略大于海水的分子热传导系数，因而海冰限制了海洋向大气的热量输送，而且也使海洋的蒸发失热大为减少，从而形成了海洋的保护层。由于海冰上部的空隙比下层的空隙多，所以其热导系数也随深度（即由冰面向下的厚度）而增大，超过 1m 的海冰热传导系数与纯水冰相差不大,在表面附近约为纯水冰的 1/3。海冰对太阳辐射的反射率远比海水的大,海水的反射率平均只有 0.07,而海冰可高达 0.5~0.7。由于海冰的覆盖范围比陆冰还大,故其反射的能量无论是对海洋自身,还是对气候状况,都有不可忽视的影响。此外,全球冰量的变化通过改变海洋盐度和温度触发大洋环流逆变,从而改变全球气候格局。

近几十年来,北极海冰、欧亚大陆积雪及青藏高原积雪迅速萎缩,气候系统及区域气候对此变化的响应异常强烈。因此,本章将重点介绍北极海冰、欧亚大陆积雪及青藏高原积雪的时空特征、变化原因及其未来变化。

## 5.1 北极海冰

地理上,北极范围的界定通常指北极圈(66°34′N)以北的海陆区域,总面积约 2100 万 km$^2$,是冰冻圈集中分布区。由于冰冻圈对气候的高度敏感性和重要反馈作用,北极成为全球变化最快速、最显著、最具指示性的区域之一。北极海冰是北极冰冻圈的主要要素,作为地球气候系统的重要组成部分,不仅是全球气候变化的指示器,也是全球气候变化的放大器,在地球气候和区域生态系统中发挥着至关重要的作用。首先,海冰及其上面覆盖的积雪具有很高的反照率,反射了大部分的太阳辐射,从而抑制地表增暖。其次,海冰作为极地海洋的上边界,其存在阻碍了海洋与大气的物质能量交换,对海–气相互作用产生重要影响。北极海冰的持续退缩,将增加北极的能量来源,导致北极气温、海温等的一系列变化。此外,北极海冰是北极海洋哺乳动物的栖息场所,海冰形成和融化影响食物网和海洋上层的生物化学平衡。北极海冰既促进也威胁着北极地区的人类活动,包括土著狩猎、运输、海上航行和国家安全等。除了对北极陆地和海洋环境产生影响,改变北极的生态平衡,北极海冰的变化也影响到北半球乃至全球天气气候,关系到人类的生存和发展。中国作为"近北极国家",北极变化对中国的气候系统和生态环境有直接或间接影响。因此,了解北极海冰的变化特征和机制,以及北极海冰对亚洲区域尤其是中国气候的影响至关重要。

## 5.1.1 北极海冰变化特征

海冰，一般是指由海水降温凝固冻结而形成的冰。北极主要分布有三种类型的海冰：①多年冰，指多年以上的陈冰，在北冰洋大概有 600 万 km² 的永久性冰盖，多数海冰的年龄是 5 年以上。②固定冰，指随潮汐上下移动，1 年内大部分时间保持固定，一般紧挨北冰洋沿岸的海冰。③块冰，指分布在陈冰周围的冰块，也叫浮冰、流冰等。北极海冰具有显著的季节循环特征：夏季由于北半球太阳辐射加强，气温升高，海冰开始消融，海冰覆盖范围持续减小，9 月达到年度最低值（1991～2020 年平均值为 $5.58\times10^6$ km²）；此后，随着极夜的到来，海冰不断增长，在次年 3 月达到最大值（1991～2020 年平均值为 $1.503\times10^7$ km²），约占北半球面积的 5%。图 5-1 展示了 2022 年 3 月和 9 月监测到的北极海冰覆盖情况（数据源自 https://www.noaa.gov/）。北极海冰厚度也存在季节循环特征。根据卫星估算结果，11 月北极海冰厚度最小，平均厚度约为 1.544 m，仅在加拿大北极群岛

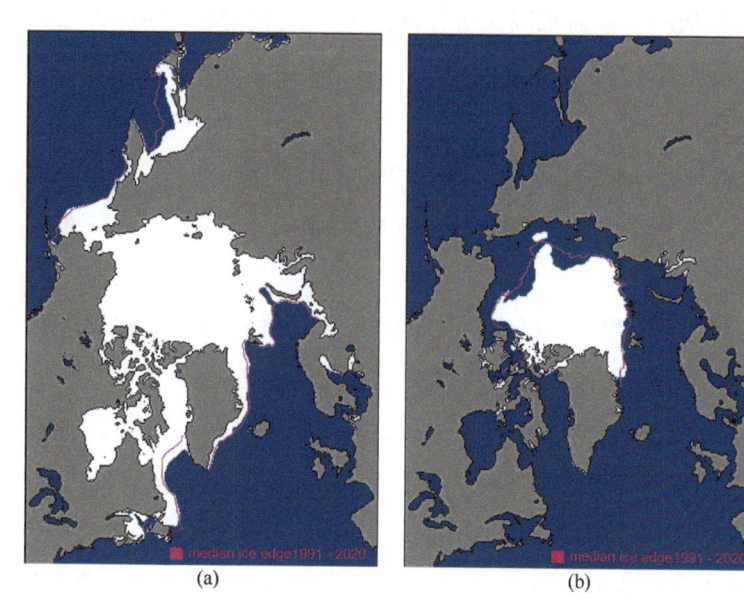

图 5-1 2022 年 3 月（a）和 9 月（b）北极海冰覆盖情况
红线为1991～2020 年平均覆盖范围（美国国家海洋和大气管理局。
https://arctic.noaa.gov/report-card/report-card-2022/sea-ice/）

北部海域出现少量厚冰。11月，更多的厚冰出现在格陵兰岛和加拿大北极群岛北部海域，而在楚科奇海、东西伯利亚海、拉普捷夫海和喀拉海等海域出现薄冰，平均海冰厚度约为1.543 m。1月，海冰厚度继续增长，在北极中央海域出现大量厚冰。2月继续增长到3月平均厚度达到2.043 m，同时更多的厚冰出现在各个海域。4月海冰厚度达到最大，约2.147 m。

全球变暖导致北极地区迅速升温，延长了海冰的消融期，推迟且缩短了冻结期，导致海冰的覆盖范围和厚度急剧下降。研究表明自1979年有卫星监测以来，多次记录到创纪录的低海冰覆盖范围，其中9月海冰减少最为显著。北极海冰的减少主要表现在海冰覆盖范围减小，海冰密集度减小，海冰厚度减薄/体积减小和多年冰向季节冰转变四个方面。

IPCC AR6报告指出，相对于1979~1988年，2010~2019年8~10月的北极平均海冰覆盖范围减少了$2 \times 10^6$ km²（约25%）；同时，2011~2020年北极年均海冰覆盖范围达到了自1850年以来的最低水平（高信度）(IPCC，2021)。除白令海外，北极海冰覆盖范围在所有月份均呈下降趋势(AMAP，2021)。北极海冰减少量在夏末初秋（9月）达到最大值，减少大值区位于楚科奇海、东西伯利亚海、拉普捷夫海、喀拉海和巴伦支海；而3月减少大值区主要在巴伦支–喀拉海。夏季海冰自20世纪90年代中期开始加速消退，9月海冰范围最低值发生在2012年，而冬季海冰自2000年开始加速消退，3月海冰范围最低值发生在2018年（图5-2）。

此外，海冰密集度也在减小，根据IPCC冰冻圈特别报告（2019年），1979~2020年9月北极平均海冰密集度变化速率为–13.1%/10a，3月变化速率为–2.6%/10a。密集度减少的空间特征与覆盖范围变化相似（图5-3），夏季海冰密集度减少最快地区在西北冰洋海域（包括波弗特海、楚科奇海和东西伯利亚海），1979~2016年变化速率为–15.4%/10a；冬季最大消退区域在巴伦支海和喀拉海，1979~2016年变化速率为–6.4%/10a。海冰密集度减小导致北极大范围的密集冰区发生破碎，形成由大大小小冰块组成的冰区。

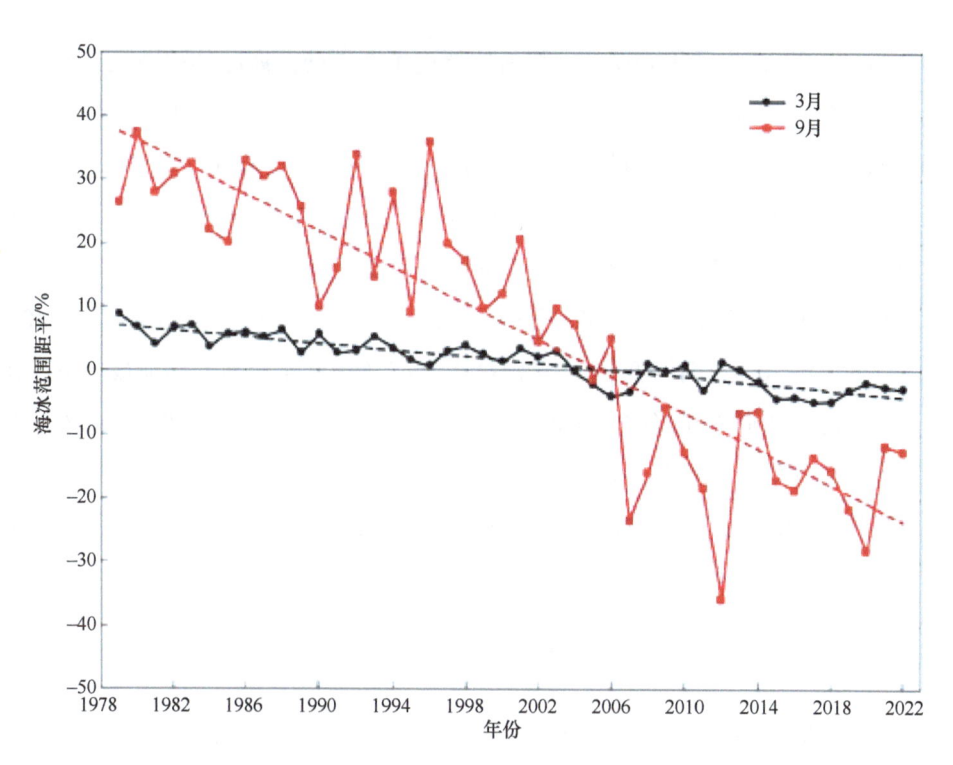

第 5 章 海冰和积雪对区域气候变化的影响 | 135

图 5-2 1979~2022 年 3 月和 9 月海冰范围距平（相对于 1991~2020 年）及其线性趋势线（美国国家海洋和大气管理局。https://arctic.noaa.gov/report-card/report-card-2022/sea-ice/）

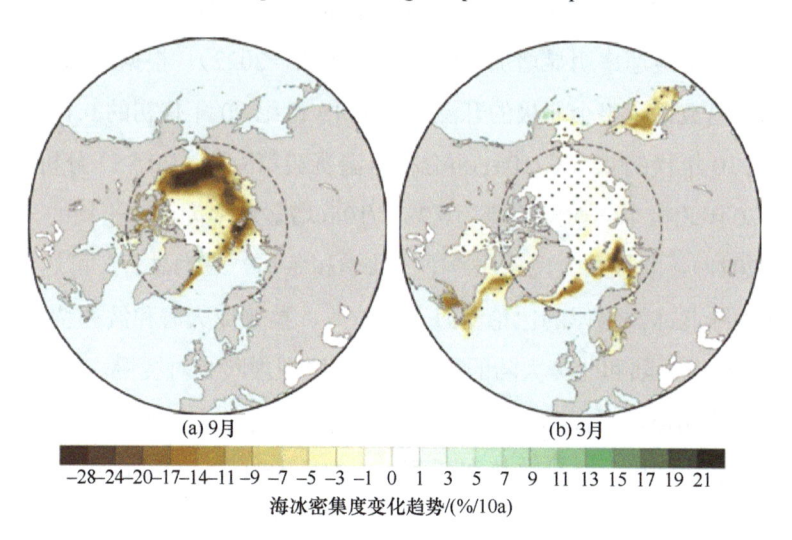

图 5-3 1982~2017 年 9 月/3 月海冰密集度变化空间分布（IPCC，2021）

IPCC AR6 报告结果表明，北极海冰厚度不断减薄，海冰体积减小（很高信度）。多个卫星数据显示，2000～2012 年，北极的冰层厚度每十年减少（–0.58±0.07）m。水下探测数据表明北冰洋中部海冰厚度在 1979～2012 年减少了 65%，从 3.59 m 减少到 1.25 m。海冰体积在 2003～2018 年冬季和秋季分别以 2870 km$^3$/10a 和 5130 km$^3$/10a 的速率减小。多年冰向季节冰转变，1979～2018 年，至少 5 年的海冰比例从 30%下降到了 2%；同期，一年冰的比例从大约 40% 增加到 60%～70%（高信度）。北极海冰多年冰（超过 4 年冰）逐渐被季节冰替代，北极海冰正向着年轻化、稀薄化和快速移动化发展（很高信度）。此外，北极海冰融化开始日期提早，而冻结较晚。自 1979 年以来，北极海冰融化季节每十年延长 3 天。融池的形成有变早的趋势，导致海冰上安全活动的时间长度减少（IPCC，2021）。

### 5.1.2　北极海冰消融和北极增暖放大机制

全球变暖背景下，北极是全球地表气温增暖最剧烈的地区，增温幅度高达 1.2 ℃/10a，是全球平均增温幅度的 3 倍以上，这种现象被称为"北极增暖放大"（图 5-4）。观测和再分析数据显示，北极的近地表气温快速升高，尤其自有卫星记录以来，北极增暖速率明显增加（Rantanen et al.，2022）。根据 1880～2021 年观测的全球气温数据，整个北极的升温速率从 19 世纪 90 年代初的 0.14℃/10a 增加到 21 世纪 10 年代的 0.21℃/10a。再分析气温资料第五版（ERA5）分析结果显示，1979～2020 年北极全年增温趋势为 0.72℃/10a，增暖速率为全球平均的 2～3 倍（蔡子怡等，2021）。北极放大现象在冷季（秋季和冬季）最为显著，可达 4 倍以上，其中欧亚大陆北冰洋沿岸的巴伦支海、喀拉海、拉普捷夫海和波弗特海增暖最为明显，而在欧亚大陆和北美大陆的高纬度陆地区域增暖相对缓慢。在垂直方向上，大多数季节的北极增暖都延伸到对流层上层，在近地表最为明显。经向气温梯度随着高度增加而降低，这种趋势在冬季和秋季最为明显，夏季则相对较弱。

北极海冰消融和北极增暖之间存在相互作用，同时受到一些共同机制的作用。海冰消融首先受到温室气体强迫的影响。20 世纪中期之后，由 $CO_2$ 排放导致的全

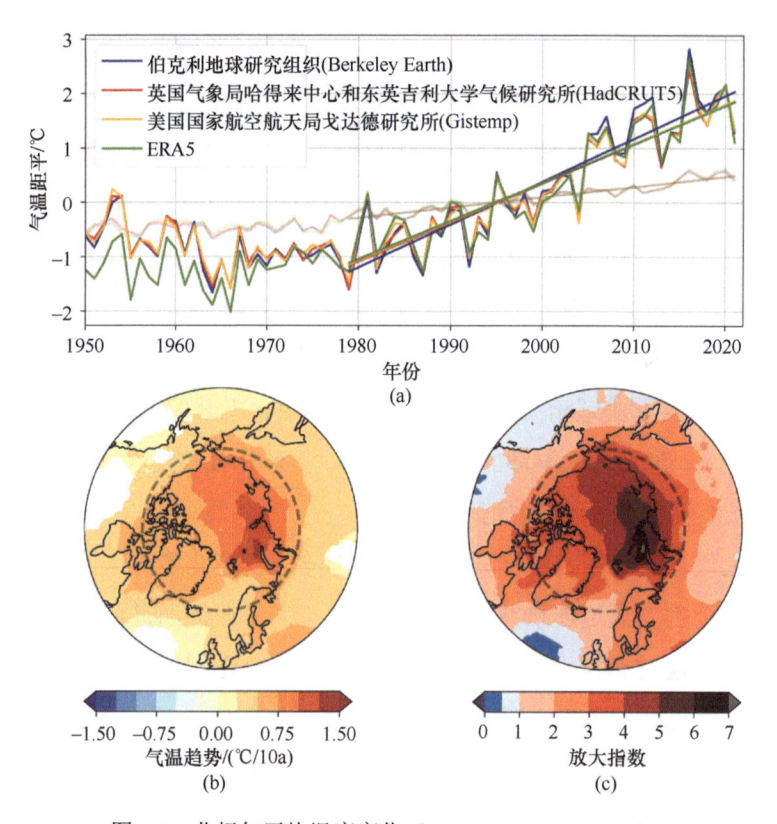

图 5-4 北极年平均温度变化（Rantanen et al.，2022）

(a) 1950~2021年北极（66.5°~90°N）（深色）和全球（浅色）的年平均温度距平（相对于1981~2010年）；(b) 1979~2021年的年平均温度趋势，来自观测数据集的平均值；(c) 计算的1979~2021年的局部放大指数，来自观测数据集的平均值，(b) 和 (c) 中的虚线描绘了北极圈（纬度66.5°N）

球变暖和北极放大现象加剧，同时海冰消融也加剧。定量研究指出人类每排放 1t 的 $CO_2$ 会导致北极海冰覆盖范围减少约 3 $cm^2$，若不考虑其他因素，人类向大气排放 10000 亿 t 的 $CO_2$ 将可能导致北极夏季海冰在未来 20~25 年内完全消失。然而，气候模式模拟的结果明显偏低，说明除了人类温室气体排放的影响外，还有其他因素对海冰变化起着重要作用。例如，大尺度大气环流等通过热力和动力过程对北极海冰变化造成影响。早期研究指出北半球大气主模态北大西洋涛动（NAO）和北极涛动（AO）与北极海冰消融存在联系，20 世纪 80 年代至 90 年代中期，NAO/AO 指数加强促进了北冰洋欧亚海盆的海冰消融，当 NAO/AO 处于正位相时，波弗特反气旋环流减弱，中北冰洋海冰流动性加强导致穿极漂流西移，有利于海冰从弗拉姆海峡输出，此外也通过热量和水汽输送的热力过程加剧了海冰融化。但在 90 年代中期以后，NAO/AO 转为负位相，而北极海冰继续加速消融。有学者将 90 年代后海冰消融归因为北极偶极子（AD），AD 正位相时，北冰洋欧亚大陆一侧低压加强，而北美一侧高压加强，使得北极海冰向东经过弗拉姆海峡流入大西洋，并加强了北太平洋向北极的水汽和热量输送，进而加速海冰融化。另有研究认为极地反气旋对夏季海冰融化有很大贡献，其中西北冰洋的反气旋环流与太平洋–北美遥相关（PNA）型密切相关，上升的 PNA 加强了西北冰洋的反气旋环流，通过北太平洋的向极热量和水汽输送使该地区气温和湿度增加，通过向下长波辐射加速了海冰消融。

除了大气环流作用，海洋向北极的热量输送也是北极海冰消融的主要驱动因素。有两个主要通道连接北冰洋和中纬度海洋，西侧通过白令海峡与太平洋相通，东侧则通过弗拉姆海峡和巴伦支海与北大西洋相通。通过白令海峡进入北冰洋加拿大海盆的太平洋暖水在 20 世纪 90 年代后增加，这不仅加速了该区域的海冰消融，也在冬季作为热源增加了次表层海水温度，导致西北冰洋地区海冰厚度持续减小。但由于白令海峡宽度较小，水深较浅，总体来说对北极海冰消融影响有限。北大西洋暖水输送对北极海冰消融影响更为突出，其一部分以挪威沿岸流的形式向东穿过巴伦支海进入北冰洋，另一部分则继续向北，沿西斯匹茨卑尔根流经弗拉姆海峡进入北冰洋，这两个分支在喀拉海北部相遇，通过对流潜沉，在冷而淡的北极表层水下形成中层水，随后输送到北冰洋各个海盆。观测记录表明，20 世纪 70 年代以来，北大西洋暖水温度和输送至北极的热通量显著增加，这导致了欧亚海盆地区海冰覆盖减少，厚度减薄，海水分层减弱而垂直混合增加，出现了"北冰洋大西洋化"的趋势。上述大气和海洋过程也通过大气和海洋热输送促进了北极增暖。此外，大西洋和太平洋海温的调制作用也对北极海冰和增暖有影响。太平洋和大西洋海表温度都具有显著的年代际变化，被称为太平洋年代际振荡（PDO）和大西洋多年代际振荡（AMO），PDO 正位相通过阿留申低压加深，有利于暖空气进入北美一侧的北极，而 AMO

主要影响北极大西洋一侧增暖，有研究指出当 PDO 和 AMO 同时处于正位相时，北极的增温最显著，反之则显著偏冷。

由于北极独特的地理环境和气候特征，北极地区还存在许多反馈机制，与北极海冰消融和北极增暖放大现象息息相关，北极增暖放大现象与北极局地气候反馈和北极以外的热输送等两个方面密切相关（图 5-5）。北极局地气候反馈主要有海冰-反照率反馈、云和水汽反馈、大气温度反馈等，北极以外的热输送主要包括大气和海洋环流的输送，以及大西洋和太平洋海温对向极热输送的调制和驱动作用等（武丰民等，2019）。许多研究认为海冰消融是北极增暖放大的关键驱动因子之一，海冰具有高反照率，融化后形成开阔水面，导致海洋在夏季可以吸收更多热量而在秋冬季释放到大气中，造成近地表气温进一步升高，气温升高又会使海冰减少，从而形成海冰-反照率正反馈，可以使北极的增暖信号被放大。云和水汽反馈是另一重要反馈机制，包括两种相反影响，一方面通过反射太阳辐射导致极地变冷，另一方面又通过吸收长波辐射通过温室效应促使极地变暖。研究表明，除夏季外，云和水汽对北极地表总体呈现加热作用，特别是低云的作用，其受到当地海水蒸发的控制较多，海冰消融后，海洋湍流输送导致对流层底层湿度和云量增加，使得向下长波辐射增多，进一步导致增暖。另外还有大气温度反馈，包括温度递减率反馈和普朗克反馈。在干绝热条件下，干结大气的温度垂直递减率约 $9.6℃/km$，但在不同气候条件下温度递减率相差较大。在热带地区，积云对流加热使得对流层中高层的升温明显大于低层，温度廓线更接近湿绝热递减率，中高层的增温有助于向外长波辐射增加，减小大气层顶的辐射强迫，低层就不需要很大的温度调整来射出长波，这是负的"温度递减率反馈"。而在北极地区，温度递减率反馈为正。由于极地大气层结比较稳定，垂直运动很少，低层和中高层大气耦合较弱，增温主要限制在低层，从而抑制了向外的大气长波辐射，加剧了北极增暖。普朗克反馈基于普朗克定律，根据普朗克定律，在同等的外部辐射强迫下，绝对温度越高，为达到向外辐射能量平衡所需要的温度调整便越小。由于北极的绝对温度极低，在同等辐射强迫下，相比于低纬度地区北极需要更高的增温来达到新的平衡，从而形成北极增暖放大现象。向极输送方面，大气环流和洋流的变化使向极水汽和热量输送增多，而大西洋和太平洋海温的年代际变化以及热带太平洋海温异常是驱动大气环流变化的主要原因（武丰民等，2019）。

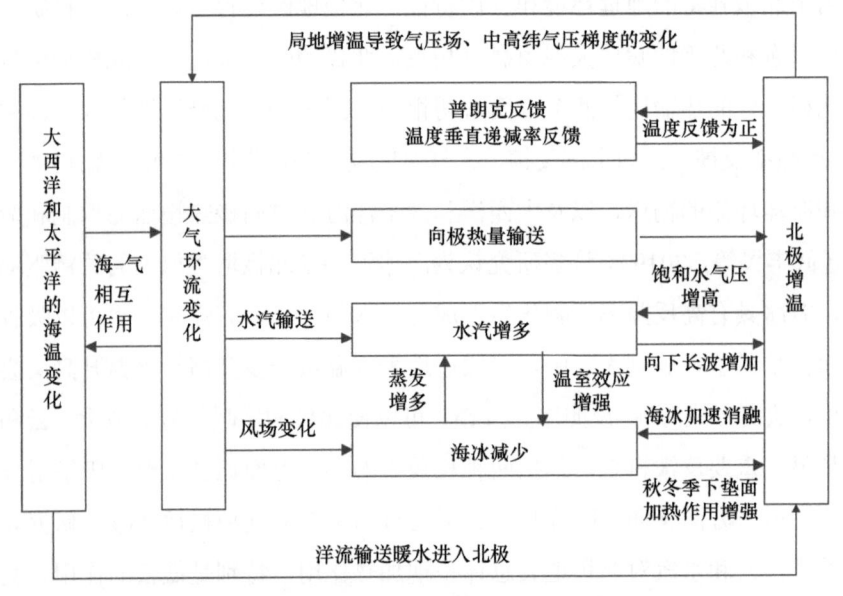

图 5-5　北极增暖放大现象机制示意图（武丰民等，2019）

## 5.1.3　北极海冰减少对亚洲气候的影响

随着北极海冰的持续减少和北极增暖放大效应的越发凸显，北极海冰减少通过大气动力和热力过程影响中纬度地区极端天气气候事件的发生频率、持续时间和强度，在全球变暖背景下北极与中低纬度地区之间气候变化的联系日益加强（Cohen et al.，2021，2014；蔡子怡等，2021；张向东等，2020）。近四十年北极增暖与中纬度地区冬季变冷趋势同时出现的现象，被称为"暖北极–冷大陆型"。北极不同区域的海冰异常可以促使中纬度地区做出不同区域性响应，其中中纬度地区的冬季变冷以欧亚大陆最为明显，且西伯利亚高压增强，因此又称为"暖北极–冷西伯利亚型"，可归因于前期秋季巴伦支海–喀拉海的海冰融化导致的海洋热通量增加，低层大气异常增暖，从而引起斜压波活动增加和罗斯贝波振幅加大，促进了阻塞的发展和寒潮爆发。

巴伦支海-喀拉海是影响冬季亚洲气候变化的关键区域。该海域冬季海冰变化与 500 hPa 欧亚大陆遥相关型密切相关。具体统计关系为，巴伦支-喀拉海冬季海冰异常偏多（少），东亚大槽偏弱（强），冬季西伯利亚高压偏弱（强），则东亚冬季风偏弱（强），入侵东亚的冷空气偏少（多）。这一关系在数值模拟试验中也得到证明，数值模拟实验结果显示，冬季巴伦支-喀拉海海冰密集度减少，开阔水域增加，导致海洋向大气传输的湍流热通量增加，该海域的表面气温升高。与此同时，该海域和欧亚大陆北部边缘的位势高度增加，出现准正压的异常反气旋环流，激发准定常罗斯贝波列，并使得能量向下游频散，对流层中层的东亚大槽加深，西伯利亚高压加强，东亚冬季风加强进而导致冷冬的出现。

秋季北极海冰减少对冬季亚洲区域气候也产生重要影响，影响亚洲冬季气候的秋季北极海冰关键区是巴伦支海-喀拉海-拉普捷夫海，其物理机制可从对流层和平流层两种途径进行解释。据研究，北半球中高纬度大气环流主模态北极涛动（AO）/北大西洋涛动（NAO）表现为负位相时，欧亚大陆高纬地区气温偏低，一些研究认为 AO/NAO 通过影响西伯利亚高压进而影响东亚冬季风，而另一些研究认为 AO/NAO 和东亚冬季风的联系独立于西伯利亚高压对东亚冬季风的影响过程。再分析资料和观测资料结果表明，冬季大气环流对秋季北极海冰减少的响应表现为北极涛动（AO）/北大西洋涛动（NAO）的负位相，且大气响应落后海冰减少信号大约两个月的位相差。当秋季北极关键海域海冰密集度持续异常偏少时，在副极地和北大西洋海域海温异常偏高，后期冬季西伯利亚高压偏强，东亚地区冬季气温偏低。除此之外，秋季海冰减少将导致北极增暖加剧，进而导致中高纬度温度梯度减弱，有利于行星波的放大，这将促进中纬度地区西风风速减弱和风暴活动加强，从而有利于乌拉尔阻塞高压形成，加剧了东亚寒潮爆发。从平流层和对流层相互作用来说，关键区海冰减少时，可以激发出大气行星波从对流层上传到平流层，当波传到平流层时会发生波破碎，进而影响平流层极涡强度，导致平流层极涡减弱，在冬季中后期，减弱的平流层极涡下传到对流层，引起对流层大气环流出现类似 AO/NAO 负位相的异常，进而影响亚洲气候。

尽管在长时间尺度上秋季海冰减少和欧亚大陆的极寒天气具有统计联系，海冰减少无法与欧亚大陆极端气候事件个例直接联系起来，还需要与之相匹配的大气环流型。有学者从动力学角度出发揭示了欧亚大陆中、高纬度（40°～70°N）地区冬季逐日风场变率的最优天气型，指出从1979年以来如图5-6所示的三极子型的年际变化与前期秋季北极海冰变化最为密切，该三极子型的负位相对应欧亚大陆北部的异常反气旋，以及在南欧和东亚中高纬度的两个异常气旋（Wu et al.，2013）。当该三极子型负位相发生时，对应南欧和东亚地区降水增强，以及亚洲中高纬地区的低温。

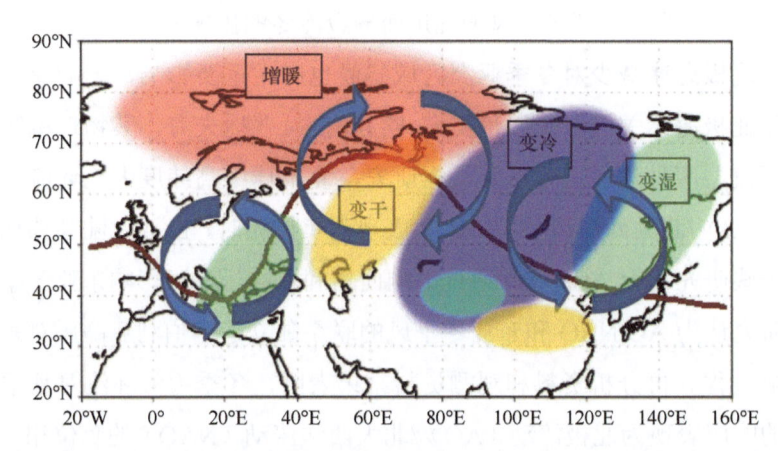

图 5-6 秋季北极海冰异常偏少影响冬季欧亚大陆对流层低层盛行天气型以及表面气温和降水趋势的示意图

弯曲的箭头表示与冬季欧亚大陆三极子型的负位相对应的异常气旋和反气旋，褐线为 500 hPa 等高线，黄色和绿色区域分别表示冬季降水偏少和偏多区域，红色和紫色区域分别表示正、负表面气温异常（Wu et al.，2013）

除了对冬季中纬度气候的影响，春季的北极海冰变化与夏季欧亚大陆中高纬大气环流产生联系，对亚洲东部降水产生较大影响（张若楠等，2018）。研究指出，春季巴伦支海海冰偏多与夏季欧洲–贝加尔湖地区的"–+–"型遥相关波列产生联系，这一波列导致夏季中国东北地区和长江流域降水偏多，南方地区降水偏少；而巴芬湾海冰偏少通过影响欧亚地区低层风场遥相关波列，使得夏季欧亚北部地区降水偏少。进一步的研究表明，春季北极海冰主要是通过影响夏季欧亚大陆遥相关型（正位相对应斯堪的纳维亚和日本上空的负位势高度异常，乌拉尔地区的正位势高度异常）对中国夏季降水产生影响。当巴伦支海北部和巴芬湾区域海冰减少后，该区域海洋向上的湍流热通量明显加强，形成异常罗斯贝波源，准定常罗斯贝波活动通量向东亚地区传播，使得夏季北大西洋-欧亚中高纬出现"−+−+"遥相关波列。同时，海冰减少使4～5月乌拉尔山−贝加尔湖以北地区积雪出现"西少东多"偶极子型异常分布，通过影响后期土壤湿度及下垫面热通量异常，有利于该遥相关波列的维持，导致乌拉尔山阻塞高压偏弱，东亚槽偏浅，亚洲副热带急流加强，贝加尔湖以北的副极地地区出现西风异常，东亚副热带急流北侧出现东风异常，贝加尔湖以南地区为异常反气旋控制，南下冷空气活动减弱，从而导致中国东北北部地区、黄河和长江一带降水明显偏少。

有研究利用再分析资料和数值模式结果，指出春季北极海冰融化面积将对东亚降水量产生的影响（张轩文等，2023）。具体表现为与春季海冰融化相关的东亚地区降水量呈现明显增加的趋势，且异常中心位于中国南部−日本地区。500 hPa位势高度场表现为"−+−+"型波列结构，其中乌拉尔山和日本及其附近海洋上空为异常高压脊区，欧洲西部和贝加尔湖地区则为异常高空槽所控制。高融化面积年常伴随着极地西风急流增强，中纬度纬向西风减弱，有利于乌拉尔山地区反气旋性环流异常的维持和增强，进而触发乌拉尔山地区到西北太平洋地区的异常波列，引起贝加尔湖地区位势高度降低，东亚槽加深，受异常偏北气流的影响，南下冷空气活动频繁。日本及其附近的海洋上空位势高度增加，在异常偏东南气流的作用下，将西北太平洋地区的暖湿空气带到东亚地区。中国南部地区出现西风异常，引起东亚副热带急流增强，配合低空辐合高空辐散的大气异常环流，局地对流增强，导致东亚地区春季降水量增加。

除了对降水的影响，春季北极海冰变化还会影响夏季亚洲区域的气温变化。一些观测研究结果表明，春季北极海冰减少和北极放大导致了北半球中纬度地区夏季出现更频发和更强烈的热浪，这主要通过影响中高纬温度梯度减弱，进而导致西风减弱，经向风加强，从而使得高层大气的罗斯贝波向东移动速度变缓，天气系统维持时间增加，导致极端温度事件发生概率增加。但一些学者对此质疑，认为夏季大气环流的变化是由大气内部变率导致而非海冰。另一些研究利用数值模式指出春季北极海冰减少强迫夏季500hPa位势高度呈现出类似AO/NAO负位相模态，导致中纬度和极地的位势高度梯度减小，夏季极涡减弱，夏季副热带急流从东亚到大西洋中部显著加强，但在北美北部和大西洋地区西风显著减弱，冷空气更容易向南侵入俄罗斯北部，导致夏季亚洲中高纬大气低层显著变冷。

### 5.1.4 北极海冰预估

根据第五/六次国际耦合模式比较计划（CMIP5/CMIP6）的多模式结果，未来北极还将继续升温。与1986～2005年平均状态相比，到21世纪末，在SSP1-2.6、SSP2-4.5和SSP5-8.5三种排放情境下（SSP为共享社会经济路径），北极增温分别为3℃、5℃和10℃左右，增温幅度远大于全球和北半球平均值。其中增温在冬季最强，区域上以巴伦支海–喀拉海最为显著，北大西洋的亚极地地区增温幅度相对较小。夏季增温幅度在陆地区域大于海洋区域。

在持续增温的背景下，未来北极海冰退缩加剧，季节性海冰会变得更薄，并且更加具有移动性。根据IPCC第六次评估报告结果，在大多数排放情景下，CMIP6多模式预估结果表明，在中等人类活动强度下（SSP2-4.5情景），在2058年北极将首次出现9月无海冰的情况，空间范围不断向格陵兰岛收缩；而在未来人类活动排放的$CO_2$等温室气体不断增加的情景下（SSP5-8.5情景），北极海冰生存环境或将会进一步恶化，北极将在2040年首次出现夏季无冰情况(高信度)（图5-7），被认为是北极气候的"转折点"。然而，冬季直到21世纪末很可能仍然有海冰存在。随着温室气体浓度的不断升高，预估北冰洋的无冰状态将频繁发生，并将成为21世纪末高排放情景下的新常态。在全球温升2℃情景下，北极夏季无冰的可能性是温升1.5℃情景下的10倍。相比于CMIP5模式，CMIP6模式预估的北极海冰减少速度更快，预估的变化可信度也更高，这是由于CMIP6模式能更好地捕捉到海冰物质亏损对$CO_2$排放的敏感性。除海冰范围将会大幅度减小外，海冰厚度也将明显变薄。然而，目前气候模式还无法真实捕捉区域和季节性海冰的变化过程，从而导致对未来海冰区域变化预估的信度很低。因此，未来还需要发展高分辨率和高性能的专门针对北极气候变化的模式，以准确预估北极气候变化。

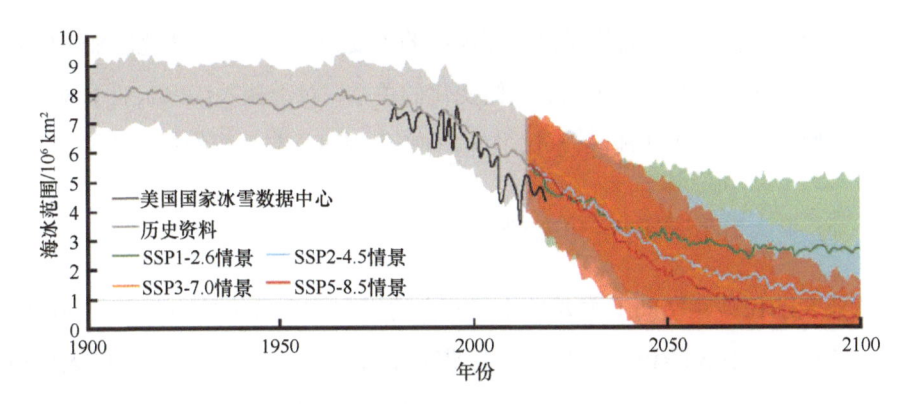

图 5-7　北极 9 月海冰范围历史变化及模式预估（AMAP，2021）

## 5.2　欧亚大陆积雪

欧亚大陆是亚洲大陆和欧洲大陆的合称，其面积超 5000 万 km²。从板块构造学说来看，亚欧大陆由亚欧板块、印度板块、阿拉伯板块和东西伯利亚所在的北美板块所组成。亚洲和欧洲地理环境复杂多样，自然景观衔接过渡，经济与社会发展各有特色。今日亚洲大陆轮廓是上述构造单元通过各地质时期的构造运动不断发展演化的结果。亚欧大陆的分界线从北到南依次是乌拉尔山、乌拉尔河、里海、大高加索山脉、黑海、土耳其海峡。

亚欧大陆覆盖范围广泛，气候类型复杂多样。亚欧大陆东岸是世界典型的季风气候区，夏季高温多雨，雨热同期；冬季寒冷干燥。亚欧大陆西岸受大西洋暖流控制，40°N～60°N 是典型的温带海洋性气候，全年湿润月降雨差异小；30°N～40°N 是典型的地中海气候，其特点与温带季风气候相反，冬季温和多雨、夏季炎热干燥。

欧亚大陆积雪在北半球积雪中占有重要的位置，欧亚大陆积雪的季节以及年际变化可以导致局部地区能量收支以及水分循环的异常，通过大气环流对积雪的反馈过程以及大气环流自身的调整，最终可以对亚洲地区甚至整个北半球的天气、气候变化产生影响。欧亚大陆积雪对印度夏季风降水和东亚气候的影响近百年来也一直为气候学家所瞩目。鉴于欧亚积雪对东亚地区短期气候的重要影响，其已成为我国气象部门短期气候预测,特别是统计预测中的重要因子。因此,研究欧亚大陆积雪异常与东亚地区尤其是我国天气、气候变化的关系,对于深入认识东亚季风系统变化的产生原因,预测东亚地区天气、气候的变化规律具有重要的科学意义。

### 5.2.1 欧亚大陆积雪时空分布特性

欧亚大陆积雪在空间上主要呈北多南少的模态(Wu and Kirtman,2007)(图5-8)。稳定的欧亚大陆积雪主要位于俄罗斯大部,蒙古高原北部、中国天山以北地区、内蒙古高原东北部和东北平原大部;非周期性不稳定积雪区主要位于40°N以南的大部分区域。欧亚大陆积雪从10月开始在大陆东部高纬度地区及青藏高原

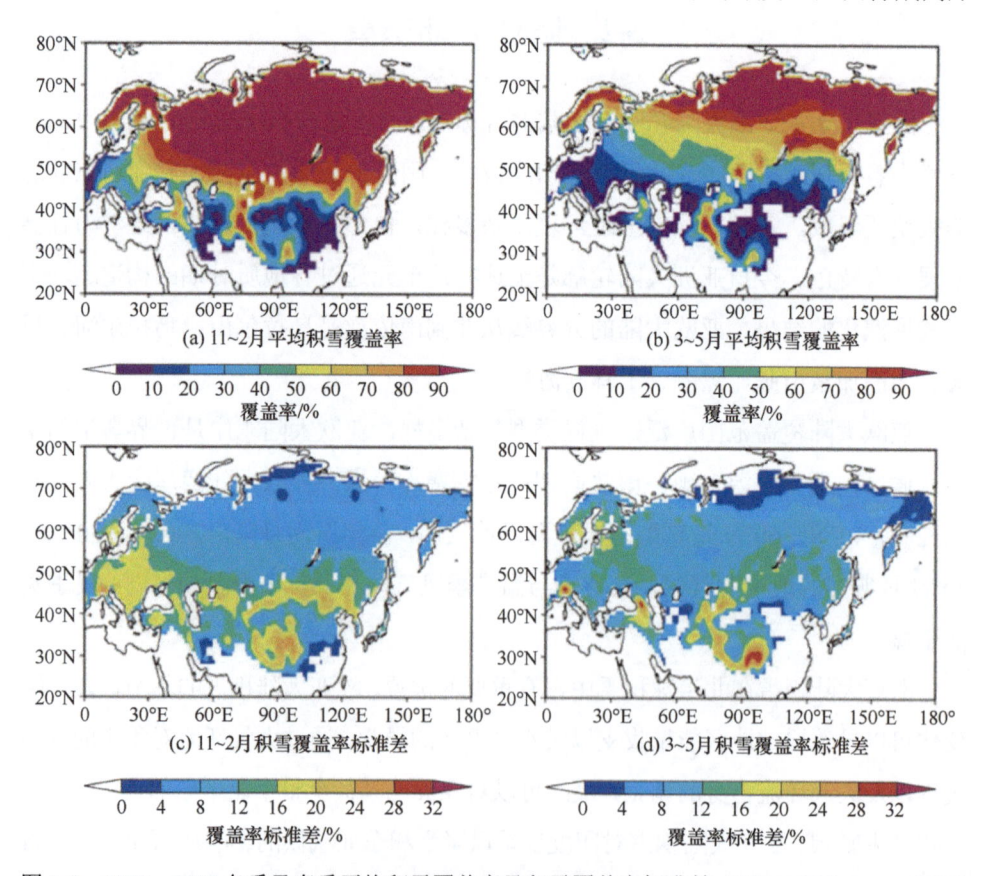

图 5-8 1979~2005 冬季及春季平均积雪覆盖率及积雪覆盖率标准差(Wu and Kirtman,2007)

出现，随后积雪逐步向西南地区延伸，在 1~2 月覆盖范围达到最大。2~5 月，欧洲南部积雪开始融化，积雪由西南向东北逐渐消失。7 月和 8 月覆盖范围最小。积雪在深度上呈纬向分布，随纬度增加而增厚，最大值位于俄罗斯平原东北部、叶尼塞河流域等区域，平均深度超过 50 cm。最小值则位于我国中低纬度地势平缓，海拔较低的地区，平均雪深不超过 5 cm。另外，持续天数也是衡量积雪的一个重要指标。俄罗斯平原东北部、科拉半岛、西伯利亚北部积雪的持续时间长达半年以上，我国积雪持续天数较长的地区主要位于新疆北部、内蒙古高原东北部，以及东北平原大部分地区，在我国 40°N 以南积雪持续时间则相对较短。

欧亚大陆近年部分地区出现显著增温现象，主要集中于高纬度、高海拔地区，如西伯利亚北部，东欧平原、青藏高原等，这对大陆的积雪分布造成了显著影响。有观测资料表明气温与地表反照率的关系密切，地表反照率每下降 1%，气温则上升 1℃，而积雪又是决定地表反照率的关键因素。在全球变暖的背景下，欧亚大陆积雪覆盖范围自 20 世纪 80 年代起显著锐减。其中春季积雪减少最为显著。在欧洲南部地区最早开始消融，随后从西南向东北积雪逐渐减小，至 5 月积雪已经大量消失，冬季覆盖范围减少并不明显，而秋季部分地区表现为增加趋势。另外，欧亚大陆的积雪持续天数也明显减少。表现为初雪推迟，融雪提前。与此相反，欧亚大陆积雪雪深则有所增加。由于欧亚大陆积雪与亚洲地区的降水和气温密切相关，越来越多的学者开始关注欧亚大陆积雪的分布和时空变化特征。

### 5.2.2 欧亚大陆积雪形成机制

降水和气温是积雪变化的主要驱动因子。20 世纪 50 年代至 60 年代初，虽然降水较少，但由于气温较低，欧亚大陆北部积雪覆盖率相对较高。1975~1985 年，降水较少，且气温较高，欧亚大陆北部积雪覆盖率相对较低。积雪的变化可以进一步对气候产生反馈机制，春季变暖主要是由于积雪范围的减少，而积雪的减少主要发生在对温度敏感的地区，这些地区的积雪与气温变化高度相关。春季积雪的变化强烈影响地表辐射平衡，北半球春季积雪反馈约占总辐射反馈强度的 50%，气候系统对春季积雪变化最为敏感。此外，由于北半球入射太阳辐射的减少，秋冬季节的积雪反照率反馈相对较低，尽管1月北半球的积雪覆盖范围很大，但由于入射辐射不足，此时积雪变化引起的辐射反馈只发生在低纬度地区。气温和降水也会对积雪深度造成极大的影响，气温升高增加了固态降水，使寒冷地区积雪累积量增多，从而使欧亚大陆积雪深度出现增大趋势。

极端降水事件在形成厚积雪方面的作用也越来越大。这是全球变暖背景下气旋活动和降水增加的结果。值得一提的是，在西伯利亚北部和远东地区，积雪覆盖、降水和气温场之间相互作用的空间模态最为稳定。在这些地区，降水和气温条件较为稳定，稳定的厚积雪的覆盖范围很大，而且几乎没有变化。

不同季节的降雪或融雪在很大程度上反映和储存了这一时期大气环流演变的综合信息。也就是说积雪的变化还受到环流因素的影响，如北大西洋涛动、北极涛动、厄尔尼诺现象。北极涛动的位相转换和极地漩涡的位置变化对大气环流模式有影响，导致水汽输送路径改变，对降雪和降水的强度和分布产生重要作用。从而使得欧亚大陆一些地区的雪深增加。当欧亚环流纬向发展时，欧洲槽和阻塞高压减弱，欧亚大陆北部大部分地区处于高压脊环流之下，导致欧亚大陆北部气温低，地表降水少，不利于冬季降雪的形成，造成冬季欧亚大陆北部雪深持续偏低，反之雪深增加；当有类似欧亚–太平洋遥相关型（EUP）的环流时，气温和降水场的分布与此类似。相应地，冬季欧亚大陆中部和东部、西部之间的雪深呈反向分布。海温与雪深增量的异常分布之间也存在着重要联系。北大西洋和太平洋海温场的异常分布模态可以影响欧亚中高纬度环流场的分布，而南半球大西洋和中印度洋海温异常也可能导致北半球环流出现变化。北大西洋、太平洋和南半球大西洋的共同作用会影响欧亚大陆高度场的异常分布，并且强迫出太平洋–北美遥相关型（PNA）遥相关信号。而当北大西洋海温场三核型分布、太平洋地区在北美沿岸、赤道东太平洋海温与北太平洋呈反相变化时，会激发出北半球高度场的遥相关信号，造成雪深的"–+–"分布模态。

### 5.2.3　欧亚大陆积雪对亚洲气候的影响

积雪变化影响大气环流和气候系统的物理过程主要包括积雪反照率效应和积

雪水文效应。积雪反照率效应是指积雪表面具有较高的反照率，积雪异常可以通过改变地表反照率，改变下垫面吸收的太阳短波辐射，进而引起地表温度和热通量变化，从而影响地表热力状况以及地气间的能量交换。积雪水文效应是指积雪消融雪水渗入土壤，改变土壤的水分含量，引起土壤湿度和蒸发增加，改变地表水循环和地表温度，从而使得地气之间的感热传输发生改变，影响地气系统间的水汽和能量交换。

在欧亚大陆上，这两种效应的作用具体表现为，冬春季欧亚大陆积雪变化会导致局部地区能量和水文收支异常，通过影响大气环流变化从而对同期亚洲气候变化产生作用。以中国为例，在全球变暖大背景的影响下，欧亚大陆冬季积雪自20世纪60年代起显著减少。冬季欧亚大陆积雪的减少造成中国北部偏暖，南方偏冷。此外，位于中高纬度的冬季欧亚大陆积雪也会对中国冬季降水的年代际和年际变化产生影响。欧亚大陆积雪在90年代后历经年代际转型，覆盖范围有所减少，造成我国东南地区东北风增强，降水减少。冬季欧亚大陆积雪影响中国冬季气候的机制可以概括为：当冬季欧亚积雪覆盖范围增大，且欧洲西部雪深较厚，欧洲中高纬度及西亚雪深较浅，青藏高原雪深较厚时，欧亚–太平洋遥相关型处于正位相，西伯利亚反气旋呈正异常，东亚大槽加深，东亚冬季风处于正位相，中国北部偏冷，南方偏暖。

研究表明春季欧亚大陆积雪的年代际和年际变化对中国南方和东部春季降水也有显著的调制作用。当春季欧亚大陆楚科齐半岛和青藏高原积雪同相变化，而同贝加尔湖到中国东北地区积雪反相变化时，这种积雪模态会显著影响中国东部中纬度地区降水。春季欧亚大陆积雪与春季中国东部和西部降水具有相关关系，即当欧亚大陆积雪偏少时，中国东南和东北地区春季降水减少，中国西南和西北地区春季降水增多，两者之间的这种联系依赖于高纬度地区积雪对大气环流的反馈作用。此外，春季西伯利亚西部和青藏高原积雪是影响中国南方地区春季降水的关键因子。在这一过程中，中国南方地区主要受到春季西伯利亚西部的影响，表现为春季西伯利亚地区积雪与中国东南地区降水有显著的正相关关系，与西南地区降水有显著的负相关关系。在全球变暖背景下，春季西伯利亚地区积雪显著减少，对应地，中国东南地区降水减少和西南地区降水明显增多。这是因为春季西伯利亚地区积雪减少，导致欧亚上空对流层中低层位势高度增强和中国东部北风增强，从而引发了中国南方东南和西北地区春季降水的反相变化特征。

欧亚大陆上的早期积雪在几个月后通过其在地表和大气之间的能量和质量通量的变化显著影响了从地表到平流层的大气环流，进而改变后期的亚洲气候。

冬春季，欧亚大陆西部的雪深增厚，欧亚大陆东部的雪深变浅时，夏季风增强，东亚季风降水增加。同时，前期欧亚大陆积雪的多寡与东南亚地区暖季，特别是秋季的季风降雨存在一定联系。另外，欧亚大陆上初雪时间较早（较晚）或雪深较厚（较浅）时，会导致孟加拉国、缅甸北部和越南南部的夏季降水较少（较多）。这种联系在 6 月和 8 月尤为显著。当欧亚大陆春季出现大范围积雪时，地表空气冷却，引发对流层低层出现气旋环流异常，大陆出现罗斯贝波列，这可能在一定程度上影响亚洲夏季风降雨，使其低于正常水平。当欧亚大陆西部和东部的春季积雪异常值分别为正值和负值时，夏季，在 500 hPa 处，欧亚遥相关处于正位相。此时，东亚上空高层的气旋环流异常会诱发冷空气，导致东亚上空的对流不稳定性增加，东亚大槽加深，进而使东亚地区的降水增加。

欧亚大陆积雪的两种主要分布模态均对印度夏季风有所调控。当冬季至春季欧亚大陆积雪覆盖范围总体过大或深度过高时，地表温度较往常偏低，海陆热力差异减小，印度夏季风偏弱，季风降雨减少，反之亦然。其中，蒙古国北部和贝加尔湖南部的积雪覆盖范围和印度夏季风降水的负相关关系最为显著和稳定。同时，欧亚大陆冬春积雪的大面积增加往往对应于欧亚大陆多数地区气温的冷异常。研究表明 20 世纪 90 年代中期后，欧亚大陆积雪增多，北极涛动向负位相发展，是欧亚大陆温度降低的主要原因。当中高纬度欧亚大陆西部雪深和东部雪深变化趋势相反，呈现反位相的偶极子分布结构时，印度夏季风降水和中高纬地区西部雪深呈现显著的负相关关系，和东部雪深则是正相关关系。其中，西部雪深异常在调制印度夏季风方面扮演着更加重要的角色，当欧亚大陆西部雪深偏大时，约有 57% 的年份伴随着印度夏季风降水的偏少，而在雪深偏小时，约有 24% 的年份伴随着印度夏季风降水偏多。这是因为，当欧亚大陆积雪西部少而东部多时，反气旋异常出现在亚洲大陆。

反气旋所引发的异常南风使欧亚大陆西部积雪继续减少，异常北风使东部积雪继续增加，积雪的这一正反馈调制使得印度夏季风逐渐增强。

欧亚大陆积雪与中国气候变化有着极为密切的联系（李栋梁和王春学，2011；张人禾等，2016）。目前，已有大量研究证明了欧亚大陆积雪通过积雪反照率和水文效应调制东亚季风和后期中国降水。其中，春季反照率对中国降水有主要影响，夏季则是积雪水文效应起主要作用。此外，欧亚大陆积雪与青藏高原积雪在调制中国气候方面有着明显的差别，这是由青藏高原特殊的地形和位置而造成的。当欧亚大陆春季积雪主体变化趋于一致时，在积雪年代际和年际变化的双重影响下，中国东部南北方的夏季降水模态相反。当5月西伯利亚积雪偏多时，中国华北、华南、东北地区夏季降水有所减弱，而江淮地区、内蒙古、青藏高原以北及其东南部夏季降水增多（图5-9）。20世纪80年代末起中国东部夏季气候发生年代际转型，表现为东部南方降水显著增多。这一现象同春季欧亚大陆积雪的年代际变化密不可分。另外，春季欧亚大陆积雪常同青藏高原积雪共同调制中国夏季降水。当青藏高原积雪增多且欧亚大陆积雪呈西少东多模态时，中国北方夏季降水则有所减少。春季欧亚大陆积雪影响中国夏季气候的机制主要包括以下两方面：①在500hPa位势高度处春季欧亚大陆积雪能激发出大气中的遥相关波列，该波列会持续春夏两季，在这个过程中，波列中高压控制中国北方，低压控制中国南方，

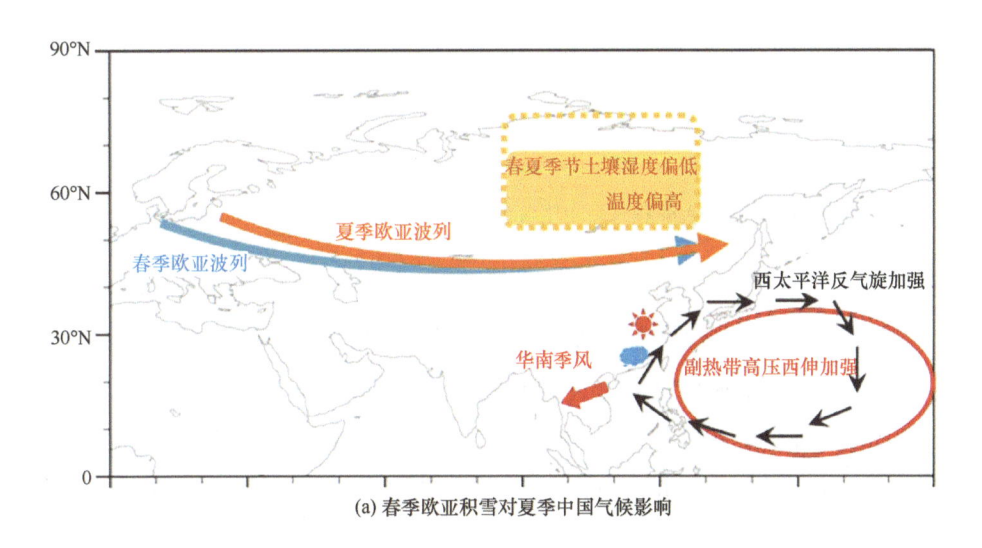

(a) 春季欧亚积雪对夏季中国气候影响

(b) 春季欧亚积雪对同期中国气候影响

(c) 冬季欧亚积雪对同期中国气候影响

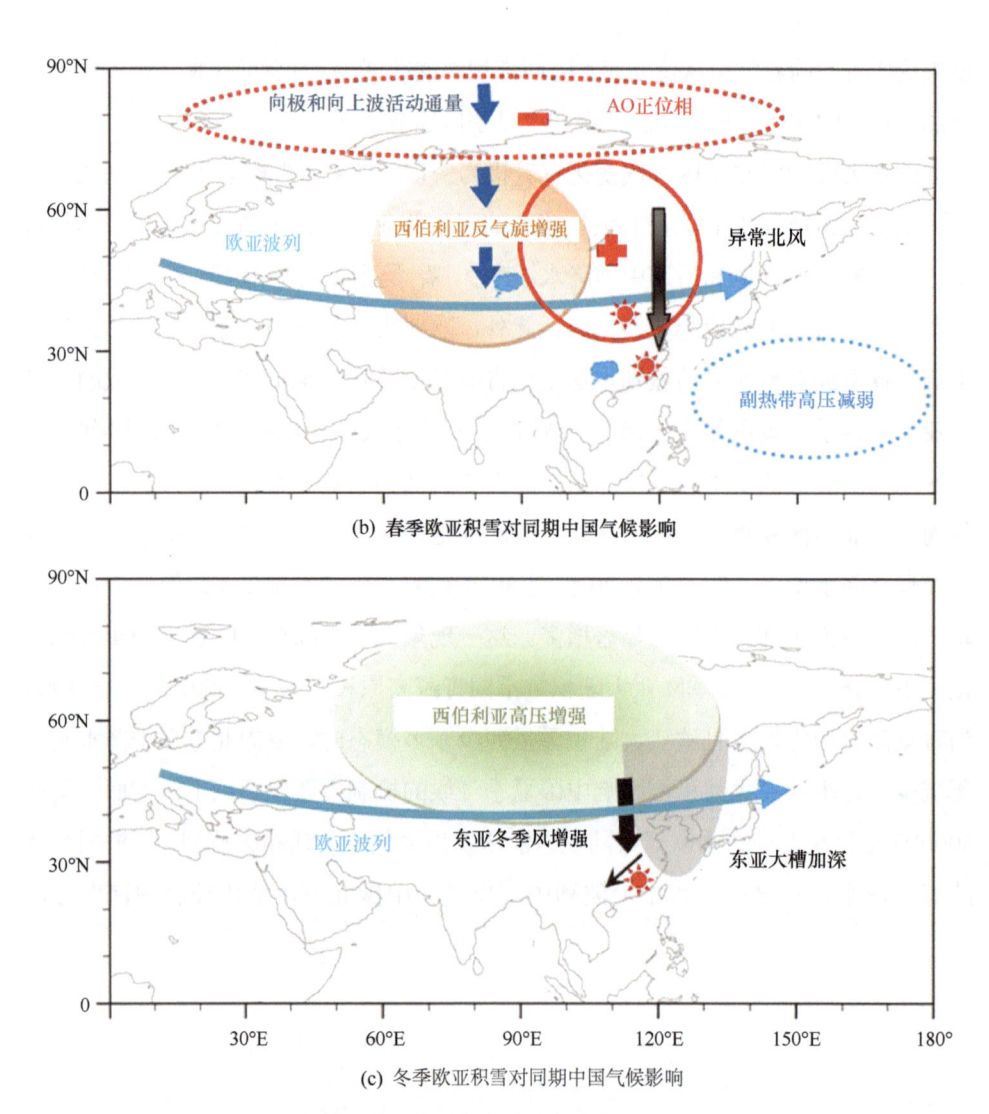

图 5-9　欧亚大陆积雪对中国气候影响概念图（张人禾等，2016）

导致南方降水增多，北方降水减少。②夏季土壤湿度、温度及辐射变化会受到春季积雪的影响，从而改变夏季的陆–气相互作用、遥相关波列的分布及影响亚洲夏季风的产生，从而调制中国夏季气候（张人禾等，2016）。

秋季的欧亚大陆积雪异常与我国次年的东部夏季降水也表现为负相关关系。西伯利亚东北部积雪积累开始得越早（从秋季开始算起），降水和水汽汇聚越多，西南季风的强度越强，东南亚上空的季风后撤越晚。秋季的欧亚大陆积雪异常可以影响东亚冬季季风，10～11月欧亚大陆中部（40°～65°N，60°～140°E）积雪异常变化具有一致性。蒙古高原及周边地区（40°～55°N，80°～120°E）是秋季积雪异常影响东亚冬季季风的关键区域。该地区过量的积雪引发了强烈的东亚冬季风，造成中国西北部以及从中国东南部延伸到日本的强降雪。这一物理过程称为雪–季风反馈机制。蒙古高原及周边地区上空过量的秋雪异常可以持续到下一个冬季，并显著增强冬季积雪异常，增加地表反照率，减少入射太阳辐射，冷却边界层空气，导致蒙古高压增强和东亚大槽加深。后者反过来又加强了地表西北风，造成东亚偏冷，蒙古高原及周边地区和中国东南部的积雪增加。增加的积雪通过改变反照率反馈给东亚冬季风系统，使其向东南方向延伸。此外，大气–海洋耦合过程可以放大欧亚大陆积雪异常对东亚冬季风的延迟影响。

此外，欧亚大陆秋季积雪与后期冬季北半球中、高纬大气环流也存在显著的相关关系，而且这种关系比欧亚大陆冬季积雪与同期大气环流的关系更好，欧亚大陆秋季积雪异常可能是导致后期冬季北半球大气环流变化的一个主要强迫因子。欧亚大陆秋季积雪异常可能对北极涛动和北大西洋涛动的变化有着重要的影响。

### 5.2.4 欧亚大陆积雪预估

在SSP1-2.6、SSP2-4.5、SSP3-7.0和SSP5-8.5四种情景下，CIMP6模式评估了未来80年（2021～2100年）欧亚大陆地区积雪范围的变化。CIMP6模式显示，预计未来80年（2021～2100年）欧亚大陆西部地区的积雪范围将持续减少。与1～3月和7～8月相比，4～6月和10～12月的积雪范围减少幅度更大。在SSP1-2.6情景下，欧亚大陆积雪范围减少了1%～8%，主要集中在大陆西部地区。在SSP2-4.5情景下，欧亚大陆积雪范围的减少量进一步扩大，1～3月的减少量在欧亚大陆西部地区大于10%。在SSP3-7.0情景下，欧亚大陆西部积雪范围在1～3月和10月至次年2月的减少量超过15%。在SSP5-8.5高排放情景下，欧亚大陆积雪范围的减少量最大，西部积雪范围在1～3月和10～12月的减少量超过20%。

另外，在SSP1-2.6、SSP2-4.5、SSP3-7.0和SSP5-8.5四种情景下，积雪范围在整

个欧亚大陆地区都呈下降趋势。2021～2100年期间，欧亚大陆的年平均积雪范围减少趋势分别为–0.10×10$^6$ km$^2$/a、–0.25×10$^6$ km$^2$/a、–0.43×10$^6$ km$^2$/a 和 –0.57×10$^6$ km$^2$/a。积雪范围在10～12月的减少量最大，在6～9月最小。2081～2100年的积雪范围与1995～2014年CMIP6模式输出结果基本一致。

在SSP1-2.6、SSP2-4.5、SSP3-7.0和SSP5-8.5四种情景下，相较于1995～2014年，2081～2100年的积雪范围在1～3月、4～6月、7～9月及10～12月分别减少了5%～20%、15%～44%、50%～88%，以及10%～36%。与1995～2014年相比，2081～2100年10～12月季节性积雪范围的绝对减少量仍然是最大的，而6～9月季节性积雪范围的绝对减少量有所下降。由于气候均态上夏季的积雪范围已经很低，而太阳辐照度却是最高的。因此尽管6～9月的积雪范围绝对减少量较小，但其对气候的影响可能仍然很大。

在2040年之前，SSP1-2.6、SSP2-4.5、SSP3-7.0和SSP5-8.5四种情景下的积雪范围的变化趋势基本一致，2040年之后它们会展现出强烈的差异。SSP1-2.6情景下，欧亚大陆积雪范围变化趋于稳定，但在其他三种情景下则持续减少。且温室气体排放量越高，积雪范围减少幅度越大。与欧亚大陆积雪范围一样，欧亚大陆积雪范围在4～6月和10～12月的减少量大于1～3月及7～9月的减少量。

综上所述，欧亚大陆积雪的减少速度与情景中的温室气体排放量密切相关，在排放量较低的情景中，积雪减少幅度较小。这表明欧亚大陆积雪的减少应该通过控制温室气体排放来改善。

## 5.3　青藏高原积雪

青藏高原中国境内总面积约258万km$^2$，平均海拔超过4000 m，被称为"世界屋脊""第三极"。青藏高原拥有占中国总量52%的湖泊面积和占80%的冰川储量，它是长江、黄河、怒江、澜沧江、雅鲁藏布江与印度河等亚洲诸多大江大河发源地，被誉为"亚洲水塔"，同时也是中纬度地区包括积雪、湖冰、冰川和冻土等冰冻圈要素发育最广泛的区域（图5-10）。青藏高原在我国气候系统维护、水资源供应、

第 5 章 海冰和积雪对区域气候变化的影响 | 155

生物多样性保护、碳收支平衡等方面具有重要的生态安全屏障作用。此外青藏高原也处于"泛第三极"和"一带一路"的核心区，是地球上生态环境最脆弱和人类活动最强烈的地区之一，对我国、亚洲乃至北半球的人类生存环境和可持续发展起着重要的环境作用，与 30 多亿人的生存和发展息息相关。青藏高原通过其特殊的地理位置和下垫面，地形作用和热力强迫作用被放大，对东亚乃至全球气候产生影响。

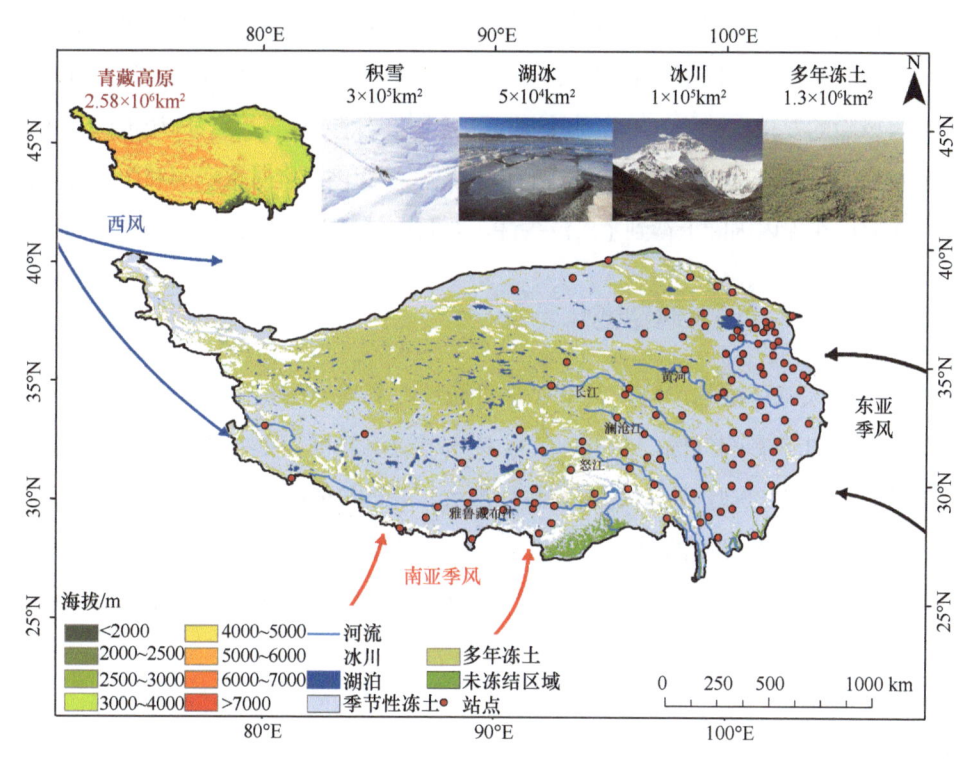

图 5-10 青藏高原自然环境示意图（游庆龙等，2021）

根据 IPCC AR6 报告，过去四十年中的每个十年都比在它之前的自 1850 年以来任何一个十年都要温暖。21 世纪前 20 年（2001～2020 年）的全球表面气温比 1850～1900 年高 0.99（0.84～1.10）℃。2011～2020 年，全球表面气温比 1850～1900 年高 1.09（0.95～1.20）℃，陆地 [1.59（1.34～1.83）℃] 比海洋 [0.88（0.68～1.01）℃] 上升幅度更大。在这种全球变暖的大背景下，青藏高原气候系统正在发生显著变化，近 40 年来显著升温且未来将持续变暖，同时伴随着变湿，青藏高原是全球气候变化最强烈的地区之一，也是对全球气候变化最敏感的地区之一（游庆龙等，2021）。青藏高原的暖湿化使该地区水资源和水循环加强，具体表现为冰川消融、积雪减少和湖泊扩张等。除此之外，青藏高原生态系统总体呈现变绿趋势。青藏高原冰冻圈作为全球气候变化响应最快速、最显著和最具指示性的圈层之一，对气候系统影响最直接和最敏感，在青藏高原加速变暖过程中正在发生显著改变，如积雪期缩短、冰川物质持续亏损、冰川跃动和冰崩加剧、多年冻土温度升高和持续退化等。除此之外，青藏高原极端气候事件的加剧也导致青藏高原冰川不稳定性加强，进而导致冰川灾害风险的发生，冰崩、冰湖溃决等灾害加剧，对青藏高原及其周边地区人民生命和财产安全带来重大威胁。因此，青藏高原气候变化及其对水资源和生态环境的影响研究已在国内国际上得到了广泛关注，是目前气候系统变化研究热点之一。

### 5.3.1 青藏高原积雪时空变化特征

积雪是大气环流的产物，其变化又可通过改变地表能量平衡、水循环以及大气环流等反过来影响气候，在地球气候系统中扮演着极为重要的角色。青藏高原积雪覆盖范围约 30 万 km$^2$，是其上面积最大、最重要的冰冻圈要素且年际变化和季节变化显著，对温度的变化十分敏感，受全球变暖影响显著，了解其过去和未来对气候变化的响应以及在气候变化相关反馈中的作用对研究和预测东亚气候变化至关重要。

用于表征积雪变化的参数包括雪深、雪日、积雪覆盖率和雪水当量等。积雪的主要监测手段包括地面常规观测、卫星遥感两大类，而卫星遥感又包括可见光遥感和微波遥感。在卫星应用于积雪监测之前，地面台站观测资料是获取积雪空间分布、积雪水资源量的唯一途径，台站测雪的主要变量包括雪深、雪日和雪压等参数，但存在时空不连续、不均匀、高海拔山区观测稀缺等缺点；可见光遥感可测量的积雪变量仅限于积雪范围，观测分辨率较低，并受到云的干扰，较适合半球和大陆尺度积雪研究，不适合小区域积雪监测，且使用时应与台站观测对比；微波遥感包含雪深、雪水当量、积雪范围、积雪密度、积雪反照率变量等，其不受云和天空亮度的干扰，时间分辨率高，但微波遥感的积雪深度和积雪日数在积雪较薄、积雪含水量偏大或冻土区，如我国青藏高原地区，存在偏大的误差。

由于青藏高原通常被认为是欧亚板块的一个子部分，因此青藏高原上的积雪与广阔的欧亚大陆上的积雪经常同时被研究。过去40年来，欧亚大陆高纬度地区的积雪显著减少，而且减少速度加快，这与北极变暖的加剧对应。青藏高原上的积雪位于相对较低的纬度和复杂的地形上，因此具有与欧亚积雪不同的独特气候分布和变化特征。例如，欧亚大陆西部的冬季积雪与次年印度夏季季风降水量呈负相关，但这种关系并没有延伸到青藏高原。青藏高原上的冬春积雪与整个欧亚大陆上的冬春积雪之间的相关性为负。

作为我国主要的稳定积雪分布区之一，青藏高原积雪在时空分布上具有很大异质性：青藏高原积雪呈现出四周山区多，高原东、西两侧存在多雪区，而高原腹地积雪十分贫乏的分布状态；积雪期主要集中在10月到次年5月。积雪覆盖持续时间长的区域主要位于喀喇昆仑山脉、喜马拉雅山脉和念青唐古拉山脉等高海拔山脉的南部和西部边缘，这些区域受印度夏季风带来的水汽的影响，积雪覆盖率较高，年平均积雪覆盖日数可超过120天，而高原大部分内陆地区年平均积雪持续时间则相对较短，在柴达木盆地等区域甚至短于15天（车涛等，2019）（图5-11）。年尺度上，青藏高原西南部、中部和东北部存在高值区，雪深高值出现在青藏高原南部喜马拉雅山脉南坡（雪深超过0.8 cm），青藏高原中部江河源区高海拔地区（念青唐古拉山－唐古拉山－巴颜喀拉山－阿尼玛卿山）及青藏高原东北部（祁连山脉）地区，并且雪深高值区往往对应剧烈的年际波动。雪深季节差异明显，冬季雪深最大，春秋季次之，夏季较浅。具体而言，冬季气温较低（平均–5.3℃），有利于积雪的产生与维持，其雪深空间气候态特征与年尺度较为相似，但有更多的地方出现积雪现象，积雪分布较广，冬季雪深高值可达1.1～2.2cm。春季和秋季雪深的空间分布接近，但较冬季均大幅减少。而夏季高温多雨，平均气温为13.5℃，总降水量为302 mm（占年总降水量的58.3%），降水主要以降雨的形式到达地面，共45个站（占总数的42%）无雪深记录，仅在海拔或者纬度较高处才有积雪存在［图5-12（a）～（e）］。雪深随海拔升高而增加，但最大雪深并非出现在最高海拔处，而是4000～4500m（沈鎏澄等，2019）。

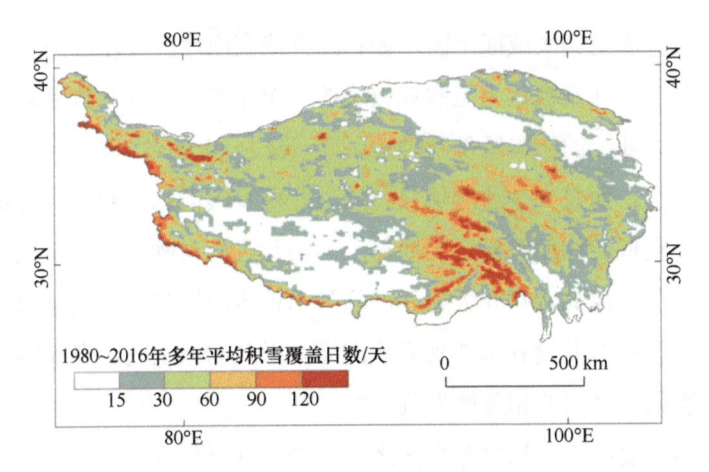

图 5-11 青藏高原 1980～2016 年多年平均积雪覆盖日数图（车涛等，2019）

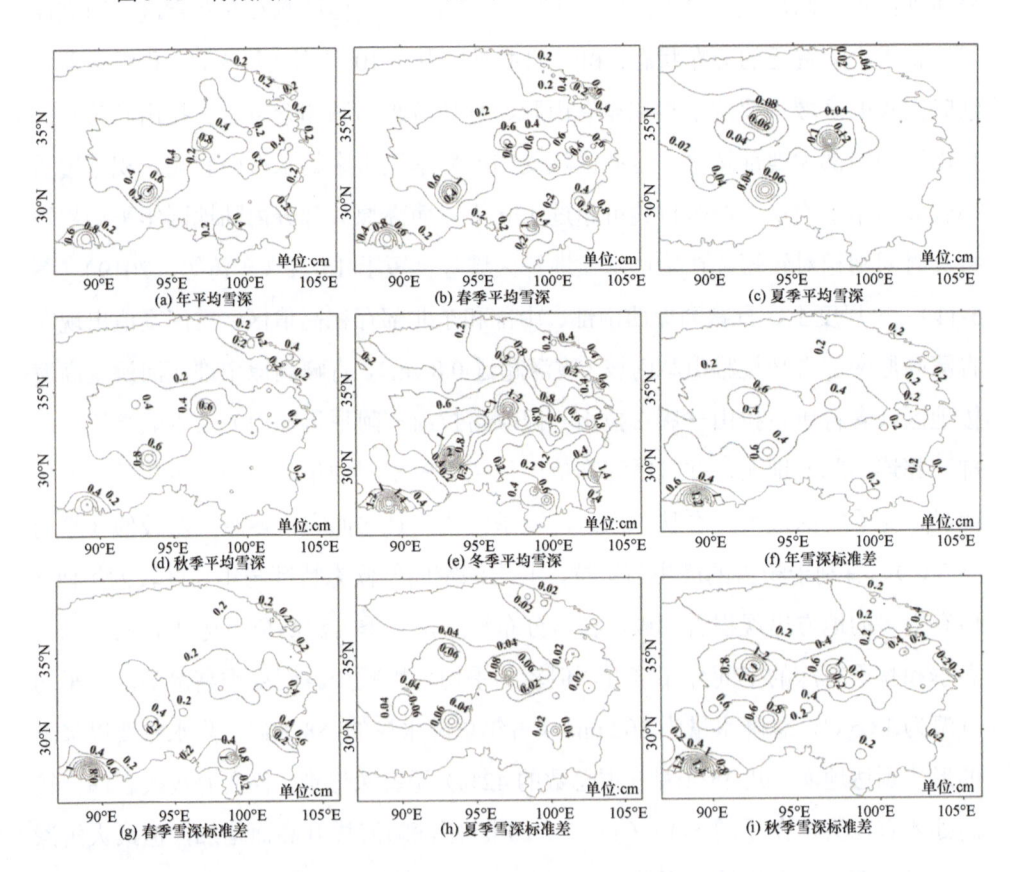

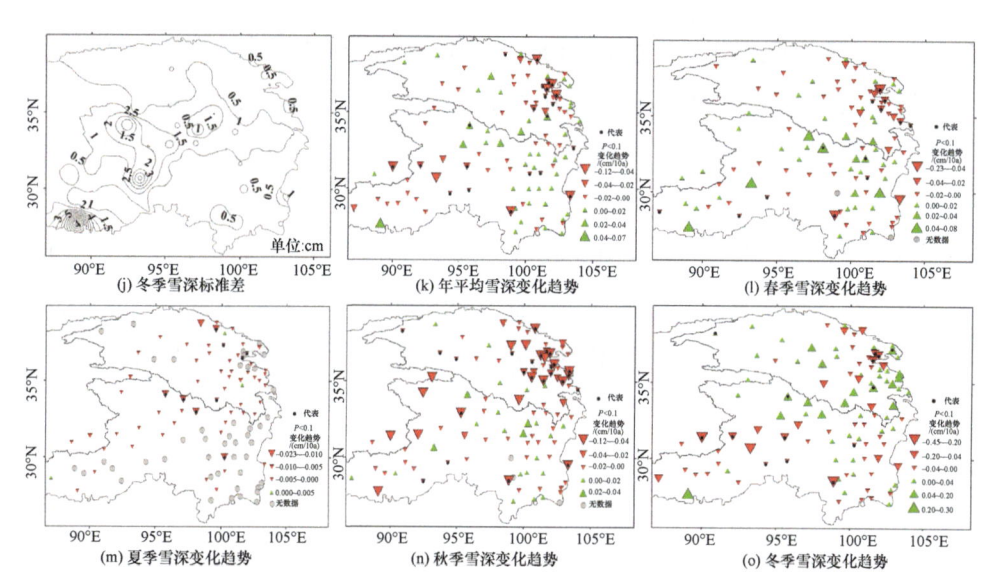

图 5-12 青藏高原 1961~2014 年平均雪深（a）~（e）、标准差（f）~（j）、变化趋势（k）~（o）的空间分布（沈鎏澄等，2019）

总体来说，青藏高原积雪呈下降趋势，尤其在 2000 年之后，在全球变暖的背景下，受 0℃ 的温度阈值控制，积雪覆盖日数和雪深明显下降。但高原东西部积雪表现出显著不同的年代际变化特征，以 2000 年左右为节点分别表现为先增后减和先减后增。青藏高原积雪年际波动显著，积雪的年际变化集中发生在隆冬季节（12 月至次年 2 月），高原东部（90°E~100°E）是高原积雪年际变化最显著的地区，它主导了整个高原积雪的年际变化，并且高原东部和西部两个多雪区的年际变化位相往往是相反的。在 20 世纪 80~90 年代，高原东部地区温度升高，冬季雪水当量增加，积雪深度、积雪日数和降雪量增加，到了 21 世纪，东部积雪开始减少，表现出显著的年代际转折，而高原西部冬季雪水当量和积雪日数显著增加，并且积雪的增加主要源于冬季降雪的增多。高原积雪的增加与北半球温带低地春季积雪范围自 20 世纪 80 年代后期的减少形成了鲜明的对比。根据 1980~2015 年的逐年积雪日数统计，这一时期积雪日数变化趋势小于 −2 天/年的区域约占青藏高原面积的一半，在喀喇昆仑山、昆仑山东段、唐古拉山东段、念青唐古拉山以及喜马拉雅山东段，甚至出现小于 −4 天/年的下降趋势

(图 5-13)。在"暖湿化"背景下，1961~2014 年青藏高原年均雪深以 1998 年为界表现为先增后减的变化特征，其中增加趋势为每十年 0.02cm，减少趋势则不显著。青藏高原东部地区是雪深变化最大的区域，1961~2014 年，年、春、夏、秋和冬季雪深呈减少趋势的站点分别占总数的 61%、59%、56%、75%和 51%[图5-12（k）~（o）]。冬季雪深由降水主导，其余季节雪深由气温主导。1961~1998年冬春季雪深增加与降水增多有关，而 1998~2014 年气温的上升以及降水的减少共同导致了雪深的减少，夏秋季雪深持续减少与同期气温持续升高有关（沈鎏澄等，2019）。

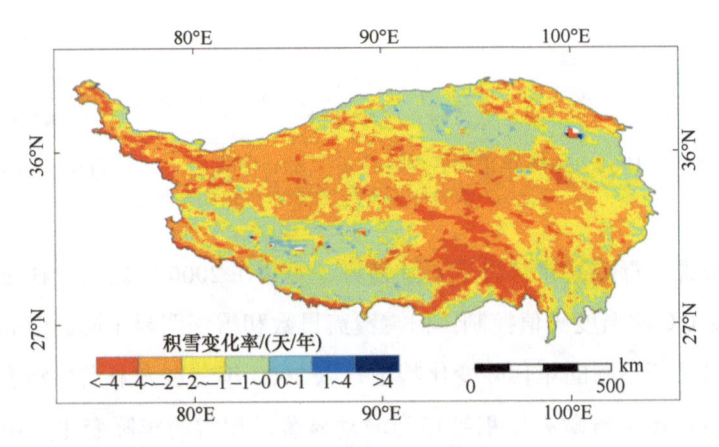

图 5-13 青藏高原 1980~2015 年积雪覆盖日数变化分布图（车涛等，2019）

积雪对全球变暖的反应将因纬度和海拔而异，短期内高纬度/高海拔地区的积雪可能会增加，但总体来说未来青藏高原积雪将进一步消融。气候变暖将影响降雪，进而影响积雪的形成以及融雪的时间和质量，有效地增强青藏高原的季节性水文循环，并增加突发性洪水发生概率。青藏高原上积雪变化的预测通常使用全球气候模型（GCM）和/或高分辨率区域气候模型（RCM）。CMIP5 模式预测整个21 世纪持续变暖，高海拔地区的温度升高加剧，尽管 CMIP5-GCM 通常捕捉到春季北半球积雪的主要特征（即其广泛的空间分布），但它们往往高估了青藏高原等复杂地形地区的平均积雪。由于参数化方案和我们对物理过程的理解存在局限性（特别是云和局部对流过程），大多数 CMIP5 模式对积雪的模拟很差。

在不同典型浓度路径（RCP）情景下，CMIP5 模式预估未来在 21 世纪末青藏高原年平均雪深普遍减少。RCP2.6、RCP4.5、RCP8.5 情景下青藏高原年平均积雪深度的变化趋势分别为 –0.06 cm/a、–0.06 cm/a、–0.07 cm/a。在 RCP4.5 情景下，青藏高原平均积雪覆盖持续时间在未来中期（2040～2059 年）和远期（2080～2099 年）将分别缩短 10～20 天和 20～40 天。RCM 已被证实可以合理地模拟喜马拉雅山脉的积雪范围和持续时间，高分辨率 RCM 已被证实能够成功模拟青藏高原当前的积雪天数、积雪深度以及积雪的开始和结束日期，因此已被用于估计未来的积雪变化。RCM 结果表明，在 RCP4.5 情景和 RCP8.5 情景下，青藏高原上的积雪持续日数和积雪覆盖率都将减少，而开始/结束日期将延迟/提前。而 CMIP5 模拟的雪水当量也存在类似情况，高原未来的春、冬季雪水当量将显著降低，速度快于整个中国和北半球（图 5-14）。在全球变暖 1.5℃和 2℃的情况下，青藏高原的雪水当量变化并没有表现出简单的海拔依赖性，最大变化的海拔带为 4000～4500 m，也是年均温 0℃所在区域。春季和夏季，海拔较高的地区积雪持续减少，通过积雪反照率效应加速了地表变暖，此过程也是在年均温 0℃附近地区最为强烈（You et al.，2021）。

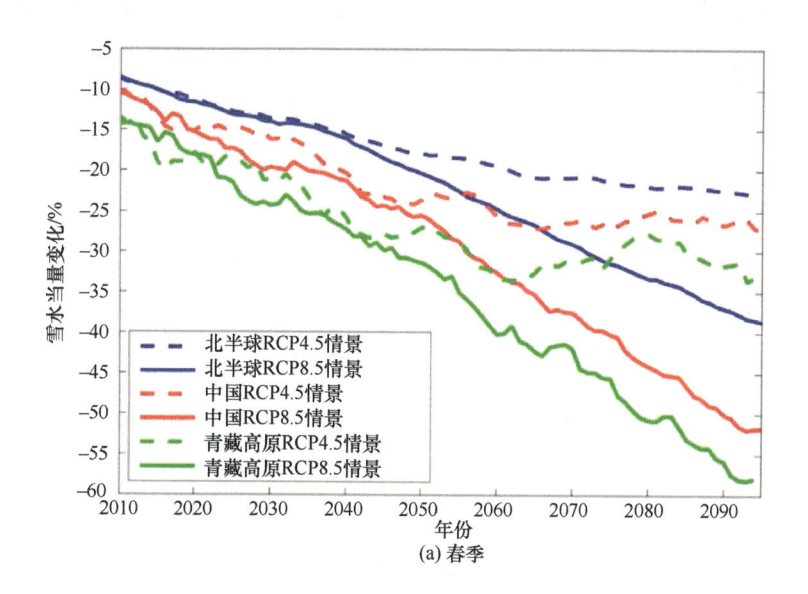

(a) 春季

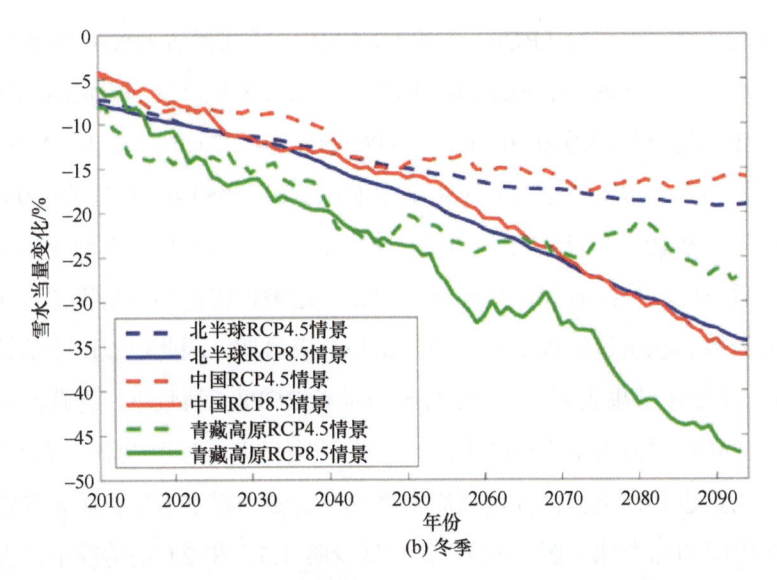

图 5-14 CMIP5 21 个模式集合平均预测的 RCP4.5 情景和 RCP8.5 情景下北半球、中国、青藏高原的春、冬雪水当量相对变化的时间序列（相对于 1850~1900 年）（You et al.，2020）

## 5.3.2 青藏高原积雪变化的成因

气温和降水是积雪分布和变化的主要控制因素，积雪分布受到降水和气温的影响，而降水和气温又随海拔和季节而变化（图 5-15）。近几十年来，观测结果表明，在 20 世纪 80 年代之前，青藏高原在快速变暖和变湿，青藏高原的降水（包括降雪）与温度呈正相关。由于青藏高原上复杂的地形和不同的气候状况，气温与降水的相对重要性在空间上是存在差异的。在青藏高原上海拔较高的地区，气温是最重要的控制因素，在海拔较低的地区则不那么重要。此外，在冬季，积雪范围的变化更容易受到降水变化的影响，而在夏季，由于降雪事件之间积雪频繁融化，温度成为一个关键因素。据估计，积雪年际变化的一半到三分之二可以用降水和温度的综合影响来解释。因此，由于温度和降水影响的时空差异，在理解和解释青藏高原上观测到的积雪变化方面仍然存在重要挑战。

同时，青藏高原积雪还由大气环流控制，如北极涛动等指数所示（图 5-15）。北极涛动对青藏高原最显著的影响在冬季和春季。例如，北极涛动处于正相位下，500 hPa 贝加尔湖附近的高压脊的减弱将冷空气向南推进，冷空气在青藏高原东部与来自低纬度地区的暖湿空气相遇，有利于该地区产生更多的降雪。在 1961～2005 年，观测到青藏高原上的平均雪深与冬季北极涛动指数之间存在正相关关系。在北极涛动正相位年份，亚洲副热带西风急流增强，印缅槽加深，贝加尔湖附近的气旋环流增强，加强了上升运动，有利于青藏高原上的降雪量增加。在 20 世纪 70 年代末，北极涛动发生了年代际转变，因此青藏高原积雪深度也随之变化。在此之前，北极涛动处于负相位，青藏高原的雪深在秋季相对较高，在冬季相对较低。自 20 世纪 80 年代初以来，北极涛动变为正相位，青藏高原的雪深在秋季减少，冬季增加。在冬季，与北极涛动正相位相关的罗斯贝波的向下传播放大了中纬度对流层的大气环流，并可能导致随后青藏高原雪深的异常增加。

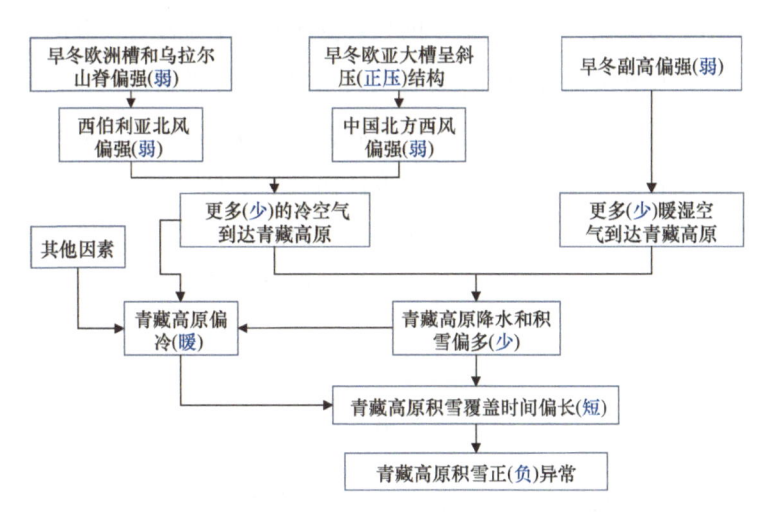

图 5-15 青藏高原积雪变化因素示意图（You et al., 2020）

青藏高原积雪的另一个重要控制因素是中纬度西风急流，特别是在青藏高原北部和西部。尽管喀喇昆仑等非季风区的冬季降雪大部分来自嵌入西风急流中的风暴，但最近研究表明，西风带也会导致青藏高原东南部季风区的降雪变化。大尺度的西风波控制着对流层的流动强度，并解释了青藏高原中部冰川 73%的年际物质平衡变化。

除了中纬度西风急流外，亚热带西风急流也很重要。青藏高原的大部分位于该急流的两个最大值之间，即北非–阿拉伯急流出口区域的下游和东亚急流入口区域的上游。深冬和春季（2～4月）青藏高原雪深受西风急流强度和经向移动的变化控制。特别是在春季，急流可以形成分流，急流分流后形成北青藏高原急流和南青藏高原急流，两者之间的变化有利于降温和降水，从而促进青藏高原降雪和积雪。从11月到来年的2月长时间尺度上，对流层上层西风急流的西南移动有利于青藏高原上强烈的表面气旋的发展，形成降雪的有利条件，导致青藏高原上的雪深增加。

青藏高原积雪的年际变化也会受到海–气耦合系统的调节，如厄尔尼诺/南方涛动（ENSO）、印度洋偶极子、海面温度，北大西洋涛动和南半球环状模。冬季太平洋中部的 ENSO 可以通过准静止正压罗斯贝波，改变冬季风暴活动和青藏高原的降雪。由于青藏高原东部和西部的积雪变化基本上是没有关联的，赤道太平洋东部（130°W 以东）的海面温度与青藏高原西部冬季的雪深呈正相关，但与东部地区没有相关性。ENSO 对初冬、春季和初夏青藏高原积雪的影响取决于印度洋偶极子。在没有 ENSO 现象的单一印度洋偶极子年的初冬，热带印度洋上空的异常非绝热加热促进了热带地区的斜压响应，使湿气能够从北印度洋以气旋形式向青藏高原输送。此外，5月的南半球环状模指数与后期的夏季青藏高原西部积雪的年际变化呈显著的正相关。

### 5.3.3 青藏高原积雪变化对亚洲气候的影响

青藏高原积雪的长期变化趋势具有明显的海拔高度依赖性、地区性和季节性差异。青藏高原的积雪变化强烈改变着局地和区域的能量平衡，对高原气候系统产生重要的影响。洁净的新雪反照率超过 0.9，而裸地反照率一般小于 0.3。故气候变暖引起积雪范围和积雪日数的减少会导致地表反照率降低，使地面吸收更多的太阳辐射，地面温度进一步升高，促使积雪继续消融，此为积雪反照率反馈过程，这一正反馈过程可以放大积雪对气候系统的响应，加速气候变暖的进程，这也是青藏高原和北半球高纬度地区升温幅度大于热带地区的关键原因，同时也是青藏高原海拔依赖性变暖的重要影响因素（图 5-16）。青藏高原是全球中低纬度地区最高大的地形，直接加热对流层中部，且在当前气候变化研究背景下，其动力作用基本不变，而由于特殊的下垫面，青藏高原热力作用在全球变暖背景下发生显著改变。青藏高原夏季为热源、冬季为热汇，高原积雪覆盖率变化通过调制热力状况，改变高原和东亚地区的大气环流和水汽输送，影响东亚地区的气候。

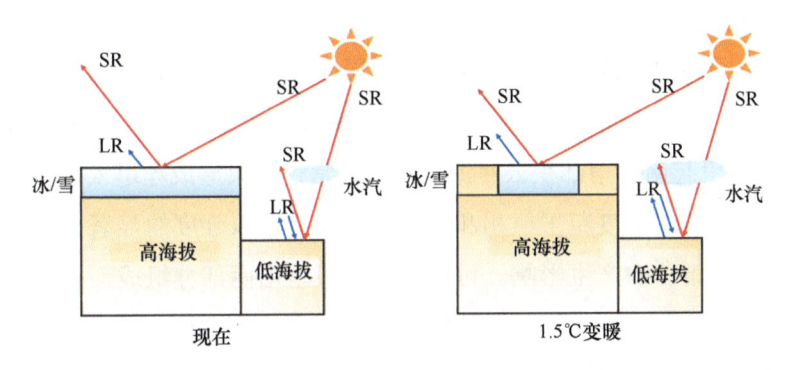

图 5-16 在全球变暖 1.5℃下，积雪反照率反馈作用于青藏高原海拔依赖性变暖的可能机制示意图
SR 和 LR 分别表示短波辐射和长波辐射（You et al., 2019）

青藏高原冬春积雪异常对中国气温具有影响：高原冬春多雪年，中国北方大部分地区夏季气温比常年低，而南方地区夏季气温比常年偏高，少雪年则相反。多雪年副高位置在长江中下游至华南一带，向西延伸范围大，因而这一地区夏季气温偏高。模式研究表明：春季青藏高原的积雪异常增加将明显减少同期地表所接受的短波辐射能量，减少地气间感热、潜热输送，使各层温度尤其是低层的温度明显降低；高原积雪异常增加将促使该地区低层冷高压的加强和高层高度场的降低，对印度低压发展不利，并且这种背景导致亚洲地区南支西风急流的加强和高原北侧的西风减弱，从而推迟了由冬到夏的季节转换；春季青藏高原的积雪异常增加造成局地空气的冷却下沉，引起高原附近的辐散辐合作用并向下游地区传播。此外，高原多雪会造成我国 500 hPa 等压面高度在北方降低，在南方升高，西太平洋副高减弱，大气对积雪异常的响应呈明显的波列特征，同时造成我国北方土壤温度的降低和南方土壤温度的升高。也有学者认为，积雪能激发海温异常，进而影响季风和旱涝。

青藏高原积雪最显著的气候效应是通过季风影响中国夏季降水。青藏高原冬春积雪异常与中国不同地区降水也有不同的相关关系：当青藏高原冬春积雪偏多时，西北、华北降水偏少；华南前汛期降水偏多，汛期降水偏少；江淮流域前汛期降水偏少，汛期降水偏多，积雪偏少时则情况相反。青藏高原冬春积雪偏多情况下，初期的反射通量增加使太阳辐射的吸收减少，以及融雪时的融化吸热减少，进而减少了后期的湿土壤与大气的长期相互作用，作为异常冷源，减弱了春夏季高原热源，是高原冬季积雪影响夏季风并进而影响中国夏季降水的主要机理。青藏高原冬季积雪异常影响东亚冬季风的异常，进而通过东亚Hadley环流引起南海南部积云对流活动的异常，结果造成赤道太平洋纬向风出现变异并引发海表温度距平位相和副高活动及夏季风强度的显著不同，由此对中国夏季风雨带分布产生影响。可能的物理模型由两部分组成，首先是高原冬春季积雪偏多（少）→东亚大槽偏东（西）、偏弱（强）强→冬季南海南部积云对流弱（强），高层辐散弱（强），沃克环流弱（强）→赤道太平洋冬春季信风弱（强），（不）易触发 ENSO 事件，北印度洋 SSTA 南高（低）北低（高），当年夏季风弱（强）→长江中下游易涝（旱）。其次是高原积雪多（少）→高原春、夏季的感热弱（强）→感热加热引起的上升运动弱（强），高原强（弱）环境风场→不利（有利）于高原感热通量向上输送→高原上空对流层加热弱（强）→高原对流层温度低（高）→高原南侧温度对比弱（强）→造成亚洲夏季风弱（强）→中国长江流域易涝（旱）（图 5-17）。高原冬春积雪的年代际变化造成中国东部夏季雨型的变化。20 世纪 70～90 年代青藏高原冬春积雪偏多，导致夏季风偏弱，中国降水出现"南涝北旱"分布型。

关于以上青藏高原积雪影响东亚季风的机制，可以归纳出积雪的两类效应如下：①积雪反照率效应：高原冬春多雪，增大了冬春高原地表反照率，降低了冬春高原地表温度，减少了冬春高原地表向大气的感热和潜热输送，减弱了高原冬春的热源作用。②融雪的水文效应：积雪融化时，融雪过程会吸收热量；而积雪融化以后，积雪融水使土壤成为"湿土壤"，其与大气发生相互作用，使得高原积雪异常的信息长期保留，从而与大气发生长期的相互作用。初期的反射率增加减

第 5 章 海冰和积雪对区域气候变化的影响 | 167

少了太阳辐射的吸收，融雪时的融化吸热，以及后期的湿土壤与大气的长期相互作用，改变了高原热源，是高原积雪影响季风的主要机理。

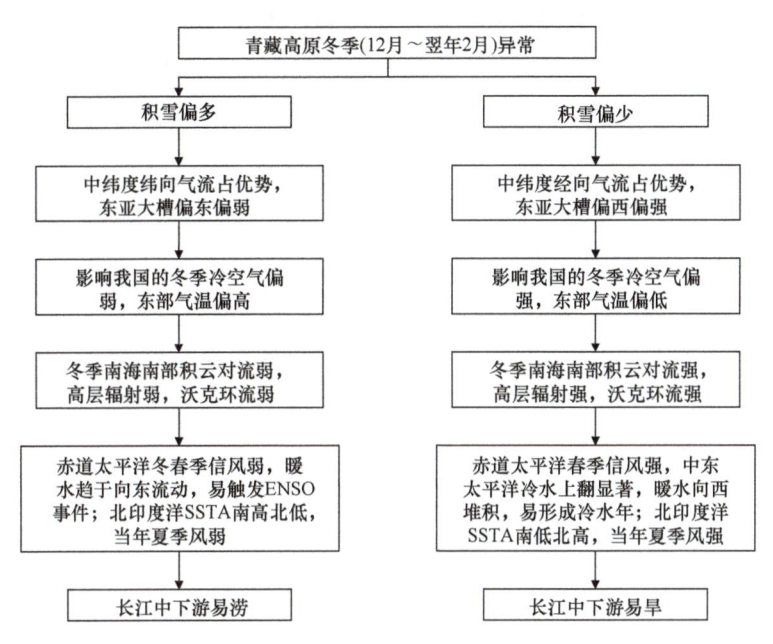

```
                        ┌─────────────────────────────────┐
                        │  青藏高原冬季(12月～翌年2月)异常  │
                        └─────────────────────────────────┘
                                    │
                    ┌───────────────┴───────────────┐
                    ▼                               ▼
            ┌──────────────┐                ┌──────────────┐
            │   积雪偏多   │                │   积雪偏少   │
            └──────────────┘                └──────────────┘
                    │                               │
                    ▼                               ▼
        ┌────────────────────┐          ┌────────────────────┐
        │ 中纬度纬向气流占优势， │          │ 中纬度经向气流占优势， │
        │   东亚大槽偏东偏弱   │          │   东亚大槽偏西偏强   │
        └────────────────────┘          └────────────────────┘
                    │                               │
                    ▼                               ▼
        ┌────────────────────┐          ┌────────────────────┐
        │ 影响我国的冬季冷空气偏 │          │ 影响我国的冬季冷空气偏 │
        │  弱，东部气温偏高    │          │  强，东部气温偏低    │
        └────────────────────┘          └────────────────────┘
                    │                               │
                    ▼                               ▼
        ┌────────────────────┐          ┌────────────────────┐
        │ 冬季南海南部积云对流弱， │        │ 冬季南海南部积云对流强， │
        │ 高层辐射弱，沃克环流弱 │         │ 高层辐射强，沃克环流强 │
        └────────────────────┘          └────────────────────┘
                    │                               │
                    ▼                               ▼
        ┌────────────────────┐          ┌────────────────────┐
        │ 赤道太平洋冬春季信风弱，│        │ 赤道太平洋春季信风强，中东│
        │ 暖水趋于向东流动，易触发ENSO│    │ 太平洋冷水上翻显著，暖水向西│
        │ 事件；北印度洋SSTA南高北低，│   │ 堆积，易形成冷水年；北印度洋│
        │ 当年夏季风弱        │           │ SSTA南低北高，当年夏季风强│
        └────────────────────┘          └────────────────────┘
                    │                               │
                    ▼                               ▼
        ┌────────────────────┐          ┌────────────────────┐
        │   长江中下游易涝   │          │   长江中下游易旱   │
        └────────────────────┘          └────────────────────┘
```

图 5-17　青藏高原冬季积雪异常对长江中下游主汛期旱涝影响的机制（陈乾金等，2000）

有研究表明，5～6 月青藏高原积雪反照率效应对长江流域降水的影响是积雪水文效应的 3 倍；7～8 月积雪反照率效应的影响逐渐减弱，积雪水文效应的影响逐渐增强。事实上，对于积雪反照率和融雪的水文效应的相对重要性存在争议。有观点认为反照率的影响是主要的，融雪和蒸发的影响相对较小。有研究却表明单一反照率的影响不显著，而融雪和蒸发以及反照率一起明显地减弱了季风环流的强度。故又有研究认为两种效应也存在季节差异和区域差异，在春季，反照率影响是主要的，特别是低纬度的青藏高原地区；夏季融雪的水文影响显著，尤其在中纬度地区。有学者对积雪影响亚洲夏季风这一机制做了具体的分析，指出弱的亚洲夏季风是由于能量被用来融化过多的积雪，地面温度降低，进而导致异常低的地面感热通量，由于地表感热通量的降低减小了高原与印度洋地区的经向温度梯度，从而使亚洲夏季风强度减弱。

此外，喜马拉雅山积雪也与印度夏季风降水存在着反位相变化关系。高原积雪对印度夏季风的爆发具有 8 天左右的延迟效应。高原积雪偏多，通过增加反照率降低地表温度，削减高原地表感热和长波辐射通量，使得高原上空对流层加热减弱，春季高原对流层温度降低，大陆和海洋经向温度梯度季节反转减缓，延迟印度夏季风的爆发，季风水汽输送减弱，导致印度及其附近地区季风降水量减少。

# 第 6 章
# 全球气候变暖背景下的区域极端气候事件

极端气候事件往往显著偏离气候平均态，在一定时期内发生的频率较低，通常对社会经济和生态环境产生重要影响。极端气候事件的变化是世界气候研究计划（WCRP）七个重大科学挑战之一，IPCC AR6 报告也首次单独成章对其进行了全面和系统的评估。极端气候变化归因于人类影响（温室气体、气溶胶排放和土地利用）的证据在不断加强。具体到不同区域，极端气候的变化既是对自然强迫和人类活动的区域响应，同时也受到气候系统内部大尺度气候因子的影响。本章介绍了极端温度、极端降水、干旱、复合极端事件等的历史变化和未来预估，以及人类活动对极端事件的影响，并从气候系统内部阐述大尺度因子的影响和物理机制。

## 6.1 极端温度

极端温度指一天中观测到的最高温度或者最低温度超过一定阈值，严重偏离其平均态的情况，包括极端高温和极端低温。气候变化检测和指数联合专家组

（ETCCDI）基于逐日温度定义了一系列有关极端温度的气候变化指数，用来表征极端温度的强度、频率以及持续时间。根据其指数定义，大致可以分为三类：绝对指数、百分比指数和持续时间指数。

绝对指数表示一年（月）内温度的最大值或最小值，如用来描述一年中最冷的一天，其中常用的绝对指数包括最暖日温度（TXx）、最冷日温度（TXn）、最暖夜温度（TNx）和最冷夜温度（TNn）；百分比指数表示温度高于或低于特定阈值的日数占据总日数的比率（极端日数/总日数×100%），阈值定义为基准期（例如，1961~1990年）的第10或第90百分位，常用的百分比指数包括暖昼频率（TX90p）、冷昼频率（TX10p）、暖夜频率（TN90p）和冷夜频率（TN10p）；持续时间指数表示极端高温或低温事件的持续天数，常用的持续时间指数包括冰封日数（ID）、霜冻日数（FD）、夏季日数（SU）、热带夜数（TR）、异常暖持续指数（WSDI）和异常冷持续指数（CSDI）。具体定义见表6-1。

表6-1 常用的极端温度指数

| 中文名称 | 英文缩写 | 定义 | 单位 |
| --- | --- | --- | --- |
| 最暖日温度 | TXx | 日最高温度的年或月最大值 | ℃ |
| 最冷日温度 | TXn | 日最高温度的年或月最小值 | ℃ |
| 最暖夜温度 | TNx | 日最低温度的年或月最大值 | ℃ |
| 最冷夜温度 | TNn | 日最低温度的年或月最小值 | ℃ |
| 暖昼频率 | TX90p | 日最高温度高于90%分位的天数百分比 | % |
| 冷昼频率 | TX10p | 日最高温度低于10%分位的天数百分比 | % |
| 暖夜频率 | TN90p | 日最低温度高于90%分位的天数百分比 | % |
| 冷夜频率 | TN10p | 日最低温度低于10%分位的天数百分比 | % |
| 冰封日数 | ID | 一年中日最高温度低于0℃的总天数 | 天 |
| 霜冻日数 | FD | 一年中日最低温度低于0℃的总天数 | 天 |
| 夏季日数 | SU | 一年中日最高温度大于25℃的总天数 | 天 |
| 热带夜数 | TR | 一年中日最低温度大于20℃的总天数 | 天 |
| 异常暖持续指数 | WSDI | 一年中日最高温度至少连续6天大于90%分位的总天数 | 天 |
| 异常冷持续指数 | CSDI | 一年中日最低温度至少连续6天小于10%分位的总天数 | 天 |

### 6.1.1 极端温度事件的变化

#### 1. 全球

在过去一个世纪，全球和大多数陆地区域极端气温持续变暖。即使在1990~2010年全球变暖放缓期间，也能观测到暖季极端温度的升高。在全球范围内，近几十年来暖昼和暖夜天数有所增加，冷昼和冷夜天数在减少，最暖日温度（TXx）和最冷日温度（TXn）均呈升高趋势。全球陆面平均TXx比全球平均高约45%，陆面平均TXn自1960年以来升高了约3℃，且陆地区域平均TXn上升幅度比TXx上升幅度大。大多数地区的TXx和TXn总体变化趋势一致，在欧洲和南美洲西北部的TXx和北极的TXn升高趋势最明显。与观测到的全球TXx和TXn的变化趋势一致，自1950年以来，暖夜频率（TN90p）升高，冷夜频率（TN10p）降低，在几乎所有陆地区域都统计到TN10p的显著下降。在几乎所有陆地区域，尤其是在北半球中纬度地区，寒潮天数逐渐减少。

有非常有力的证据表明，近几十年来亚洲极端高温的强度和频率呈现增加趋势，而极端低温则相反。1951~2016年，亚洲极端高温的面积比例扩大，东亚和西亚极端高温频率增加，极端低温频率则显著降低。20世纪初以来所有亚洲地区的寒潮强度和频率都在下降，但是超级寒潮事件仍时有发生。

#### 2. 中国区域

##### 1）极端高温

1961年以来，中国极端高温发生频次呈显著增多趋势，20世纪90年代中期以来增多趋势更加明显（图6-1）。中国平均暖昼日数也不断增多，平均每10年增加5.4天（图6-2）。虽然我国极端高温事件发生频次存在地域性差别，但绝大部分地区极端高温事件发生频次呈现增加的趋势。1961~2015年的中国极端高温事件平均增幅为4.4次/10a，且高温极值记录站数在20世纪90年代以后增多，影响范围扩大，持续时间增长。近60年来，热浪变得越来越容易在夜间发生，纯白天型热浪的变化趋势不显著；而纯夜间型热浪呈显著增加趋势，为 0.09 次/10a。热带夜数（TR）、夏季日数（SU）、暖昼频率（TX90p）和暖夜频率（TN90p）在中国有明显增加趋势，SU、TN90p 和 TX90p 每十年分别以 1.5～5.0 天、0～4.0%和 0～3.0%的速度增长。除青藏高原和东北北部外，中国大部分地区 TR 以每十年 0～6 天的速度增加。

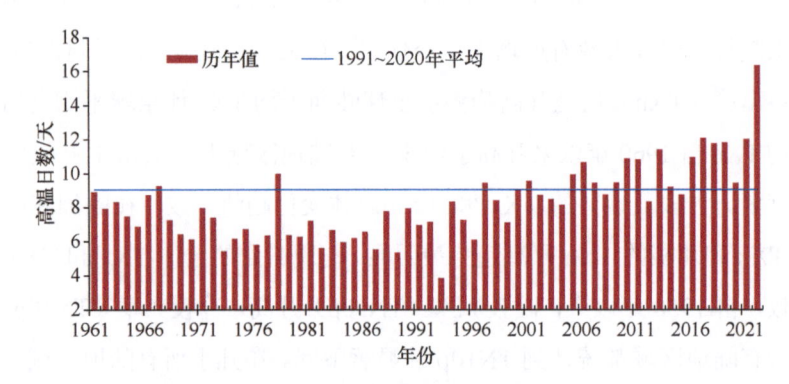

图 6-1　1961～2022 年夏季中国平均高温日数变化（中国气象局，2022）

破纪录事件的发生是反映极端事件强度变化的一个重要特征。20 世纪 80 年代极端高温破纪录事件发生频次在全国分布较为均匀，90 年代我国西北地区东部和华北地区南部极端高温破纪录事件频发。进入 21 世纪后，极端高温破纪录事件主要发生在我国南方地区、华北和四川盆地等地（秦大河和翟盘茂，2021）。

**2）极端低温**

1961 年以来，中国极端低温事件发生频次呈显著的减少趋势，中国平均冷夜日数不断减少，平均每 10 年减少 8.2 天（图 6-2）。中国群发性极端低温事件在近 50 年发生频次显著减少，平均减幅为 9.9 次/10a。同时，霜冻日数（FD）、冰封日数（ID）、冷昼频率（TX10p）和冷夜频率（TN10p）的减少在中国非常显著，FD、TN10p 和 TX10p 每十年分别以 1.5～6.0 天、0.5%～4.5%和 0～2.1%的速度下降。在中国东北、中国北方、长江中下游和青藏高原，ID 以每十年 0～6 天的速度减少。

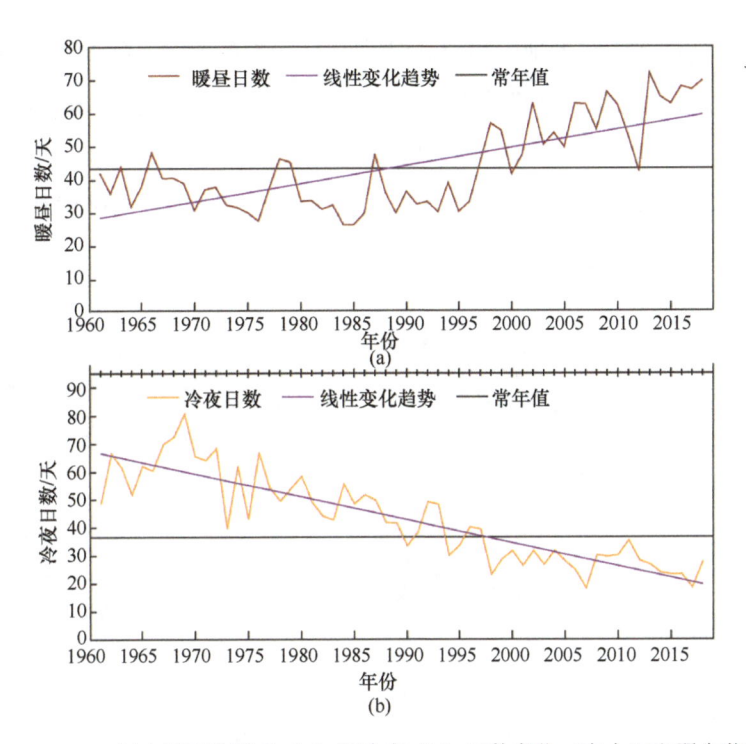

图6-2　1961～2018年中国平均暖昼（a）和冷夜（b）日数变化（秦大河和翟盘茂，2021）

20世纪80年代极端低温破纪录事件主要发生在华北和西南地区，90年代极端低温破纪录事件主要出现在河套和南方地区，进入21世纪后极端低温破纪录事件主要出现在华北和东北地区。

## 6.1.2　极端温度的变化机制

### 1. 人类活动的影响

人类活动引起的温室气体浓度增加是20世纪中叶以来全球尺度和大多数大陆尺度极端温度事件变化的主要驱动力（图6-3）。如果没有人类活动对气候系统的影响，近些年的一些极端高温事件极不可能发生。同时，森林砍伐可能是一些中纬度地区极端高温增强的贡献因素。在农业方面，灌溉和农田集约化，可能会降低极端高温出现的频率，农田集约化导致美国中西部最高温度百分比减少，灌溯已被证明是许多中纬度地区极端高温减少 1~2℃ 的原因。自 20 世纪 80 年代以来，西欧和东北亚夏季温度迅速变高与欧洲上空人为气溶胶前体排放的减少有关。在局地范围内，城市热岛效应导致城市地区的温度高于周边地区，并导致快速城市化地区尤其是夜间极端温度的升高。人类活动很可能使中国区域高温热浪出现的概率增加以及低温寒潮发生概率减小。

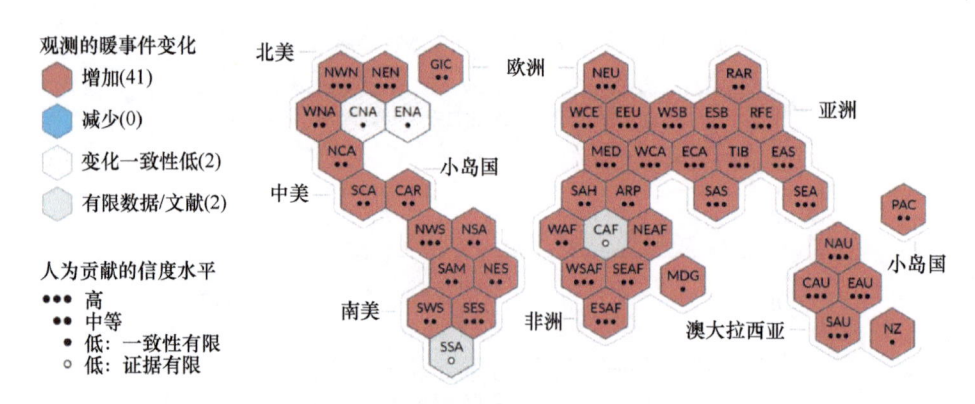

图 6-3　20 世纪中叶以来极端热事件的变化与归因（IPCC，2021）

北美包括 NWN（北美西部–北部地区）、NEN（北美东部–北部地区）、WNA（北美西部）、CNA（北美中部）、ENA（北美东部）；中美包括 NCA（中美北部）、SCA（中美南部）、CAR（加勒比海）；南美包括 NWS（南美西部–北部地区）、NSA（南美北部）、NES（南美东部–北部地区）、SAM（南美季风区）、SWS（南美西部–南部地区）、SES（南美东部–南部地区）、SSA（南美南部）；欧洲包括 GIC（格陵兰/冰岛）、NEU（欧洲北部）、WCE（欧洲中西部）、EEU（欧洲东部）、MED（地中海）；非洲包括 MED（地中海）、SAH（撒哈拉）、WAF（非洲西部）、CAF（非洲中部）、NEAF（非洲东部–北部地区）、SEAF（非洲东部–南部地区）、WSAF（非洲南部–西部地区）、ESAF（非洲南部–东部地区）、MDG（马达加斯加）；亚洲包括 RAR（俄罗斯北极地区）、WSB（西西伯利亚）、ESB（东西伯利亚）、RFE（俄罗斯远东地区）、WCA（中亚西部）、ECA（中亚东部）、TIB（青藏高原）、EAS（东亚）、ARP（阿拉伯半岛）、SAS（南亚）、SEA（东南亚）；澳大拉西亚包括 NAU（澳大利亚北部）、CAU（澳大利亚中部）、EAU（澳大利亚东部）、SAU（澳大利亚南部）、NZ（新西兰）；小岛国包括 CAR（加勒比海）、PAC（太平洋小岛国），下同

## 2. 大尺度因子对中国极端高温的影响和物理机制

土壤湿度作为陆–气耦合中的关键因子，异常的土壤湿度将会对大气产生持续影响，从而导致天气和气候异常。土壤湿度对每日最高/最低气温以及日间温度范围有强烈反馈，同时土壤湿度在极端高温和热浪事件的发生中起着重要作用。华北地区春季异常土壤湿度可以持续到夏季，通过改变潜热和显热之间的表面能量

分配来影响夏季高温和热浪的发生。夏季华北地区土壤湿度对局地热力因子的影响效果明显，土壤湿度异常引起的潜热通量和感热通量的异常变化是造成华北极端高温事件的主要原因。

中国北方的持续性高温事件发生频次明显增多，与夏季的"丝绸之路"遥相关型在20世纪90年代中后期由负位相转为正位相密切相关。大约在20世纪90年代中期，欧亚大陆夏季出现了不均匀的变暖，非均匀增温与大西洋多年代际振荡（AMO）的位相转变和"丝绸之路"遥相关型的年代际变化一致。AMO可能通过调节丝绸之路遥相关的年代际变化，在欧洲-西亚和东北亚的升温放大中发挥了重要作用，进而造成中国北方地区的极端高温事件。同时，太平洋年代际振荡通过改变东亚夏季风强度，导致我国东部夏季极端高温事件的发生。

长江流域的极端高温事件频次与夏季NAO模态关系密切，当夏季NAO处于正位相时，长江流域极端高温事件偏多，反之亦然。北大西洋海温正异常有利于夏季欧亚大陆上空纬向波列型环流异常的维持，从而导致中国东北波列型极端高温事件强度增强。热带西大西洋暖海温异常在季节内尺度上的发展与维持有利于在欧亚大陆激发出较为稳定的罗斯贝波列，使东亚及其沿海地区被高压控制，进而引发江南地区持续性异常高温事件。北大西洋的海-气相互作用激发的自西向东传播的欧亚波列会使中国东北和南部极端高温事件频次出现正负偶极型分布。同时，热带西太平洋的海温异常、海洋性大陆的异常对流活动可通过东亚-太平洋遥相关型（East Asia-Pacific，EAP）波列对中国东部夏季极端高温事件产生影响。

厄尔尼诺引起的赤道东太平洋冬季的暖海温异常在春季逐渐减弱、夏季消亡，同时在西太平洋地区出现海温正异常，并在南海和华南地区上空激发异常反气旋，从而影响华南夏季极端高温的年际变化。20世纪90年代初之后，华南高温与热带海温相关性增强，华南暖夏对应热带太平洋从厄尔尼诺向拉尼娜的位相转变。夏季热带西太平洋暖海温激发异常的局地哈得来环流，在华南上空形成异常下沉高压。同时，热带中东太平洋冷海温激发异常沃克环流，进一步加强热带西太平洋对流活动，从而间接影响华南极端高温。

2018年5月华南发生的一次极端高温事件与5月西太平洋副高的异常西伸和北移导致的南海夏季风推迟爆发有关。当南海夏季风爆发偏晚时，华南地区受异常高压控制，气温显著偏高，反之亦然。热带东南印度洋冷海温激发异常的越赤道气流和局地经圈环流，有利于西北太平洋出现气旋异常。此外，西北太平洋气旋异常通过局地经圈环流在东北亚地区造成异常下沉和反气旋，从而导致2018年盛夏东北地区遭受了严重的高温热浪袭击。

## 3. 大尺度因子对中国极端低温的影响和物理机制

我国冬半年极端低温事件频数在1986年前后与东亚冬季风发生年代际突变时间点一致，并呈现显著的相关性。NAO可通过影响西伯利亚高压、东亚大槽、东亚冬季风等系统，使中国冬季大部分地区气温偏低，进而有利于极端低温事件的发生。1969～1988年，北大西洋地区表现为显著的NAO负位相结构，对应的大气环流形势使得冷涡等天气系统维持在贝加尔湖到中国东北一带，有利于东北地区冷日（夜）频发。

北极变暖的速度是全球平均水平的2～3倍，被称为"北极放大效应"。北极变暖已被证明对欧亚大陆的气候变异有显著影响，其中巴伦支–喀拉海地区异常增暖与亚洲中纬度极端低温频发密切相关。巴伦支–喀拉海地区异常增暖会导致西伯利亚高压正异常，伴随的异常冷平流和上升运动以及辐射、感热、潜热交换造成的异常导致亚洲中纬度近地面温度季节循环振幅增大，有利于极端低温频发。秋季北极海冰覆盖范围的减少与冬季北半球更加频繁的阻塞形势密切相关，导致欧亚大陆寒潮频次增加，有利于欧亚大陆中纬度地区出现极端低温事件。

2000年以后低温破纪录事件主要位于中国北方，与东亚冬季风北方模态加强和AO负位相对应，西伯利亚高压及东亚大槽增强，以经向环流为主的温带急流亦增强，导致西伯利亚冷气团侵入东亚地区，但受增强北移的副热带西风急流阻截。因此，强冷空气聚集在东亚中高纬度地区，有利于这一区域的低温破纪录事件的发生。

欧亚积雪的增加可能导致欧亚区域大规模辐射冷却和西伯利亚高压的加强。20世纪90年代初以来欧亚积雪的增加与极涡减弱、负AO以及欧亚大陆冬季出现的大规模变冷趋势一致。10月欧亚大陆北部积雪范围异常与东亚冬季气温存在显著联系。欧亚大陆北部积雪负异常会使欧亚大陆中高纬出现显著的海平面气压正异常，西伯利亚高压加强西伸，并伴随着对流层低层显著的反气旋环流异常。乌拉尔山阻塞高压偏强、东亚大槽加深，有利于北大西洋的暖湿气流向北极输送、高纬的冷空气向欧亚大陆输送，导致巴伦支-喀拉海气温偏高、欧亚中纬度气温偏低和中国极端低温事件频发。北美积雪也与西伯利亚高压、东亚西风急流及亚洲近地面气温有紧密联系。12月北美积雪减少可以增强大西洋急流，影响北大西洋西部海温异常和瞬变涡活动，进而在1月激发出横跨欧洲并向远东传播的罗斯贝波列，导致西伯利亚高压和东亚急流加强，有利于亚洲中纬度极端低温事件增多。

北大西洋"马蹄形"海温异常和格陵兰岛东侧正海温异常通过热力强迫激发欧亚波列致使华北地区上空出现气旋式异常，促使亚洲极涡加强和持续，从而导致华北地区温度剧烈下降，极端低温事件增多。西太平洋暖池海温异常可以通过影响东北地区上空的环流，致使东北夏季极端低温异常。赤道东太平洋海温与东北夏季极端低温存在遥相关关系，在20世纪90年代初期以前，在厄尔尼诺发生年或翌年基本都对应东北夏季极端低温年。中部和东部型厄尔尼诺事件会使中国东北地区冬季日平均气温偏低，极端低温事件的发生频次增多。赤道印度洋的热带对流活动通过经向垂直环流影响中国冬季持续性低温，进而利于极端低温事件发生。

## 6.1.3 极端温度的预估

1. 全球

即使全球温升水平稳定在1.5℃，全球尺度和大陆尺度以及所有人类居住区域的极端热事件频率也将升高，强度加强，极端冷事件则相反。与1.5℃变暖相比，

2℃的全球温升水平很可能会导致陆地上更频繁、更强烈的极端高温，以及更长的温暖期，会对人口聚集地区产生很大影响。

对于全球大多数地区，极端温度的变化幅度与全球变暖水平成正比。在一些中纬度和半干旱地区，极端高温的升温速率可能是全球升温速率的2倍，最暖日温度（TXx）的最高涨幅约为全球变暖速度的1.5倍，北极地区最冷日温度（TXn）的最高涨幅约为全球变暖速度的3倍。极端温度的出现概率通常随着全球变暖水平的增加而呈非线性增加。

## 2. 中国

当全球变暖稳定在1.5℃和2.0℃时，相对于2006~2015年，中国平均的温度将分别再升高约0.94℃和1.59℃。中国东部类似2013年极端高温强度的发生风险将会增加为历史时期（1986~2005年）的3.0倍（6.1倍），极端高温日数增加为历史时期的5.6倍（12.6倍）。在RCP4.5和RCP8.5两种排放情景下，中国区域的TNn和TXx都出现了明显变暖趋势，在RCP8.5排放情景下上升更加明显，中国北方地区的变暖幅度大于南方地区。在两种排放情景中，TNn的升高程度都略大于TXx。与1986~2005年的基准期相比，到21世纪末，TNn和TXx的多模式预估中位数增长分别为2.9和2.7℃（RCP4.5情景），5.8和5.5℃（RCP8.5情景）。预估的冰封日数（ID）、霜冻日数（FD）、热带夜数（TR）、夏季日数（SU）也存在一致的变化趋势。在RCP4.5和RCP8.5排放情景下，FD和ID将减少，而TR和SU将增加。到21世纪末，在RCP4.5排放情景下，FD和ID的多模式预估中位数将分别减少21天和17天，而TR和SU将分别增加18天和25天；在RCP8.5排放情景下FD和ID将分别减少43天和32天，TR和SU将分别增加38天和44天。

在全球持续增暖的背景下，中国暖昼频率（TX90p）、冷昼频率（TX10p）、暖夜频率（TN90p）和冷夜频率（TN10p）与其他极端温度指数的预测变化一致：TN10p和TX10p将减少，TN90p和TX90p将增加，夜间温度指数（TN10p和TN90p）的变化强于白天温度指数（TX10p和TX90p）。在RCP4.5排放情景下，TN10p（TX10p）从1961~1990年的约10%，下降到21世纪末的1.7%（2.6%）。而在RCP8.5排放情景下，TN10p（TX10p）则有可能下降到 0.4%（0.9%）。也就是说，在 RCP8.5 排放情景下，到 21 世纪末 TN10p 每 200 天发生一次，TX10p 每 100 天发生一次。到 21 世纪末，多模式预估的 TN90p 和 TX90p 从基准期的 10% 左右分别增加到 41% 和 36%（RCP4.5），67% 和 59%（RCP8.5）。也就是说，在 RCP8.5 排放情景下，20 世纪末平均每 10 天发生一次的高温天气，到 21 世纪末将成为日常状况。基于最新的 CMIP6 模拟结果，在 SSP1-2.6，SSP2-4.5 和 SSP5-8.5 三种情景下，中国未来有 50%~70% 地区的升温将超过全球平均水平，其中大部分位于西藏和北方地区，有 1.9~4.4 亿人（占全国人口的 16%~41%）将面临高于全球平均水平的增暖和风险。

## 6.2 极端降水

极端降水通常指日降水强度达到或超过一定阈值（例如，95%分位）的强降水现象。气候变化检测和指数联合专家组（ETCCDI）定义了 10 个与降水有关的指数，其中 8 个为极端降水指数（Rx1day、Rx5day、R95p、R99p、R10mm、R20mm、CWD、CDD），其能够反映出极端降水的强度、频率和持续时间。具体定义如表 6-2 所示。Rx1day 和 Rx5day 主要反映的是一年中最大降水量，较多应用于气候变化和检测归因研究。R95p 和 R99p 可以反映研究时段内的极端降水的频率、强度等，具有较大的年际变率，所以除了应用于气候变化研究之外，在气候动力学领域也存在较为广泛的应用。本节阐述的极端降水也是针对上述指数展开。

表 6-2 ETCCDI 中的极端降水指数及其定义

| 指数 | 名称 | 定义 | 单位 |
| --- | --- | --- | --- |
| Rx1day | 最大日降水量 | 一年最大日降水量 | mm |
| Rx5day | 最大连续 5 日累积降水量 | 一年内连续 5 天最大累计降水量 | mm |
| R95p | 强降水量 | 一年内日降水量>研究时段所有日降水 95%分位值的累计降水量 | mm |
| R99p | 极端强降水量 | 一年内日降水量>研究时段所有日降水 99%分位值的累计降水量 | mm |
| R10mm | 大雨日数 | 一年内降水量≥10mm 的日数 | days |
| R20mm | 极端大雨日数 | 一年内降水量≥20mm 的日数 | days |
| CWD | 最大连续湿润日数 | 一年内日降水量≥1mm 的最长连续日数 | days |
| CDD | 最大连续干旱日数 | 一年内日降水量<1mm 的最长连续日数 | days |

## 6.2.1 极端降水事件的变化

### 1. 全球

极端降水的长期趋势和信度存在显著的区域差异（图6-4）。全球较大范围内的极端降水存在增加的趋势，如加拿大和欧亚大陆等。而地中海区域、北美西部和小岛国的极端降水趋势存在较大的不一致性。极端降水的大值区域主要分布在热带区域和季风区域。模式和再分析的空间分布比较一致，这也是CMIP6可以作为极端降水变化归因、检测和预估的基础之一。

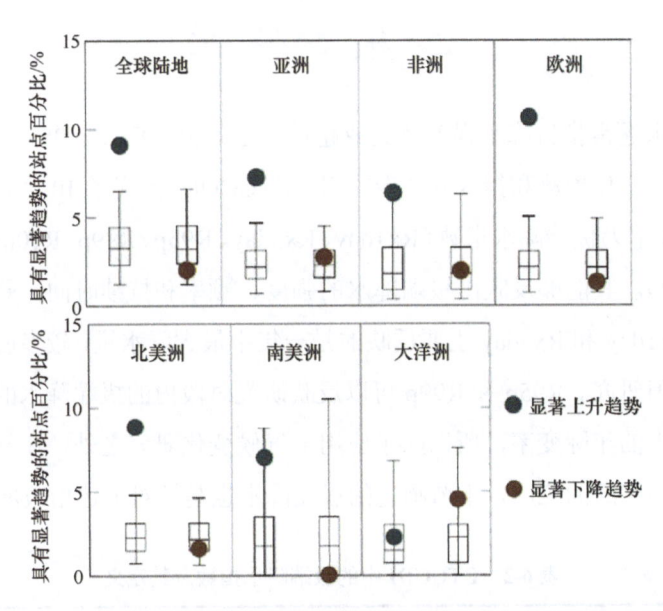

图6-4 1950~2018年全球年最大日降水量具有显著趋势的站点百分比（IPCC，2021）
全球陆地共8345个观测站点，绿点表示显著上升趋势，棕点表示显著下降趋势。箱线图表示在假设无趋势情形下，从1000个实验中出现具有显著趋势的预期站点百分比，箱线图自上而下分别代表第95百分位、第75百分位、第50百分位、第25百分位和第5百分位

### 2. 中国区域

中国地处东亚，背靠欧亚大陆，毗邻太平洋，季节差异明显，夏季风携带丰沛的水汽，极端降水也多发于夏季，尤其是中国东部。在中国，大部分地区能观

测到强降水和极端降水事件的频率增多和强度加强，并呈现出小雨减少、暴雨增多的特征（图 6-5）。同时，中国极端降水变化存在显著的区域性差异。例如，大部分极端降水指数在中国西北、东南和长江中下游地区呈增加趋势，而在华北、东北和西南等地为减少趋势。中国长江中下游和西北部极端降水的频率增加，而华北地区减少，与这些区域平均降水和极端降水的趋势一致。全国范围内，1961~2017 年期间，PRCPTOT、SDII、Rx1day、Rx5day、R99p 和 R95p 呈现增多趋势的台站数多于呈减少趋势的台站数。而 CWD、R10mm 和 R20mm 在大多数站点无显著性趋势变化。具体表现为：长江流域、东南部和珠江流域的极端强降水和连续性降水增加；内陆区域的年降水、降水强度、极端强降水和连续强降水增多；西南区域极端强降水增强，但连续干旱日数也表现为增加趋势。其余区域（黄河流域、海河流域、淮河流域和松辽河流域）的极端降水指数无显著变化。

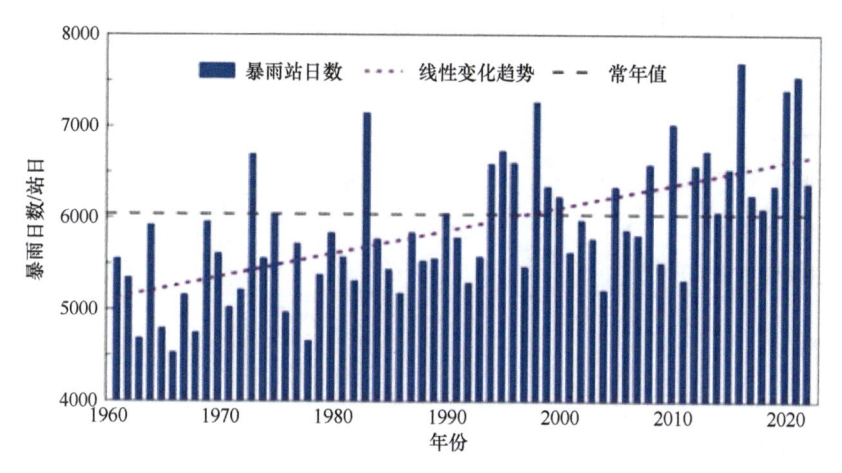

图 6-5　1961~2022 年中国年累计暴雨站日数（中国气象局气候变化中心，2023）

## 6.2.2　极端降水的变化机制

### 1. 人类活动的影响

人类活动对极端事件的影响在全球和区域尺度存在明显的差异，可信度也存在差异。根据 IPCC AR6 报告最新的研究成果指出（IPCC，2021），在全球尺度上暴雨在20世纪后半叶加强的趋势中，人类强迫具有中等信度的贡献，这一结论在IPCC AR5报告基础上得到了继承和加强。一方面，人类活动导致全球水循环加速，另一方面，全球变暖导致大气中水汽含量增多，最终导致暴雨的增加。1951~2005年，北半球陆地上观测到Rx1day和Rx5day的增加在很大程度上受包含温室气体和人为气溶胶在内的综合人为活动的影响，同时以上极端降水增强的比例与升温有关的克劳修斯—克拉佩龙方程关系（Clausius-Clapeyron relation，CC关系）一致。温室气体的影响是观测到Rx1day和Rx5day增加的主要影响因素。全球尺度上，人类活动在很大程度上影响了观测到前1%和5%分位数日降水量的增加（图6-6）。极端降水的增加与城市化过程也存在密切联系，具体的影响路径主要是与城市的热岛效应、气溶胶集中排放等过程有关。人类活动之外的自然外强迫也可以导致极端降水的变化，例如，大型的火山爆发会通过冷却表面温度减少水分和减弱环流等过程导致次年的Rx5day和SDⅡ（日降水强度）大幅度减少。

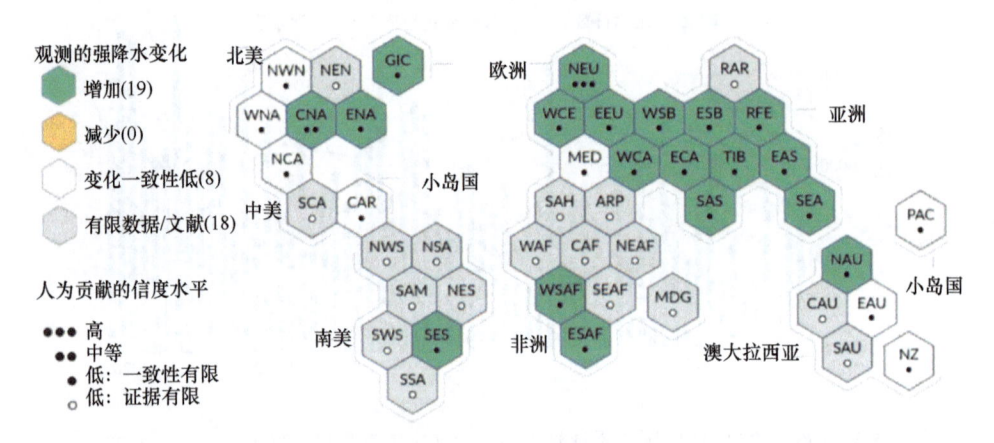

图6-6 20世纪中叶以来极端降水事件的变化与归因（IPCC，2021）

全球变化不仅表现在人类活动导致的温室气体排放加剧，另外一个明显的特征是城市化过程。城市化导致极端降水增加的具体机制包括以下四个方面：①与城市热岛效应相关的空气水平辐合加强，导致大气水分增加；②城市气溶胶排放导致城市上空的凝结核增加；③影响云层微物理过程的气溶胶污染；④阻碍大气运动的城市结构。

最近50年（1961～2014年）人类活动强迫下的中国极端降水变化与观测到的极端降水变化基本一致，整体呈增加趋势。R95p、R99p、RX1day和RX5day的变化中可以检测到人类活动信号。此外，温室气体信号在R95p、R99p和RX1day的变化中也可以被单独检测到，但只有在R99p和RX1day的变化中温室气体强迫能够与自然外强迫和其他人类活动强迫的影响分离，在RX5day的变化中可以与自然外强迫和人为气溶胶强迫的影响分离。因此，中国极端降水的增强能够归因于人类活动的影响，其中温室气体起主导作用。但是，在PRCPTOT（总降水量）和R10mm的变化中并未检测到人类活动信号。人为气溶胶信号无法被检测，但它会部分抵消温室气体在中国极端降水变化中的作用。

2. 大尺度因子对中国极端降水的影响和物理机制

极端降水的变化受到热力和动力过程的共同控制，动力主要为垂直运动的变化，而热力则是湿度的变化。一般而言，全球变暖会导致大气的持水能力符合克劳修斯-克拉佩龙方程关系（CC关系）增长（约7%/℃），从而在全球尺度上使极端降水以类似的速度增加。而全球变暖引起的动力变化对极端降水的影响更为复杂，难以量化，是预测、预估不确定的主要来源。极端降水受到大气内部变率的影响较大，故极端降水在不同区域的表现迥异，而且在不同区域极端降水的变化机制也存在较大的差异。基于准地转诊断（quasi-geostrophic）方法，可以将动力变化分解为由大尺度绝热扰动导致的干过程和非绝热加热反馈导致的湿过程，进而解释极端降水敏感性的空间分布模态的机制。例如，基于以上过程，发现印度季风区域加强的非绝热反馈过程导致更强的极端降水增加（超过约7%/℃，强CC关系），而未来预估极端降水减少的区域（如副热带区域）则是由于非绝热反馈的减弱导致的。在全球尺度上，极端降水的年际变率主要是由垂直运动的变化主导的，而大尺度绝热扰动造成的垂直异常是非绝热反馈过程的2倍左右。

特定的大气环流形势和天气系统是极端降水发生的直接原因。在全球变暖背景下，东亚夏季风环流加强和大气层结构不稳定性增加都为中国极端降水的增加提供了有利条件。中国东部夏季的极端降水主要存在5个中心及相关模态，即华南中心型、长江中下游型、河套型、华北型和东北型。随着东亚夏季风的北推，极端降水发生的高值区域也会逐渐北移。大量的水汽会沿着西北太平洋副热带高压（西太副高）的西北侧传输到中国东部，进而显著地影响中国夏季的极端降水。6～7月发生在江淮流域的极端降水与同期西太副高的位置和强度的关系尤为密切；同时6月华南的极端降水也受到西太副高的调制。2022年初夏受到东北冷涡影响副高难以北抬，华南地区处于副高边缘，因而有大量的高能高湿的季风气流将得以北上，为2022年华南超强"龙舟水"提供了充足的水汽和能量。此外，西太副高的位置也会改变台风的移动路径，进而影响中国东部的极端降水。2021年"7·21"河南特大暴雨事件与西太平洋副热带高压和台风有关。7月中旬河南处于副高边缘，对流不稳定能量充足，且7月18日西太平洋有台风"烟花"生成并向我国靠近。受台风外围和副高南侧的偏东气流引导，大量水汽向我国内陆地区输送，为河南强降雨提供了充沛的水汽来源，导致降水强度大、维持时间长，引起局地极端强降水。

大气河（ARs）与低空急流（LLJs）也是输送水汽的重要系统，均受到西太副高的调制和影响。大气河是指狭长、瞬变的强水平水汽输送带，导致中国极端降水的大气河基本位于沿海区域；而低空急流主要在夜间生成，分布于华南等地。2020年台风"暴力梅"期间，与大气河相关的降水达到总降水的50%～80%，是梅雨期间极端降水出现的主要原因。中国东南部的季风气流日变化还起到"白天蓄能–夜间释放"的作用，在夜间把暖湿能量快速输送到中国东部地区，激发中尺度对流系统的凌晨发展，造成早晨峰值的暴雨。这种过程可在数天内反复发生，形成一条像走廊一样狭长的雨带，称为暴雨走廊（rainfall corridor）。通过环流分析发现，暴雨走廊与华南低空急流输送的水汽密切相关。地形的阻挡导致水汽在局地的聚集，从而产生极端降水，也是影响中国极端降水的重要物理过程。例如，发生在华北夏季的极端降水事件很大程度上都是由于华北地形加强的结果。

中国西南地区发生极端降水的概率也较大，主要是地形和西南涡的共同作用导致。该地的极端降水同时受到东亚季风与南亚季风的影响。中国西北是温带大陆性气候，不受季风的影响，其水汽输送主要受中纬度的西风影响。西北年降水总量主要是由极端降水贡献的，容易出现突发性洪水（flash flood）。近年来，西北地区降水开始增多（即所谓西北"暖湿化"现象），极端降水也存在显著的增加趋势。西北的极端降水和其东西两侧的高压（中亚高压和蒙古高压）有关。当高压加强时，西北上空的西伯利亚槽加深，进而导致水汽辐合，极端降水出现。

大尺度遥相关也是影响中国极端降水事件的重要机制和途径，同时这些有关的遥相关型可以为极端降水的预测提供有力的依据和基础。作为北半球重要的大气模态，北大西洋涛动（NAO）和北极涛动（AO）显著影响了中国的极端降水事件。在 NAO 较强的年份，中国水汽输送通量和水汽辐合的变化造成中国北部极端降水偏多，南部偏少；在 NAO 弱年份，则与上述情形相反。AO 与东亚夏季降水有密切关系。5 月 AO 指数偏高时，夏季长江中下游到日本南部的极端降水偏少，反之则偏多。另外，丝绸之路遥相关型（Silk Road pattern）可以显著影响长江流域、华南、华北和西北地区的极端降水事件。日本–太平洋遥相关型（PJ pattern）与副高之间存在显著的相互作用，可以影响中国东部甚至西南的极端降水事件。此外，中高纬度的波列，如极地–欧亚遥相关型（POL）、大不列颠–贝加尔湖遥相关型（BBC pattern）对中国东北地区的极端降水事件也有一定的调控作用。

海表面温度、海冰和非局地的陆面过程的变化相比于大气较为缓慢，是大气运动的侧边界条件。在较长的时间尺度上，这些遥强迫将会改变大气的能量和动量进而影响极端降水事件。ENSO 是全球海–气相互作用最强的年际变化信号，对全球的天气气候都具有显著的影响。ENSO 对中国极端降水事件的影响依赖于不同的区域和季节。一般而言，在厄尔尼诺事件发生的冬季和接下来的春季，中国出现极端降水的概率变高。而拉尼娜之后的夏季和秋季，中国极端降水的频率也有所升高。但是，以上两种情况中极端降水的分布并不一致，这也显示出 ENSO 和极端降水关系之间的复杂性。ENSO 影响中国夏季极端降水事件的另外一个途径是通过台风。在 ENSO 中性年，中国内陆地区比厄尔尼诺/拉尼娜年份由台风导致的极端降水影响更大。此时，台风路径密度最高，热带风暴、台风和登陆台风数量大于平均水平。在厄尔尼诺阶段，赤道太平洋中部和东部的海面温度较高，低层涡度（1000 hPa）和高层散度（250 hPa）较大，盛行西风，这些因素共同导致经过中国境内的台风较少。根据海表温度异常最大位置的不同，ENSO 分为东太平洋 ENSO（EP-ENSO），以及近年来愈发频繁的中太平洋 ENSO（CP-ENSO）。两种 ENSO 对中国的极端降水事件的影响也存在显著的差异，例如 EP-ENSO 主要影响冬季华南地区的极端降水，而 CP-ENSO 则主要改变华东地区的降水事件。ENSO 对中国极端降水的影响也受到其他强迫因子的调制，如印度洋偶极子和 ENSO 在同相位时，对华南冬季的极端降水事件最为显著。

青藏高原的地表状况（包含感热、积雪和热源等）也可以改变中国东部的极端降水事件。当其上热源为正异常时，长江流域的极端降水偏多。偏高的热源导致南亚高压加强并向东延伸，接着改变对流层中下层的涡度，致使西太副高加强并向西延伸，最后长江流域的极端降水增多。极端印度洋海表温度也会通过蒸发–风反馈机制在西北太平洋激发强的反气旋异常，从而影响中国东部的极端降水，如2020年7月破纪录的北印度洋海表温度是导致当年极端梅雨事件的主导因素之一。除此之外，北极海冰的变化也会影响中国的极端降水事件。例如，巴伦支海海冰可以通过影响欧亚遥相关型（EU）进而影响西南极端降水；东西伯利亚海海冰会直接改变中高纬度的阻塞高压，进而引起长江流域的极端降水。中国非季风区域的极端降水事件在近年来的年代际增多可能受到大西洋多年代际振荡（AMO）位相变化的调制。东北区域极端降水事件的年代际变化同样和 AMO 的变化有关。

### 6.2.3 极端降水的预估

**1. 全球**

随着全球变暖的加剧，极端降水事件很可能变得更强、更频繁。全球尺度上，未来全球每增温 1℃，极端降水事件的强度将增加 7%。此外，未来固定阈值的极端降水指数的增加是非线性变化的，表明越极端的降水事件在未来会呈现更大的增长百分比。CMIP5 模式预估结果表明，在 1.5℃的增暖水平下，20 年一遇的极端降水事件的发生频率将比现在增加 10%，而在 2.0℃的增暖水平下将增加20%。同时，1.5℃和2.0℃的增暖水平下百年一遇的极端降水事件的发生频率将增加20%和45%。这也说明在全球尺度上，0.5℃的额外增温将导致极端降水事件的显著增加。进一步地，高水平增暖背景下，10年和50年一遇的降水事件将分别增加一倍和两倍。未来预估极端降水变化的空间分布在不同的增温水平下是相似的。内部变率调控暴雨，并造成不同区域存在不同的变化。几乎在所有的陆地上极端降水随着增温水平的上升而加强，只有极少的区域减少，如地中海盆地的某些季节。极端降水在副热带海洋区域将会减少，这是由平均降水的减少导致风暴轴位置的变化引起的，这些副热带海洋区域极端降水的减少也会延伸到其邻近区域。

2. 中国区域

东亚区域联合降尺度计划（CORDEX-EA）的预估结果表明，中国冬季和年平均降水的增幅大值区位于西部地区。在21世纪末期，中国全区域Rx5day、R20mm将增加，而只有东北地区的CDD将减少。在1.5℃和2℃增温水平下，全国平均降水量的变化并不取决于回归期，相对增幅分别约为7%和11%。额外的0.5℃增温使极端降水增加了近4%。同时，发生概率的区域平均变化显示出对回归期的依赖性，较长回归期极端事件的风险增加较大。对于百年一遇事件，在1.5℃和2℃的增温水平下，预估发生频率将分别增加1.6倍和2.4倍。高排放可能导致21世纪末中国北方极端总降水量和强度的增加。就最新的CMIP6预估结果而言，在SSP2-4.5和SSP5-8.5情景下，未来一个世纪中国各地的PRCPTOT、RX5day和R20mm将明显增加，而CDD在未来呈现出下降的趋势。值得注意的是，极端降水的未来变化（尤其是21世纪末）仍有很大的不确定性，这些不确定性主要来自模式间和情景间的差异。

## 6.3　干　　旱

干旱作为一种极具破坏性的自然灾害，通常指水分条件明显低于平均水平以及水分收支不平衡造成的水分短缺现象，覆盖范围一般较广。中国是干旱灾害发生频率最高且影响最严重的国家之一，农业生产、水资源供给和环境生态系统都受到干旱的影响。IPCC AR6报告根据表征干旱的变量以及受影响的系统差异，将干旱分为三种不同的类型：气象干旱（由降水和蒸发不平衡所造成的水分短缺现象）、农业生态干旱（以土壤含水量和植物生长形态为特征，反映土壤含水量低于植物需水量的程度）和水文干旱（河川径流低于其正常值或含水层水位降落的现象）。干旱的多时间尺度特征明显，其跨度可以从仅数周的"短暂干旱"到持续几年或十几年的"特大干旱"。表征干旱的指数需要能够衡量干旱的严重程度、持续时间和频率特征。由于干旱的复杂性和影响广泛性，单一指标很难实现时空上的普适性，因此不同的干旱指数所适用的干旱类型也有所不同（表6-3）。

表6-3　常见的干旱指标定义

| 干旱指标 | 干旱类型 | 干旱指数 | 计算方法 |
| --- | --- | --- | --- |
| 降水不足 | 气象干旱 | 标准化降水指数（SPI）、连续干旱日数（CDD） | SPI指将降水的时间序列转为标准化正态分布（Z分布），$0<\text{SPI}<-1$为轻度干旱，$-1<\text{SPI}<-1.5$为中度干旱，$-1.5<\text{SPI}<-2$为严重干旱，$-2<\text{SPI}$为极端干旱；CDD指日降水量小于1mm的最大连续天数 |
| 基于大气的干旱指数 | 气象干旱 | 标准化降水蒸散指数（SPEI）、帕尔默干旱指数（PDSI） | SPEI基于水分平衡原理，在计算中不仅考虑降水还考虑了蒸散量，其优势是多时间尺度以及能够通过温度对潜在蒸散量的影响研究温度的作用；PDSI同样基于水平衡原理，综合考虑降水、蒸散度、地表径流和土壤含水量等，物理意义明确但计算复杂，对资料要求高，无法监测短期干旱事件 |
| 土壤水分亏缺 | 农业生态干旱 | 土壤水分异常（SMA）、标准化土壤水分指数（SSMI） | $\text{SMA}_{y,m} = (\text{SM}_{y,m} - \mu_m)/\sigma_m$，其中，$\text{SMA}_{y,m}$为相应土壤水分，y和m表示年份和月份；$\mu_m$和$\sigma_m$为对应月土壤湿度的历史平均值和标准差；$\text{SSMI} = (X_{\text{SMAP}} - \mu_{\text{NLDAS}})/\sigma_{\text{NLDAS}}$，其中，$X_{\text{SMAP}}$为SMAP 3级数据中的日土壤水分含量；$\mu_{\text{NLDAS}}$和$\sigma_{\text{NLDAS}}$为北美陆面数据同化系统中相应日的土壤水分历史平均值和标准差 |
| 大气蒸发需求过剩 | 农业生态干旱 | 潜在蒸发异常、蒸发需求干旱指数（EDDI） | 输入温度、湿度、风速和太阳辐射等气象条件，使用ASCE的Penman-Monteith公式计算潜在蒸散量ET0，然后通过基于ET0历史气候学的基于等级的非参数标准化计算EDDI |
| 径流和地表水不足 | 水文干旱 | 标准化径流指数（SRI）、标准化地下水指数（SGI） | SRI指与特定持续时间内累积的水文径流百分位数相关的单位标准正态偏差；SGI可描述标准化地下水位时间序列以及地下水干旱特征，由不同含水层的14条相对较长（长达103年）的地下水位线计算得出 |

## 6.3.1 干旱的变化

### 1. 全球

20 世纪中叶以来，全球 12 个区域（非洲：WAF、CAF、WSAF、ESAF；亚洲：WCA、ECA、EAS；欧洲：MED、WCE；美洲：WNA、NES；澳大拉西亚：SAU）的农业生态干旱在加重（中等以上信度），仅澳大拉西亚区域（NAU）的农业生态干旱减轻（图 6-7）。

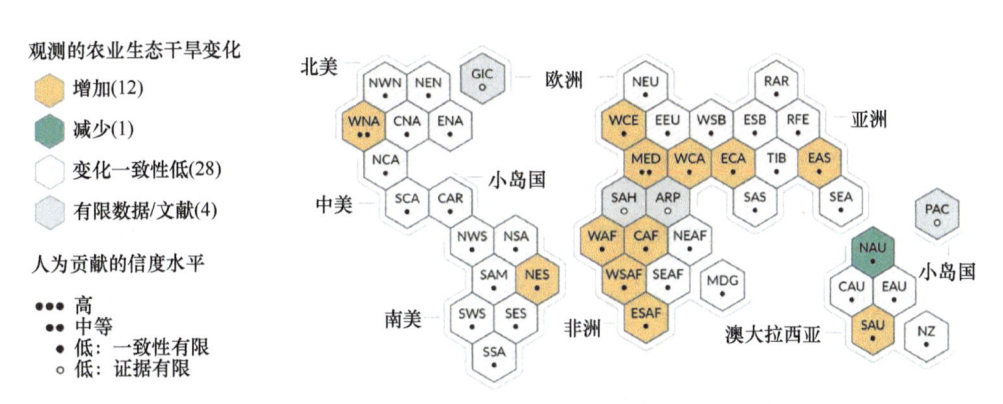

图 6-7 20 世纪中叶以来极端农业生态干旱事件的变化与归因（IPCC, 2021）

### 2. 中国区域

20 世纪初以来，中国大部分区域呈现气象干旱加剧的趋势。近 50 年，中国的气象干旱尤其是严重和极端干旱发生频次增多、强度加强、范围扩大，尤其是严重和极端干旱，增加趋势更为明显。1961 年之后，中国区域性气象干旱事件的发生频次呈上升趋势且发生明显的年代际变化。20 世纪 70 年代后期到 80 年代，区域性气象干旱事件偏多，90 年代偏少，2003~2008 年阶段性偏多，2009 年以来总体偏少（图 6-8）。此外，气象干旱在中国不同区域的变化特征具有明显的差异。

除长白山外，东北地区的气象干旱事件频次显著加强，内蒙古东部和吉林省西部平均增幅最大。东北地区夏季平均降水自 20 世纪 50 年代以来呈现下降趋势，尤其是 20 世纪 90 年代末发生的年代际减少，导致气象干旱的频次增加、强度增强。2016 年 7~8 月，东北地区发生了 50 年来最严重的高温干旱事件。

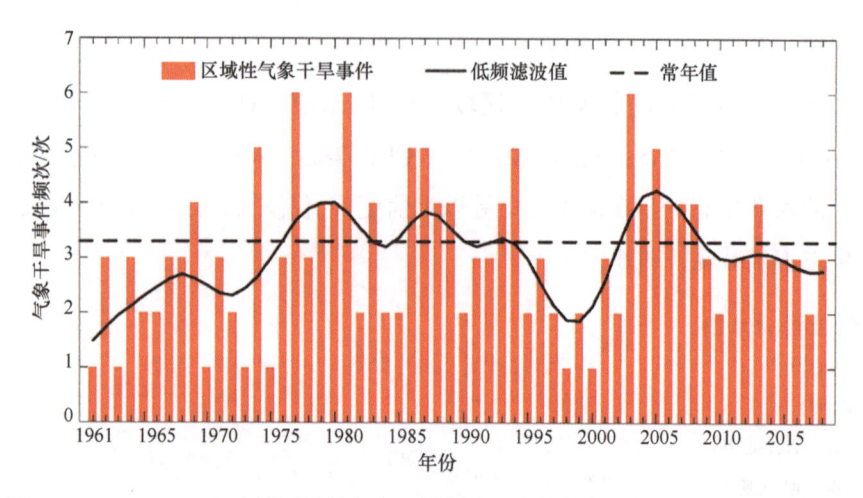

图 6-8　1961~2018 年中国区域性气象干旱频次（中国气象局气候变化中心，2019）

华北地区的气象干旱强度在近百年持续增强，极端干旱和持续性干旱事件在近 50 年中也呈明显增加的趋势，其中山西和山东是两个极端干旱频发的区域。虽然 2000 年后降水观测及多个干旱指数均表明华北地区降水有所增加，但遥感反演的陆地水储量表明干旱化仍在加剧。

西北地区在 20 世纪总体偏干，但区域平均降水在 20 世纪 80 年代中期发生突变，降水量显著增加，因此西北地区气象干旱的发生频次呈现出年代际减少。21 世纪西北地区降水量进一步增加，但 SPEI 指数却显示该地区在 20 世纪 90 年代末气象干旱加剧，归一化植被指数（NDVI）也显著减小。

从 20 世纪 70 年代以来，江淮地区的降水明显偏多，到 2001 年开始减少并向干旱化趋势转变，极端干旱事件的发生频次显著增加、强度增强、持续时间明显增长。其中长江中下游流域春季干旱化趋势最显著，冬季次之。2011 年长江中下游遭受了近 50 年最严重的干旱事件，严重影响了江苏、安徽、湖北和湖南等地的农业和航运。

在 20 世纪 60 年代之后，华南地区年降水量整体呈上升趋势，但在全球变暖的影响下气象干旱仍趋于加剧。尤其是，2004 年后干旱日数明显增加、强度也显著增强。此外，华南地区秋季降水在近 50 年呈年代际的减少趋势，并在 90 年代初进入偏旱期，因此秋旱事件发生频次也随之增加。例如，2020/2021 年秋冬季，华南发生了严重的持续性干旱，造成了严重的经济损失和水资源短缺。

自 20 世纪 50 年代开始，西南地区干旱和持续性干旱事件发生的频次显著增加、强度增强，且气象干旱的灾害程度和影响范围也呈明显增加趋势。尤其是 21 世纪以来，西南地区处于持续性严重干旱频发时段，而 2009 年秋季到 2010 年春季发生的严重干旱在近 50 年无论是在持续时间还是在发生范围上都是罕见的。

近半个世纪以来，青藏高原地区气温持续升高、降水增加，总体呈现暖湿化的趋势。除青藏高原东北部和南部较小区域之外的大部分区域，气象干旱强度都有所减弱，持续时间变短、频次减少且干旱区面积减小。但 SPEI 指数也显示，2005 年以来青藏高原地区干旱又开始有所加剧。

### 6.3.2 干旱的变化机制

1. 人类活动的影响

与干旱直接相关的物理条件和指标的变化可以分为：降水不足、大气蒸发需求（AED）过剩、土壤水分亏缺、水文亏缺以及结合降水和 AED 的综合指数。

人为强迫显著增加了土壤水分亏缺的面积。近 30 年来旱季土壤水分的变化，只能由人为强迫来解释。例如，人类引起的气候变化使饱和蒸汽压亏缺，进而引发了过去 20 年北美西部的强烈土壤水分亏缺。与土地利用和水资源管理相比，人为辐射强迫在低、平均和高径流量趋势中起主导作用，气候趋势在解释埃塞俄比亚、中国以及美国加利福尼亚等地区的水文干旱趋势中占主导地位。在其他地区，人类用水的影响对于解释水文干旱趋势更加重要。

对结合降水和 AED 的大气综合指数的研究表明，与 AED 增加相关的气象干旱主要是由人为影响导致的，其特征为干旱频率增加和强度加强。例如，AED 的增加在 2012～2014 年美国加利福尼亚州干旱和 2017 年欧洲西南部干旱的加剧中发挥了主导作用，也导致了 2018 年非洲南部和中国东南部的气象干旱。

## 2. 大尺度因子对中国干旱的影响和物理机制

影响干旱变化的因素很多，如降水、温度、风速、太阳辐射、前期土壤湿度以及陆面条件等，其中降水是最主要的因素，而温度异常往往会加剧干旱。但随着全球变暖，温度异常对干旱越发重要。就中国平均而言，气温变化在过去百年能解释干旱频次变化的一半左右。温度和降水对中国干旱的相对贡献存在明显的区域差异。降水对南方地区干旱的影响更大，但气温和降水对北方干旱的变化都起着重要的作用。此外，大气环流模态、海温模态、海冰、积雪等大尺度气候系统因子对中国不同区域的干旱变化也有重要的影响。

20世纪90年代末以来，东北地区降水减少、干旱加剧，这与太平洋年代际振荡（PDO）向负位相转变密切相关。北太平洋SST变暖导致纬向海陆热力差异减弱，从而导致了东北亚夏季风（NEASM）环流减弱。东南太平洋海温与东北夏季降水也存在持续稳定的负相关关系，当副热带东南太平洋海温偏高时，其上空可激发气旋性异常，副高西侧的暖湿气流输送减弱。东北地区西侧则为反气旋性异常，东北冷涡也偏弱，因此北方冷空气与暖湿气流汇合形成的低空辐合弱，从而导致东北地区降水偏少。冬春季北极海冰减少导致贝加尔湖高压异常，并使得欧亚大陆西部积雪在4月加速融化，从而导致5~6月长江流域到华北地区的土壤更加干燥，引起东北地区夏季干旱。2016年7~8月，东北的干旱在一定程度上是由3月巴伦支海冰减少导致的。

在中国，华北和西南地区的干旱发生频率最高、持续时间最长。华北地区干旱呈现出显著的年代际变化特征。20世纪70年代末的华北干旱化与东亚夏季风减弱、西太平洋副热带高压东退、东亚西风急流增强并南移、PDO正位相、青藏高原冬春季积雪偏多等关系密切。PDO正相位时，夏季热带太平洋东部暖海温异常通过异常纬向环流导致西太平洋副热带高压增强并且西移，限制了水汽向华北地区输送，从而导致华北地区的干旱。PDO负相位时，强的偏南夏季风有利于增加华北地区降水。而进入21世纪后，PDO位相由正转负、青藏高原积雪减少，这会导致东亚夏季风强度恢复，东亚西风急流减弱、北移，从而引起华北地区降水、极端降水有所增加，在一定程度上缓解了华北的干旱。

虽然21世纪以来西北地区降水进一步增加，但干旱在20世纪末之后重新加剧，这主要是由于温度增加引起蒸散发增强所致。西北地区降水的年际变化主要受西风环流调控，北大西洋涛动（NAO）可以通过冰岛–斯堪的纳维亚半岛–中欧–亚洲副热带地区的波列影响西亚副热带西风急流，从而影响新疆夏季降水。NAO 正（负）位相时新疆夏季降水异常偏少（多）。青藏高原季风也对西北地区降水有显著影响，弱季风年青藏高原北部边缘水汽和抬升条件不利于西北地区降水（荀学义等，2018）。西北地区干旱在20世纪80年代末发生年代际变化，影响西北地区降水的海温关键区也由80年代末之前的热带印度洋变为印度洋–太平洋交汇区。

江淮地区降水和干旱的年代际变化受 PDO 和 AMO 不同位相组合的显著影响。当 PDO 和 AMO 位相相反时，东亚夏季风降水异常表现为经向三极模态。PDO 和 AMO 分别为正、负（负、正）位相时，黄淮流域和华南地区降水多（少），长江流域降水少（多）。当 PDO 和 AMO 位相相同时，东亚夏季风降水异常表现为经向偶极子模态。PDO 和 AMO 均为正位相时，中国北方和长江流域降水减少，南方降水增加，PDO 和 AMO 均为负相时，长江流域降水减少，黄淮流域降水增加。东部型厄尔尼诺（EP El Niño）发生时，长江中下游夏季降水将显著增多，而当中部型厄尔尼诺（CP El Niño）发生时，长江流域夏季降水偏少，易引发干旱。此外，长江中下游干湿状况还受到中高纬环流系统的协同影响。2011年长江中下游极端干旱事件就是由较深的东亚大槽、偏弱的西太平洋副热带高压，以及偏强的高纬度高压系统等因素共同导致的。

华南秋旱秋季干旱的增加在很大程度上受到 ENSO 位相转变的影响，华南地区在东部型厄尔尼诺年秋季降水偏多，中部型厄尔尼诺年秋季降水偏少。自20世纪90年代初以来，中部型厄尔尼诺频率增加、东部型厄尔尼诺频率降低，在一定程度上导致秋季干旱的发生频率显著增加。此外，热带印度洋热含量偏低，或夏季青藏高原中部热源偏强也会导致华南地区秋旱。2020/2021年华南秋冬连旱中，秋季和冬季影响因子不同。其中，2020年华南秋季干旱的主要原因是南海异常气旋以及由中国东部异常反气旋引起的水汽异常，而二者分别是由巴伦支海–喀拉海地区海冰负异常导致的欧亚异常波列,以及热带太平洋海温类似拉尼娜的现象导致的。2020～2021 年冬季华南干旱主要是由于持续的类似拉尼娜的现象引发北太平洋西部反气旋异常,从而导致华南地区水汽难以辐合。

北极涛动(AO)负位相时,东亚冬季冷空气活动强且路径偏东,到达西南地区的冷空气偏弱,导致该地区冬季降水偏少,易发生干旱。AO 负位相伴随的中东急流减弱、阿拉伯海气旋异常和西藏反气旋异常会导致南支槽减弱,并直接减少西南水汽输送。AO 负位相也会使得贝加尔湖上空产生气旋性异常,从而导致东亚大槽加深和西移,使槽后干冷空气入侵西南地区。阿拉伯海气旋异常也会有利于西太平洋副热带高压偏强偏西,从而加强局部沉降,使南支槽减弱并加剧干旱。2000 年以来西南地区的干旱加剧与 AO 由正位相向负位相的年代际转变以及频繁发生的中太平洋厄尔尼诺事件联系密切。西南地区 2009 年秋季到 2010 年春季严重干旱的有关研究表明,热带西太平洋海温升高在其上空引起反气旋异常,使中国东南沿海的西南气流加强,而此时华南和华中地区则受低槽控制,高原东部受槽后西北气流和下沉气流的影响,使孟加拉湾水汽难以到达西南地区,不利于西南地区降水。

在青藏高原地区,降水变化对于干旱的总体影响最为重要,持续增加的降水是该地区干旱缓解的主要原因。青藏高原的极端干旱和湿润事件与北大西洋和欧洲地区的环流异常以及横跨欧亚大陆的波列有关。当印度洋偶极子处于正位相或厄尔尼诺事件发生时,向青藏高原的水汽输送会减少,相反亦然。三江源地区的降水虽然有所增加,但是气温升高是该地区暖干化的主要原因。三江源地区的夏季旱涝与 NAO、印度洋海温、ENSO 的联系在近 30 年显著增强。NAO 负位相时,格陵兰上空会产生高压异常,并进一步激发影响三江流域的欧亚波列,影响三江流域的水汽输送。与 1961～1980 年相比,1991～2014 年西印度洋的暖中心由赤道以北转为赤道以南,这种变暖中心的转移可能是三江源地夏季降水与西印度洋海温关系密切的核心原因。厄尔尼诺减弱的夏季,海陆对流异常更加显著,对三江流域夏季气候的影响加强。

### 6.3.3 干旱的预估

随着全球气候进一步变暖,更多区域将受到农业生态干旱加重的影响。干旱发生频率、严重程度和影响面积都会增加。全球变暖水平小于 1.5℃ 和 2℃ 时,某些地区干旱的情况也会进一步恶化。在全球变暖 2℃ 的情况下,北美洲西部、北美洲中部、中美洲北部、中美洲南部、南美洲北部、南美洲东北部、南美洲季风区、南美洲西南部、南美洲南部、西欧和中欧、地中海、南非西部、南非东部、马达加斯加、澳大利亚东部和澳大利亚南部的农业生态干旱会增加。随着全球变暖水平的提高,干旱频率和强度的变化均显著增强(图 6-9)。在全球升温 4℃ 时,人类居住区域大约有一半将受到农业和生态干旱加重的影响,一些区域的水文干旱也将加重,但气象干旱加强的幅度会小于生态农业干旱。

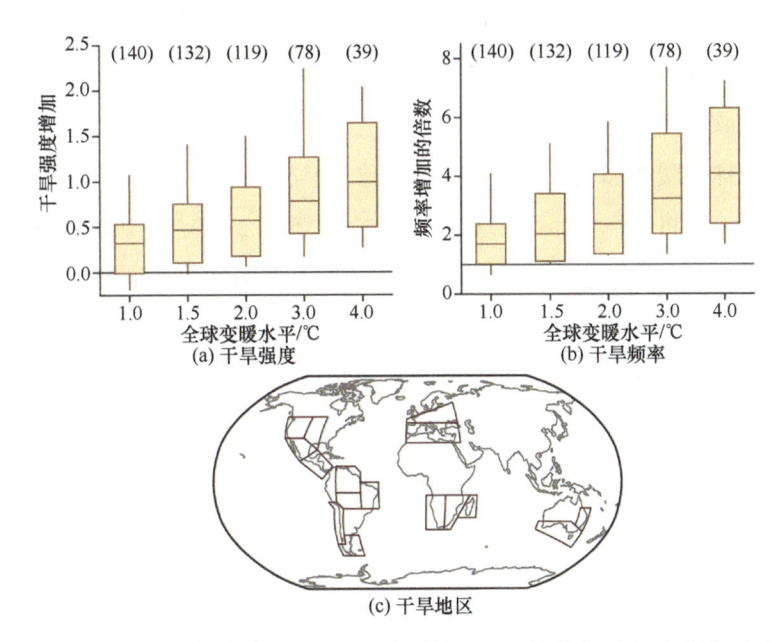

图 6-9 相对 1850~1900 年基线,全球不同变暖情况下干旱强度(a)和频率(b)的变化。(c)全球变暖 2℃ 的情况下有至少中等信度认为农业生态干旱会增加的地区

箱线图的中位数和上下框线分别代表了干旱频率或强度变化在多模式集合中的中心值和 66% 不确定性范围,上下虚线表示 90% 不确定性范围。(a)中的强度变化表示为相应模式在 1850~1900 年期间年际变率的标准差(IPCC,2021)

预估的平均降水量变化与气象干旱持续时间的变化一致，但与气象干旱强度的变化不一致。全球增温 4℃时，除中非和东非以外的非洲大部分地区、美洲中部、澳大利亚西南部、南部和东部、欧洲和东南亚等地的气象干旱会更加频繁和严重。随着全球变暖的加剧，全球大部分地区大气蒸发需求过剩（AED）将增加。当侧重于结合降水和 AED 的大气综合指数时，全球的农业生态干旱呈现出更加严重和频繁的趋势。与气象干旱相比，其空间范围也更大。

在未来，土壤水分减少的地区与降水减少的地区并不完全一致。在所有变暖水平上，表层土壤水分减少的幅度将超过降水量。严重土壤水分不足将出现在南欧和中欧的大部分地区、北美南部、南美、南非、东非、澳大利亚南部、印度和东亚。基于表层土壤水分的农业生态干旱严重程度要强于基于降水和径流的预估。

当考虑陆地径流的全球平均变化时，湿润趋势被认为是对气候变暖的一种反应。然而，当重点分析低径流量的时期和区域时，水文干旱将有所增加。此外，依赖山地积雪作为临时水库的地区可能会在全球变暖的情况下遭受到更严重的水文干旱，如欧洲南部和美国西部。

随着全球变暖的加剧，中国各地的气象干旱状况将更加严峻，对社会经济发展的潜在影响也将进一步加强。无论升温 1.5℃还是 2.0℃，中国地区（特别是中国北部）的气象干旱将比现在更加频繁和强烈。基于帕默尔干旱指数评估 21 世纪中国地区气象干旱的频率和强度，发现在 RCP2.6 情景下中国气象干旱略有减少，而在 RCP4.5 和 RCP8.5 情景下中国大部分地区气象干旱更加严重。

## 6.4 复合极端事件

随着气候进一步变暖，全球各个区域将越来越多地经历多重气候驱动因子并发或连续发生变化的复合极端气候事件。也就是，两个或多个（不一定是极端）天气或气候事件的组合，包括（Ⅰ）同时发生，（Ⅱ）紧密连续，或（Ⅲ）在不同地区同时发生。复合事件可能导致的极端影响远远大于单独发生的极端事件的影响总和。这是因为多种气候和非气候风险会相互作用，导致风险叠加，更快地超过系统的应对能力。许多与天气和气候有关的重大灾害本质上具有复合性质,致灾事件可以是类似的类型(群集的多个事件)或不同类型。这一点在干旱、热浪、野火、沿海极端天气和洪水等一系列灾害中表现非常明显。这些灾害事件可单独造成重大不利的影响,然而它们与别的事件并发可能更具破坏性。例如,干旱和炎热的结合会导致树木死亡,而且还可能导致野火。野火增加了冰雹和闪电的发生概率,2018年,美国加利福尼亚州蒙特西托野火发生几周后,大量降水(连续灾害)引发了泥石流。同时极端降水和极端大风也可能导致基础设施损坏。风暴潮和极端降水的复合可能导致沿海洪水,2017年"哈维"飓风带来的极端降水和风暴潮,使美国得克萨斯州遭受巨大损失。由同一位置的气旋、锋面和雷暴系统组成的复合风暴类型比单独的风暴类型更有可能造成极端降雨和极端大风。极端事件可能在不同地点的相似时间发生,但影响相同的对象。例如,不同空间上、同时发生的气候极端事件会影响作物产量和粮食价格。

为了更好地认识复合型极端事件,IPCC给出了复合型极端事件的定义。复合事件可能因以下情况之一而发生:①先决条件和致灾事件的组合,其中天气或气候驱动的先决条件会加剧致灾事件的影响;②多变量事件,多个驱动因子和/或致灾事件导致极端影响;③时间复合事件,由两个或两个以上同时或连续发生的致灾事件导致影响;④空间复合事件,由多个相连位置的致灾事件造成综合影响。可能的驱动因子包括气候和天气领域中跨越多个空间和时间尺度的过程、变量和现象。致灾事件(如洪水、热浪、野火)通常是负面影响的直接物理前兆,不一定是极端事件,其偶尔也会产生积极的结果。受到广泛关注的极端事件包括:同时发生的干旱和热浪的事件为"干旱-热浪复合事件"、具有多个驱动因素的"复合洪水"、炎热、干燥和多风条件的组合形成的"复合火灾"、"连续洪水-热极端事件"(洪水后的7天内发生热极端事件)和"空间复合湿冷极端事件"(比如欧洲和北美东部同时发生极端湿冷事件)等。

复合极端的典型特征是在不同的空间和时间尺度上相互依赖的复杂过程链(图6-10)。例如,高温和干旱是由类似的天气环流异常引发的,当某一区域被有利于高温的天气系统控制，这一区域通常不会出现降水；同时，局部和区域尺度的陆地-大气反馈驱动了复合干旱-热浪事件的演变，并加剧了两种极端情况，这导致在大多数陆地区域干旱和热浪之间存在很强的相关性，从而出现了以降水少和极端高温为特征的干旱事件，即干旱和热浪复合事件。其中，陆地-大气反馈可以通过两种机制来强化极端干旱热浪：自我强化和自我传播。自我强化指的是干旱和热浪相互强化，自我传播是指干旱和热浪从一个地区向下风地区传播。复合型洪水事件中，陆地和海洋洪水泛滥的气象和水文过程在一定程度上也是相关的。强降水和风暴潮的同时发生或紧密连续是由深低压系统驱动的。虽然在没有强烈气旋活动的情况下，对流可以单独引起强降水，但后者也是风暴潮的先决条件，强烈的气旋通过强风推动风暴潮，将海水推向海岸，同时产生气压效应。

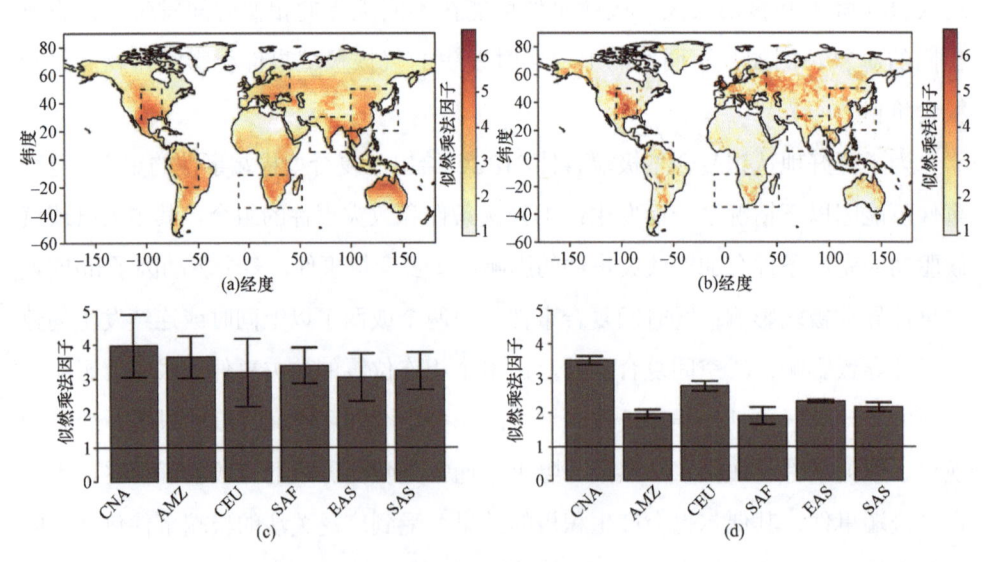

图 6-10 由于依赖性，极端炎热和干燥温暖季节的可能性增加（Zscheischler and Seneviratne，2017）
从过去百年独立的温度和负降水的事件开始（即两者都超过了它们的第 90 百分位），由于温度和相关性之间的相关性，这些事件的可能性增加了。(a)所有 CMIP5 模型中可能性增加的平均值。(b)东英格利亚大学研究所（CRU）、普林斯顿大学（Princeton）和特拉华大学（Delaware）数据集中可能性增加的平均值。(c) CMIP5 模型中的中北美（CNA）、亚马孙（AMZ）、中欧（CEU）、南非（SAF）、东亚（EAS）和南亚（SAS）地区的高温干旱复合事件可能性的增加的平均值。不确定范围为所有模式的 1 倍标准差范围。(d) 与 (c) 相同，但是 CRU、Princeton 和 Delaware 观测数据集的平均值。不确定范围为三个数据集的 1 倍标准差范围

## 6.4.1 复合极端事件的变化

### 1. 全球

同时或连续发生多个极端事件的概率一般较低，但气候变化系统地改变了自然灾害驱动因素之间的关系，增加了它们同时发生和/或相继发生的可能性以及它们的严重性和规模（图 6-11）。与气候和天气相关的各种极端现象，如干旱、洪水、暴雨、热浪等，历史时期都发生了显著的变化，对包括水、能源和粮食等社会不同部门构成严重挑战。过去几十年里，与降水和温度相关的复合极端事件主要发生在春季，以及夏季（5~8 月）。在北半球，干旱野火、高温干旱复合极端事件主要发生在夏季，这导致美国和欧洲的重要农业区，潜在的火灾危险和经济损失不断增加；在南半球，这些复合极端事件通常在春季达到高峰。高温干旱复合极端事件和高温多雨复合极端事件在全球显著增多，其中高温多雨复合极端事件主要在热带地区和高纬度地区存在较强的增长趋势；而高温干旱复合极端事件在其他很多区域增多更显著，如非洲、澳大利亚东部、中国南部、俄罗斯部分地区以及中东地区。即便是在全球变暖"停滞"期，干旱趋势也不明显，美国大部分地区同时发生的干旱和热浪的情况依然在大幅增加，同时发生的极端天气的分布在

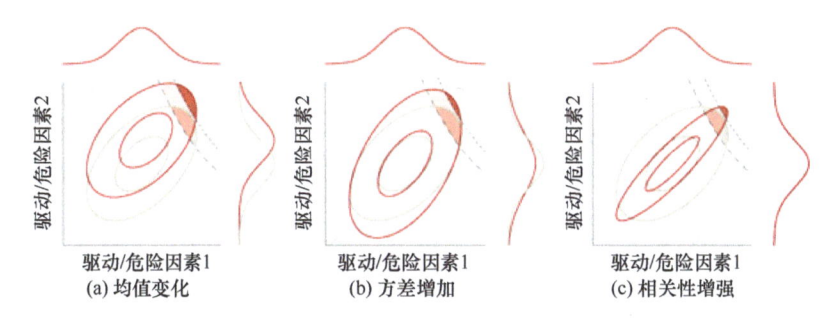

图 6-11　气候变化对复合极端事件的影响（Zscheischler et al.，2020）

假设驱动或危险因子 2 的均值发生变化（a），驱动或危险因子 2 的方差增加（b），以及驱动或危险因子 1 与 2 之间的相关性增强（c）对复合极端事件发生概率的影响（灰线变化到红线）。虚线表示具有中等影响的阈值，在当前和未来的气候条件下均被假设为固定值。点线表示只在气候条件发生变化时的阈值，表明可能带来前所未有影响的新复合极端事件的出现。因此，具有中等和巨大影响的复合极端事件分别用浅色和深色阴影突出显示

统计上发生了显著变化。随着全球气候变暖，欧亚大陆以及北美大陆冬季频繁出现"冰火两重天"的现象，即极端严寒与温暖如春在一个冬季内相继出现。此外，复合洪水事件在过去几十年也有着明显变化。例如，欧洲西北部沿海高水位和河流洪峰流量之间的相关性与复合洪水的大小和频率在空间上具有一致性，欧洲西北部中纬度地区过去几十年里复合洪水发生频次及严重程度呈上升趋势，而欧洲西北部高纬度地区呈下降趋势。

## 2. 中国区域

两个气候变量之间的相关性对并发气候事件的发生概率有直接影响。在具有较强相关性（正或负）的地区，发生复合气候事件的可能性通常高于具有较低相关系数（或不相关）的区域。在暖季，中国大部分地区出现高温干旱复合事件可能性大于 15%，特别是南部和北部的一些地区超过 20%。在过去几十年里，中国大部分地区高温干旱复合事件发生的可能性有所增加，西北地区和长江中下游流域发生的可能性减小，这一减小可能是由于干旱和降水发生的负相关性减弱。20 世纪 90 年代以来，中国不同严重程度的高温干旱复合事件的空间范围显著增加，受高温干旱复合事件影响的区域也越来越多，中国大部分地区高温干旱复合事件的严重程度显著增加。与降水相比，高温干旱复合事件的严重程度主要由温度决定。

同样，复合型洪水事件的驱动因素之间也有着相互依赖性，风暴潮和降水的复合效应在中国沿海地区普遍存在，这一关系存在季节变化，尤其在热带气旋季节（特别是夏季），中国沿海地区风暴潮和降水存在强的依赖性，而且历史海平面上升，这些都导致沿海地区的复合型洪水事件发生频率增加。

在全球增暖背景下，极端气候表现出持续性、破纪录、复合性和群发性的新特征，三种不同类型的复合极端事件在中国区域集中爆发（Yin et al., 2023）。2020/2021 冬季经历了从严寒到温暖的大反差，2022 年初夏在中国东部同时出现了华南极端强降雨和华北高温，2022 年夏季中国中东部发生了大范围的高温干旱天气（图 6-12）。

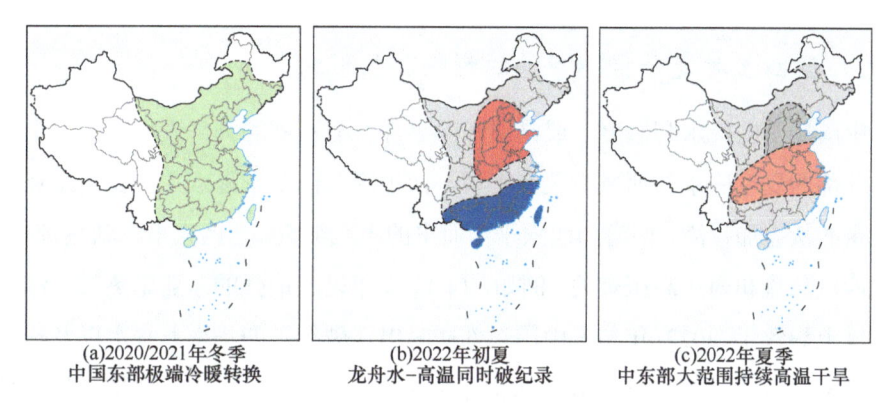

(a) 2020/2021年冬季
中国东部极端冷暖转换

(b) 2022年初夏
龙舟水-高温同时破纪录

(c) 2022年夏季
中东部大范围持续高温干旱

图 6-12　2020～2022 年中国重大复合极端气候事件及其影响区域（Yin et al., 2023）
彩色阴影为当前极端气候的主要影响范围，灰色阴影表示复合极端事件影响区域的叠加；红色表示极端高温；蓝色表示龙舟水

## 6.4.2　复合事件的变化机制

### 1. 人类活动的影响

人类活动排放的温室气体已导致自 1850 年以来的某些天气和气候极端事件的频率和/或强度增加，特别是极端温度（IPCC，2021）。例如，人为活动导致的全球变暖引发了更早和更强的陆地-大气反馈循环，并将其空间影响扩展到整个北美，这反过来又会加剧复合干旱-热浪极端现象，并扩大其空间范围。近几十年来，全球出现了更频繁的复合极端情况。在许多地区，气象干旱和热浪同时发生的可能性在观测期间有所增加，并将在持续变暖的情况下继续增加。人为强迫在很大程度上可以导致热浪发生频率的增加，进而导致欧亚大陆北部、欧洲、澳大利亚东南部、美国多个地区、中国西北部和印度同时发生的干旱和热浪的增加。此外极端降水、干旱、热带气旋和复合极端事件（包括复合火灾天气）受到人类活动影响的认识也得到了加强。例如，在过去的几十年里，复合洪水事件的发生可能性不断增加。虽然不可能将其增加完全归因于人类活动导致的气候变化，但由于极端降水、河流洪水和极端海平面将在未来增加，则很可能导致复合洪水事件的发生概率也将随着这些驱动过程而增加。也就是说，人类活动增加了因极端降水和涨潮期间风暴潮同时发生，且因海平面上升而加剧的复合洪水灾害造成损失的可能性。

## 2. 大尺度因子对复合极端事件的影响和物理机制

中国夏季的降水和温度（或高温干旱事件）与不同的大气过程有关。中国西部和北部的夏季降水与西风带关系密切，而中国东部夏季降水主要受到东亚夏季风携带的从孟加拉湾、南海和西太平洋而来的水汽影响，与西太平洋副热带高压、东亚西风急流和南亚高压有关。例如，自1979年以来最强的东亚副热带急流在很大程度上导致了2022年初夏中国东部同时出现破纪录的华南龙舟水以及华北热浪（图6-12）。在未来气候变化导致海平面上升的情况下，中国沿海地区将遭受更频繁的高复合洪水事件。而其他气候驱动因子则可能加剧相关事件的影响，例如过去几十年热带气旋减缓，与快速移动的热带气旋相比，这可能更有利于复合洪水事件期间更多的极端降水，导致更严重的影响。热带气旋受到ENSO的调节，与厄尔尼诺或拉尼娜年份相比，在中性年份，中国受到热带气旋影响更大，热带气旋路径密度最高，热带风暴、台风和登陆热带气旋的数量高于平均水平；在厄尔尼诺年份，赤道太平洋中部和东部海表温度较高，较大的低层涡度和高层辐散，以及较强的盛行西风，导致经过中国境内的热带气旋减少。此外，大气中水汽输送对中国降水及极端降水事件起着至关重要作用，而其受到大尺度气候因子显著影响。例如，赤道西太平洋、热带印度洋向中国输送的水汽通量与ENSO有着密切关系，且受到PDO的调制，从而改变中国东部极端降水事件的发生频次及强度。这意味着中国沿海地区复合型洪水事件极有可能与这些气候因子有关。

高温事件通常伴随着高压反气旋系统，而反气旋通常会增强地表太阳辐射（和绝热沉降）并抑制水汽辐合，不利于降水。中国北方高温事件与上游阻塞波列传播形成的中纬度反气旋系统有关。2014年华北地区高温干旱的发生主要受"丝绸之路"遥相关型、PJ波列、欧亚遥相关型的调控（Wang and He, 2015）。3月巴伦支海海冰的减少对我国东北地区夏季高温干旱事件的发生具有重要的指示作用，并可以作为重要的前期预报因子。华南和中国东部地区的反气旋系统会受到西太平洋副高波列传播和增强/西移所驱动。许多大尺度气候因子已被证明不只与降水有关，而且是导致中国大部分地区温度事件的频率和强度变化的主要驱动因子。例如ENSO对中国大区域湿季降水/温度有显著的影响；华南初夏降水年际变化在 PDO 正位相比负位相更具可预测性；夏季 PDO 和 AMO 共同影响华北地区极端高温，其中 AMO 起主导作用。显而易见，这些大尺度环流型对中国许多地区的极端温度或降水状况的变化有着深刻的影响，与中国的高温干旱极端事件发生密切相关。

ENSO 对中国高温干旱极端事件的影响主要集中在中国东北地区，厄尔尼诺事件往往会导致夏季潮湿和寒冷，而拉尼娜则会诱发高温干旱极端气候事件发生，这主要是通过东北亚异常反气旋和西北太平洋反气旋造成。PDO 对中国西北、东北地区以及东南个别地区的高温干旱极端事件有影响，PDO 的负位相北太平洋海温异常偏暖影响大气罗斯贝波列，引发反气旋环流异常，同时 PDO 负位相期间的大气环流异常也会导致中国北方地区降水偏少，这些都有利于这些地区发生高温干旱复合极端事件。北大西洋涛动（NAO）的影响则主要集中在中国北方地区。NAO 负位相导致中国北方更多的高温干旱极端事件发生。NAO 负位相时，在东亚地区引发经向偶极子环流异常模态，导致东亚中部和中国北部地区夏季降水减少，同时 NAO 负位相引起的纬向罗斯贝波在中国北方地区上空产生反气旋环流，导致中国北方出现高温复合极端天气。同样 AMO 在影响中国夏季北部高温干旱复合极端事件的发生中起着重要作用，AMO 正位相会导致更多的高温干旱复合极端事件发生。在 AMO 正位相期间，从北大西洋西部产生一列定常罗斯贝波，以两条路径向东传播：①通过丝绸之路罗斯贝波列模式纬向传播至东亚地区；②通过拱形波列，类似于极地欧亚模式，从北大西洋传播至极地地区，然后再传至东亚地区。AMO 通过这些波动活动影响中国北方地区大气环流，形成异常的反气旋中心，导致异常的下沉运动，为地区的降水减少和气温升高提供了有利条件。

### 6.4.3 复合极端事件的预估

1. 全球

在未来，许多（比历史时期更多）地区将遭遇更多的复合事件，包括持续增多的高温干旱复合事件,更容易诱发野火的天气条件,河口海岸地区将面临极端降水、河道洪水、海平面上升、风暴潮等事件的增多(IPCC,2021)。尤其是,同时发生的热浪和干旱可能会变得更加频繁。在未来海平面上升的情况下,沿海地区将经历更频繁的高复合洪水事件。与全球变暖 1.5℃相比,2℃及以上的多个地点(包括主要作物产区)同时发生的极端事件变得更加频繁。而且随着越来越多的土地面积出现极端气候变化,不同地点出现伴随的极端条件的可能性越来越大。这使得气候变化的影响和风险变得日益复杂,更加难以控制。

在高温干旱复合事件发生期间,热应力和可用淡水的缺乏通常会对人类社会产生巨大的负面影响。高温干旱复合事件的未来变化以及随后的社会经济风险(如人口暴露)对于不同变暖目标下的气候适应和水管理至关重要。相对于基线期(1986～2005 年),在全球尺度上和大多数地区(如南欧),高温干旱复合事件的严重程度将会增加。地中海、撒哈拉、西非、中美洲、墨西哥、亚马孙和南美洲西海岸分别处于 1.5℃、2℃和 3℃的升温状态。将升温稳定在 1.5℃将限制高温干旱复合事件对大多数地区(特别是中欧、南欧、地中海、北美东部、西亚、东亚和东南亚)受严重高温干旱复合事件影响人群的不利影响。

在全球变暖的背景下,极端降水增加和海平面上升将导致洪水的可能性加剧,特别是在大西洋沿岸和北海地区。在全球范围内,到 2100 年,高排放情景下复合洪水的概率将增加 25%以上(IPCC,2021)。由于海平面将继续上升,其与风暴潮以及河流洪水之间的相互作用将导致沿海地区发生更频繁且更严重的复合洪水事件(Moftakhari et al.,2017)。

2. 中国区域

全球变暖 1.5℃和 2℃情景下,中国夏季气温和降水相关的复合极端事件的风险变化发生了显著变化。中国发生暖湿事件的平均风险增加,其中增温 1.5℃条件下增加 5.48 倍,增温 2℃条件下增加 10.01 倍,风险增加最多的是中国北方和南方地区,均超过 8 倍;暖/干事件增加幅度较小,在两种增温气候条件下分别为 2.82 和 2.04 倍,风险增加最多的是北方地区。同时,中国白天–夜间复合热浪事件的风险也会加剧。预计到 21 世纪末复合热浪将持续增加，在 SSP5-8.5 下增加幅度最大，比 SSP2-4.5 提高了 5%，其中增长最多的地区位于中国西北和中国南方。未来中国大部分地区高温干旱复合事件发生的可能性也将显著增加，在中国东北到西南的广大地区，严重的高温干旱复合事件与农业干旱的高风险相关联，而中国大部分地区未来可能会经历高温干旱极端天气的可能性将上升。

# 参 考 文 献

蔡子怡, 游庆龙, 陈德亮, 等. 2021. 北极快速增暖背景下冰冻圈变化及其影响研究综述. 冰川冻土, 43(3): 902-916.

车涛, 郝晓华, 戴礼云, 等. 2019. 青藏高原积雪变化及其影响. 中国科学院院刊, 34(11): 1247-1253.

陈乾金, 高波, 李维京, 等. 2000. 青藏高原冬季积雪异常和长江中下游主汛期旱涝及其与环流关系的研究. 气象学报, (5): 582-595.

丁一汇, 司东, 柳艳菊, 等. 2018. 论东亚夏季风的特征、驱动力与年代际变化. 大气科学, 42(3): 533-558.

李栋梁, 王春学. 2011. 积雪分布及其对中国气候影响的研究进展. 大气科学学报, 34(5): 627-636.

秦大河, 翟盘茂. 2021. 中国气候与生态环境演变: 2021(第一卷 科学基础). 北京: 科学出版社.

沈鎏澄, 吴涛, 游庆龙, 等. 2019. 青藏高原中东部积雪深度时空变化特征及其成因分析. 冰川冻土, 41(5): 1150-1161.

武丰民, 李文铠, 李伟. 2019. 北极放大效应原因的研究进展. 地球科学进展, 34(3): 232-242.

荀学义, 胡泽勇, 崔桂凤, 等. 2018. 青藏高原季风对我国西北干旱区气候的影响. 气候与环境研究, 23(3): 311-320.

游庆龙, 康世昌, 李剑东, 等. 2021. 青藏高原气候变化若干前沿科学问题. 冰川冻土, 43(3): 874-890.

张人禾, 张若楠, 左志燕. 2016. 中国冬季积雪特征及欧亚大陆积雪对中国气候影响. 应用气象学报, 27(5): 513-526.

张若楠, 孙丞虎, 李维京. 2018. 北极海冰与夏季欧亚遥相关型年际变化的联系及对我国夏季降水的影响. 地球物理学报, 61(1): 91-105.

张向东, 傅云飞, 管兆勇, 等. 2020. 北极增幅性变暖对欧亚大陆冬季极端天气和气候的影响: 共识、问题和争议. 气象科学, 40(5): 596-604.

张轩文, 丁硕毅, 庞雪琪, 等. 2023. 北极海冰融化与东亚春季降水量的联系. 冰川冻土, 45(2): 655-664.

中国气象局. 2022. 中国气候公报(2022). 北京: 中国气象局.

中国气象局气候变化中心. 2019.中国气候变化蓝皮书(2019). 北京: 科学出版社.

中国气象局气候变化中心. 2023.中国气候变化蓝皮书 2023. 北京: 科学出版社.

Abram N J, Mulvaney R, Vimeux F, et al. 2014. Evolution of the Southern Annular Mode during the past millennium. Nature Climate Change, 4(7): 564-569.

AMAP. 2021. Arctic Climate Change Update 2021: Key Trends and Impacts. Tromsø: Arctic Monitoring and Assess-ment Programme(AMAP).

Cai W, Santoso A, Collins M, et al. 2021. Changing El Niño–Southern oscillation in a warming climate. Nature Reviews Earth & Environment, 2: 628-644.

Cai W, Wu L, Lengaigne M, et al. 2019. Pantropical climate interactions. Science, 363: 4236.

Cohen J, Agel L, Barlow M, et al. 2021. Linking Arctic variability and change with extreme winter weather in the United States. Science, 373: 1116-1121.

Cohen J, Screen J A, Furtado J C, et al. 2014. Recent Arctic amplification and extreme mid-latitude weather. Nature Geoscience, 7: 627-637.

Dätwyler C, Neukom R, Abram N J, et al. 2018. Teleconnection stationarity, variability and trends of the Southern Annular Mode (SAM) during the last millennium. Climate Dynamics, 51(5-6): 2321-2339.

de Oliveira C P, Aímola L, Ambrizzi T, et al. 2018. The influence of the regional Hadley and Walker circulations on precipitation patterns over Africa in El Niño, La Niña, and neutral years. Pure and Applied Geophysics, 175: 2293-2306.

Fan Y, Fan K, Zhu X, et al. 2019. El Niño–related summer precipitation anomalies in Southeast Asia modulated by the Atlantic multidecadal oscillation. Journal of Climate, 32: 7971-7987.

Gong D, Wang S. 1999. Definition of Antarctic oscillation index. Geophysical Research Letters, 26: 459-462.

Hong J Y, Ahn J B, Jhun J G. 2016. Winter climate changes over East Asian region under RCP scenarios using East Asian winter monsoon indices. Climate Dynamics, 48: 577-595.

Hou X, Cheng J, Hu S, et al. 2018. Interdecadal variations in the Walker circulation and its connection to inhomogeneous air temperature changes from 1961–2012. Atmosphere, 9(12): 3-17.

Huang X, Zhou T, Turner A, et al. 2020. The recent decline and recovery of Indian summer monsoon rainfall: relative roles of external forcing and internal variability. Journal of Climate, 33: 5035-5060.

IPCC. 2021. Climate Change 2021: The physical science basis//Masson-Delmotte V, Zhai P, Pirani A, et al. Contribution of Working Group Ⅰ to the Sixth Assessment Report of the Intergovernmental Panel on Climate Change. Cambridge: Cambridge University Press.

Kerr R A. 2000. A North Atlantic climate pacemaker for the centuries. Science, 288: 1984-1985.

Lenssen N J, Goddard L, Mason S J. 2020. Seasonal Forecast Skill of ENSO Teleconnection Maps. Weather and Forecasting, 35(6):1-60.

Mantua N J, Hare S R. 2002. The Pacific decadal oscillation. Journal of Oceanography, 58: 35-44.

Miao J, Wang T, Wang H, et al. 2018. Interdecadal weakening of the East Asian winter monsoon in the mid-1980s: the roles of external forcings. Journal of Climate, 31: 8985-9000.

Moftakhari H R, Salvadori G, AghaKouchak A, et al. 2017. Compounding effects of sea level rise and fluvial flooding. Proceedings of the National Academy of Sciences, 114: 9785-9790.

Monerie P A, Wilcox L J, Turner A G, et al. 2022. Effects of anthropogenic aerosol and greenhouse gas emissions on northern hemisphere monsoon precipitation: mechanisms and uncertainty. Journal of Climate, 35: 2305-2326.

Oliveira C L, Aímola T, Ambrizzi T, et al., 2018. The influence of the regional Hadley and Walker Circulations on precipitation patterns over Africa in El Niño, La Niña, and neutral years. Pure and Applied Geophysics, 175(5): 1-14.

Rantanen M, Karpechko A Y, Lipponen A, et al. 2022. The Arctic has warmed nearly four times faster than the globe since 1979. Communications Earth and Environment, 3: 168.

Saji N H, Goswami B N, Vinayachandran P N, et al. 1999. A dipole mode in the tropical Indian Ocean. Nature, 401: 360-363.

Srivastava A K, DelSole T. 2014. Robust forced response in South Asian summer monsoon in a future climate. Journal of Climate, 27: 7849-7860.

Sun B, Li H, Zhou B. 2019. Interdecadal variation of Indian Ocean basin mode and the impact on Asian summer climate. Geophysical Research Letters, 46: 12388-12397.

Sun C, Kucharski F, Li J, et al. 2017. Western tropical Pacific multidecadal variability forced by the Atlantic multidecadal oscillation. Nature Communications, 8: 15998.

Villalba R, Lara A, Masiokas M. et al. 2012. Unusual Southern Hemisphere tree growth patterns induced by changes in the Southern Annular Mode. Nature Geoscience, 5: 793-798.

Wang H, He S. 2015. The North China/Northeastern Asia severe summer drought in 2014. Journal of Climate, 28: 6667-6681.

Wang P X, Wang B, Cheng H, et al. 2017. The global monsoon across time scales: mechanisms and outstanding issues. Earth-Science Reviews, 174: 84-121.

Wu B Y, Handorf D, Dethloff K, et al. 2013. Winter weather patterns over Northern Eurasia and Arctic Sea ice loss. Monthly Weather Review, 141: 3786-3800.

Wu R, Kirtman B P. 2007. Observed relationship of spring and summer East Asian rainfall with winter and spring Eurasian snow. Journal of Climate, 20: 1285-304.

Yeh S W, Cai W J, Min S K, et al. 2018. ENSO atmospheric teleconnections and their response to greenhouse gas forcing. Reviews of Geophysics, 56, 185-206.

Yin Z, Zhou B, Duan M, et al. 2023. Climate extremes become increasingly fierce in China. The Innovation, 4: 100406.

You Q, Cai Z, Nick P, et al. 2021. Warming amplification over the Arctic Pole and Third Pole: trends, mechanisms and consequences. Earth-Science Reviews, 217: 103625.

You Q, Wu T, Shen L, et al. 2020. Review of snow cover variation over the Tibetan Plateau and its influence on the broad climate system. Earth-Science Reviews, 201: 103043.

You Q, Zhang Y, Xie X, et al. 2019. Robust elevation dependency warming over the Tibetan Plateau under global warming of 1.5℃ and 2℃. Climate Dynamics, 53: 2047-2060.

Zhang K, Zuo Z, Xiao D. 2023. Decadal variations in the meridional thermal contrast in East Asia and its adjacent regions: relative roles of external forcing and internal variability. Journal of Climate, 36: 5881-5894.

Zhou B T, Shi Y, Xu Y. 2016. CMIP5 simulated change in the intensity of the Hadley and Walker circulations from the perspective of velocity potential. Advances in Atmospheric Sciences, 33: 808-818.

Zscheischler J, Martius O, Westra S, et al. 2020. A typology of compound weather and climate events. Nature Reviews Earth & Environment, 1: 333-347.

Zscheischler J, Seneviratne S I. 2017. Dependence of drivers affects risks associated with compound events. Science Advances, 3: e1700263.

Zuo Z, Zhang K. 2022. Link between the Land–Sea thermal contrast and the Asian summer monsoon. Journal of Climate, 36: 213-225.